"十二五"职业教育国家规划教材
经全国职业教育教材审定委员会审定

高职高专土建专业"互联网+"创新规划教材
21世纪高职高专土建系列工学结合型规划教材

U0194502

全新修订

工程造价概论

主　编　周艳冬

副主编　王　莹　郝会娟

参　编　徐　伟　豆新中

主　审　沈　杰

北京大学出版社
PEKING UNIVERSITY PRESS

内 容 简 介

　　本书按照高职高专教学指导委员会制定的"工程造价概论"课程标准进行编写，主要内容包括三大部分：第一部分着重介绍"什么是工程造价"，具体内容包括建设项目与工程造价、工程造价的构成；第二部分主要介绍"工程造价如何计价"，具体内容包括工程造价的计价原理、工程造价的计价依据和施工图预算的编制；第三部分主要介绍"学好造价可以干什么"，具体内容包括工程造价咨询业与业务活动。

　　本书强调"市场化背景下的工程造价与造价咨询服务"，注重对实务工作中具体操作的分析，体例新颖、通俗易懂，各章都附有教学目标、教学要求、问题引领、知识链接、特别提示和习题，并结合二维码形式进行知识拓展，以达到"教、学、练"同步的目的，有利于职业能力的培养。

　　本书既可作为高职高专工程造价专业学生的学习用书，也可作为工程监理、工程管理、建筑经济管理、房地产经营与估价、建筑工程技术、市政工程技术等相关专业的教学用书，还可作为建筑业企业、咨询企业等工程造价岗位技术人员学习、培训的参考资料。

图书在版编目(CIP)数据

工程造价概论/周艳冬主编. —北京：北京大学出版社，2015.1
(21世纪高职高专土建系列工学结合型规划教材)
ISBN 978-7-301-24696-2

Ⅰ. ①工… Ⅱ. ①周… Ⅲ. ①工程造价—概论—高等职业教育—教材 Ⅳ. ①TU723.3

中国版本图书馆 CIP 数据核字(2014)第 198865 号

书　　　　名	工程造价概论
著作责任者	周艳冬　主编
责 任 编 辑	刘晓东　杨星璐
标 准 书 号	ISBN 978-7-301-24696-2/TU·0432
出 版 发 行	北京大学出版社
地　　　　址	北京市海淀区成府路 205 号　100871
网　　　　址	http://www.pup.cn　新浪官方微博：@北京大学出版社
电 子 信 箱	pup_6@163.com
电　　　　话	邮购部 010 - 62752015　发行部 010 - 62750672　编辑部 010 - 62750667
印 刷 者	三河市博文印刷有限公司
经 销 者	新华书店
	787 毫米×1092 毫米　16 开本　16.5 印张　381 千字
	2015 年 1 月第 1 版
	2019 年 8 月修订　　2021 年 3 月第 13 次印刷
定　　　　价	45.00 元

"工程造价概论"是一门理论性较强的工程造价类专业基础课程，主要介绍工程造价相关基础知识，按照教育部"高等职业学校专业教学标准(试行)"的要求，该课程属于工程造价专业的核心课程。作为一门新型课程，本书的编写风格主要具有以下特色。

(1) 本书选题来源于长期的教学工作实践，切合实际需要，改善了目前工程造价专业以建筑安装工程计量计价和工程造价控制(管理)为专业主干课程的架构中存在的部分教学内容重复、教学资源浪费的现状。

(2) 本书强调"市场化背景下的工程造价与造价咨询服务"，对在定额与预算制度下的工程造价的基本概念与方法进行重构，强调基本计价方法、计价依据的理解与掌握，注重对实务工作中的具体操作的分析，有利于职业能力的培养。

(3) 本书在编写过程中严格贯彻国家教育发展规划纲要，注重人才的可持续发展，以"必需、够用"为原则，采用"问题引领"的启发式编写模式，通俗易懂地将工程造价最为基础的内容一一展现出来，让学生在开始专业学习之初就对工程造价有个初步的全面认识，知道从事工程造价行业是干什么的，需要学习什么，应该怎么学，从而为以后的学习和就业奠定坚实的基础。

本书由河南建筑职业技术学院周艳冬任主编，河南建筑职业技术学院王莹和郝会娟任副主编，东南大学沈杰教授任主审，东南大学徐伟和河南中发工程造价咨询有限公司豆新中参与编写。全书共分为6章，其中第1、2章由周艳冬编写，第3、6章由郝会娟和徐伟共同编写，第4章和附录由王莹编写，第5章由豆新中编写。全书由周艳冬负责统稿及定稿。

根据本课程教学标准，建议本书教学课时为48学时，并在第一学年开设，作为后续课程的铺垫。

在本书编写过程中，编者参考了许多工程造价方面的著作、论文和资料，并得到了许多朋友的支持和帮助，尤其是我们曾经的学生、现在大成工程咨询有限公司的张小帅在技术方面给予了大力支持，在此一并表示感谢。由于编者水平有限，书中难免存在不足和疏漏之处，诚望专家和读者提出宝贵意见和建议。

编　者

2019 年 5 月

【资源索引】

目 录

第1章 建设项目与工程造价

教学目标

　　通过学习本章内容，在了解建设项目的组成与划分和工程建设程序的基础上，正确理解工程造价的含义和工程造价的计价特征，了解工程造价管理的基础知识。

教学要求

能力目标	知识要点	权　重
能举例说明建设项目的组成与划分	建设项目、单项工程、单位工程、分部和分项工程的概念	20%
知道工程建设项目怎么从无到有的	建设程序的主要内容及阶段划分	20%
正确理解什么是工程造价	工程造价的含义、工程造价的计价特征	40%
了解工程造价管理的基础知识	工程造价管理的含义、基本内容	20%

问题引领

在进入 21 世纪的今天，"项目"这个词被用得越来越广泛，"我们公司目前正在开发一个新项目""我刚刚承接了一个项目""我当上了项目经理"……这些类似的话我们总会不时地听到。到底什么是项目？什么是建设项目？我们所居住的高楼大厦又是怎么"万丈高楼平地起"的呢？我们所要学习的工程造价又是什么？

1.1 建 设 项 目

1.1.1 建设项目

什么是项目？

国际上不同的行业组织由于所处的角色及关注的重点不同，给出的项目定义也就五花八门，各不相同，但具体分析起来又大同小异。"项目"是"为创建一个独特产品、服务或任务所做出的一种临时性的努力"，是"由一系列具有开始和结束日期、相互协调和控制的活动组成的、通过实施活动而达到满足时间、费用和资源等约束条件和实现目标的独特过程"，这样的一次性努力与过程在项目目标实现后就结束或终止了。

特别提示

项目严格意义上是指一个过程，而不是过程完成时形成的成果。例如，开发软件的过程是一个项目，而开发出来的软件只是这个项目的产品。

什么是建设项目？

建设项目是指通过工程建设的实施、以形成固定资产为目标的特殊项目，一般是指经批准包括在一个总体设计或初步设计范围内进行建设，经济上实行统一核算，行政上有独立组织形式，实行统一管理的建设单位。通常以一个企业、事业行政单位或独立的工程作为一个建设项目。比如，在工业建设中，一个工厂的建设就是一个建设项目；在民用建筑中，一个学校、一所医院的建设也是一个建设项目。建设项目可大可小，实施周期可长可短，比如长江三峡水利枢纽工程，静态投资 1 352.66 亿元，计划工期 18 年，而一个小型建设项目可能只需要花费几千元，历时几天就可以完成。

特别提示

一个建设项目包括一个总体设计中的主体工程及相应的附属、配套工程等，凡是不属于一个总体设计、经济上分别核算、工艺流程上没有关联的几个独立工程，应该分别作为几个建设项目，不能捆绑在一起作为一个建设项目。

为便于对建设工程进行管理和确定建筑产品价格，一般将建设项目的整体根据其组成进行科学的分解，划分为若干个单项工程、单位工程、分部工程和分项工程。

1．单项工程

单项工程是指在一个建设工程项目中，具有独立的设计文件，竣工后可以独立发挥生产能力或效益的一组配套齐全的工程项目。单项工程是建设项目的组成部分，一个建设项目可以由一个或多个单项工程组成。比如，工业建设中的各个车间、办公楼、食堂等；民用建设中学校的教学楼、图书馆、宿舍等都各自成为一个单项工程。

2．单位工程

单位工程是指具备独立施工条件并能形成独立使用功能，但竣工后一般不能独立发挥生产能力或效益的工程。它是单项工程的组成部分，可以分解为建筑工程和设备及安装工程两大类，而每一类中又可以按专业性质及作用不同分解为若干个单位工程。例如，一个生产车间的厂房修建、电气照明、给水排水、安装设备等都是单项工程中所包括的不同性质工程内容的单位工程。

3．分部工程

分部工程是单位工程的组成部分。按照工程部位、设备种类和型号、使用材料的不同等可以将一个单位工程分解为若干个分部工程。如一般工业与民用建筑的房屋建筑与装饰工程，按其不同的工种、不同的结构和部位可分为土石方工程、地基与基础工程、砌筑工程、混凝土及钢筋混凝土工程、金属结构工程、木结构工程、门窗工程、屋面及防水工程、装饰装修工程等。

4．分项工程

分项工程是对分部工程的再分解，指在分部工程中能通过较简单的施工过程生产出来的、可以用适当的计量单位计算并便于测定或计算其消耗的工程基本构成要素。一般按照不同的施工方法、材料、构造及规格等进行划分。如砌筑工程，可分为砖砌体、砌块砌体和石砌体等，其中砖砌体又可以细分为实心砖墙、填充墙、实心砖柱等分项工程。

以××建筑职业技术学院建设项目为例，建设项目的划分如图1.1所示。

1.1.2　建设程序

一个项目从计划建设到建成，要完成许多活动，经过若干阶段和环节。这些活动、阶段和环节有其不同的工作内容和步骤，它们按照工程建设自身规律，有机地联系在一起，并按照客观要求，先后顺序进行。项目建设客观过程的规律性，构成工程建设科学程序的客观内容。

工程建设程序，一般是指工程建设项目从规划、设想、选择、评估、决策、设计、施工到竣工投产交付使用的整个建设过程中各项工作必须遵循的先后顺序。它是工程建设全过程及其客观规律的反映。在我国，按照工程建设的技术经济特点及其规律性，一般把建设程序划分为三阶段共8项步骤，步骤的顺序不能任意颠倒，但可以合理交叉。

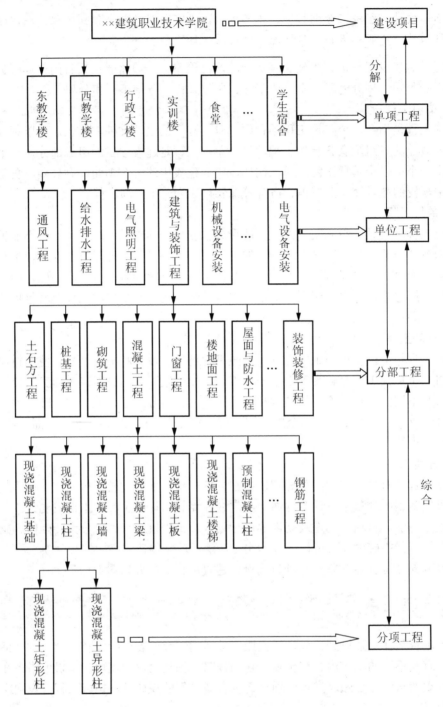

图 1.1 建设项目划分示意图

1. 投资决策阶段

(1) 编制项目建议书。项目建议书是建设单位要求建设某一具体项目的建议文件，是工程建设程序中最初阶段的工作，是投资决策前对拟建项目的轮廓设想。项目建议书的主要作用是为了推荐一个拟建项目的初步说明,论证项目建设的必要性、条件的可行性和获利的可能性,以确定是否进行下一步工作。项目建议书按要求编制完成后,要按照现行的建设项目审批权限进行报批。

(2) 进行可行性研究。项目建议书批准后,即可进行可行性研究,对项目在技术是否可行和经济上是否合理进行科学的分析和论证,并对不同方案进行分析比较,提出评价意见。承担可行性研究工作的应是经过资格审定的规划、设计和工程咨询等单位。凡可行性研究未被通过的项目,不得编制、报送可行性研究报告和进行下一步工作。

编制完成的项目可行性研究报告,需有资格的工程咨询机构进行评估并通过,按照现行的建设项目审批权限进行报批。可行性研究报告经批准后,不得随意修改和变更。如果在建设规模、产品方案、建设地点、主要协作关系等方面确需变动以及突破控制数时,应经原批准机关同意。经过批准的可行性研究报告,是确定建设项目,编制设计文件的依据。

根据《国务院关于投资体制改革的决定》(国发〔2004〕20 号)规定,建设项目可行性研究报告的审批与项目建议书的审批相同;即对于政府投资项目或使用政府性资金、国际金融组织和外国政府贷款投资建设的项目,继续实行审批制并需报批项目可行性研究报告。凡不使用政府性投资资金(国际金融组织和外国政府贷款属于国家主权外债,按照政府投资资金进行管理)的项目,一律不再实行审批制,并区别不同情况实行核准制和备案制,无须报批项目可行性研究报告。

《国务院关于投资体制改革的决定》(国发〔2004〕20 号)

应用案例 1-1

珠海机场案例分析

一、机场简介

珠海三灶国际机场是一个现代化的航空港,它位于珠海西区三灶岛西南端,三面环海,净空良好,距市区约 35km。该机场严格按照国际一级民用机场标准进行总体规划、设计和施工,其跑道、候机楼、通信航系统、供油和安全等均达到国际先进水平,被评为 ICAC 标准 4E 级机场。1995 年兴建的珠海机场是全国唯一纯地方政府投资的机场,投资总额达 60 多亿元。然而,从通航以来,机场经营情况年年亏损,最终在 2006 年由香港机场管理局与珠海市国资委合资建立的专业公司接管后,情况才有所好转。

二、机场决策过程

1984 年初,邓小平同志到珠海视察,对珠海特区建设给予了极大支持和高度评价,鼓励珠海要大胆尝试,大胆地闯,正确的你们就要坚持,不正确的你们可以改。

1989 年 12 月,当时的国家副主席王震在视察珠海三灶机场时说过:这个机场应该充分利用起来,你们搞,我同意。

1992 年 5 月,国务院、中央军委批复:同意将空军三灶机场改建为民用机场,产权归珠海市所有,资金全部由地方筹措解决。

1992 年 9 月,国家民航总局正式批复了机场总平面规划方案。

1992 年 12 月—1994 年 8 月,愚公移山,精卫填海工程完成。

1995 年 6 月，1.2 万 t 的炸药在炮台山引爆，机场开始动工。

接下来的筑基、建房工程，采用先新技术，91 600m² 的候机楼主体工程，只用 130 天就告竣工。

三、机场规模和经营情况

1. 机场规模

珠海机场候机楼占地面积 9.2 万 m²；澳门机场客运大楼占地面积 4 500m²，不足珠海机场 1/20。珠海机场跑道面积 4 000m×60m，是中国最长的机场跑道。停机坪面积 27.7 万 m²，有 21 个停机位；而澳门机场停机坪只能停靠 6 架波音 747 和 10 架麦道 11。

2. 经营情况

2000 年珠海机场起落总架次 17 363 架次，不足设计年航空起降架次数的 1/5(10 万架次)，是香港新机场全年升降班次的 1/10(18 万架次)。2000 年客运量 579 379 人次，不到设计客流量的 1/24(1 200 万人)，不足深圳黄田机场 1/10(600 万人次)，不足北京首都国际机场的 1/35(过 2 000 万人次)，不足香港新机场的 1/60(过 3 200 万次)。珠海机场每月客流量只相当于广州白云机场一天的客流量，每年的客流量只相当于香港新机场一周的客流量。

珠海机场自 1995 年通航以来，由于种种历史原因和受地区经济增长不足的影响，机场客运吞吐量和货运吞吐量较其原设计的每 1200 万人次和 60 万吨差距非常巨大，与周边最近的澳门机场都无法相比，机场大量的设施设备处于闲置状态。

四、债主上门

2000 年 7 月 19 日，广州海事法院判决，被告珠海机场偿付原告天津航道局工程款 3 278.94 万元，并按合同约定的利率(年息 10%)支付利息。本息合计，被告债务超过 4 000 万元。2001 年 5 月 22 日，由于机场经营不善，负债累累，珠海市中级人民法院根据广东省广信装饰工程公司、中国水利水电长江葛洲坝工程局珠海基础工程公司、广东省工业设备安装公司珠海市公司 3 家债权人的申请，裁定将珠海机场所有的经营收入全部冻结。

曾经主持珠海机场设计工作的叶院长说：珠海机场的跑道原设计是 3 000 米，后来施工过程中不顾规划人员的劝阻，改成 3 600m，后来又改成 4 000m。候机楼原本设计只有 20 000～25 000m²，考虑到施工误差可能会达到 30 000m²，施工过程中又从 30 000m² 扩到 50 000m²，再到 60 000m²，再到 80 000m²，到最后竣工时候机楼达到 92 800m²，超过原计划几乎四倍。"黄海，当年的一个项目经理，现在已经是机场基建中心的总经理，他说当年施工时拿到的图纸几乎天天都有变化，而且都是朝大的方向变，结果一个预计投资 15 亿元的机场，预算达到 20 多亿元、30 多亿元、60 多亿元，最后连建设者都不知道有多少亿了。

【点评】

决策失误原因分析如下。

1. 选址不当

(1) 在同一个区域，除了珠海的机场外，同时还有澳门的澳门国际机场，香港的国际机场，广州的白云机场，佛山、惠阳和深圳的黄田机场。

(2) 市场需求并不旺盛。

(3) 从小的方面来说，机场离市区 35km，再加上没有畅通的机场高速换乘，乘客要是乘公交车从市区到机场至少要 1 个小时。

2. 决策过程中人为地违背了项目决策程序

最重要的体现：在工程项目进展过程中，作为项目决策机构的珠海市政府违背项目决策程序，在未征得国家计委和国家民航总局同意情况下，自行把机场的定位升级，将原军用机场改建为民用机场的标准改为按国际机场的标准建设，拟先建成国际机场，再申请主管部门补批。正是这种先斩后奏直接酿成了决策失误。

3. 机场的定位失误

当初兴建机场的目的只是在于提供多一种运输渠道，但后来却擅自更改计划，扩大规模，由改建民用机场变成兴建国际机场，完全没有对中央政府同意与否进行预测。这个决策显然是非理性和高风险的。

4. 建设资金的筹集

(1) 由于合作建设机场的方式未能成功，只能由珠海市独自承担建设费用。

(2) 珠海市政府筹集资金的安排计划是这样的，先由政府投入资金，待机场建成后，再以出让部位股份的方式回收资金以用作基地投资。由于对机场收益预期过于乐观，珠海市政府选择了自己出资及向银行借贷的较为快捷的筹资办法。但决策者没有理性地分析，如果收益预期未能达到，不仅政府投资的30亿元会面临极大的回收风险，更严重的是，珠海市政府将因财政困难而无力偿还其余39亿元的银行贷款利息。

2. 建设实施阶段

(1) 进行设计。设计是对拟建工程的实施在技术和经济上所进行的全面而详尽的规划，是工程建设计划的具体化，是把先进技术和科研成果引入建设的渠道，是整个工程的决定性环节，也是组织施工的依据，直接关系着工程质量和将来的使用效果。已批准可行性研究报告的建设项目应选择具有相应设计资质等级的设计单位，按照所批准的可行性研究报告内容和要求进行设计，编制设计文件。设计过程一般划分为初步设计和施工图设计两个阶段。重大项目和技术复杂项目，可根据不同行业的特点和需要，中间增加技术设计，按3个阶段进行。

(2) 建设准备。项目在开工建设之前要切实做好各项准备工作，其主要内容包括征地拆迁，完成"三通一平"(通水、通电、通道路、平整场地)，选择施工企业和工程监理单位，组织设备、材料等物资订货和供应等。

(3) 组织施工。建设准备工作完成后，编制项目开工报告，按现行的建设项目审批权限进行报批，经过批准，即可遵循施工程序，按照设计要求和施工技术验收规范，进行施工安装。

(4) 生产准备。生产性建设项目开始施工后要及时组织专门力量，有计划有步骤地开展人员培训、生产物资准备等工作，为项目顺利投产做好准备。

3. 交付使用阶段

(1) 竣工验收。建设项目按照批准的设计文件所规定的内容全部建成，并符合验收标准，即生产运行合格，形成生产能力，能正常生产出合格产品，或项目符合设计要求能正常使用的，应按竣工验收报告规定的内容，及时组织竣工验收和投产使用。竣工验收是工程建设过程的最后一环，是全面考核建设成果、检验设计和工程质量的重要步骤，也是工程建设转入生产或使用的标志。

(2) 项目后评价。项目建成投产使用后，进入正常生产运营和质量保修期一段时间后，可以对项目进行总结评价工作，编制项目后评价报告，其基本内容应包括生产能力或使用效益实际发挥效用情况；产品的技术水平、质量和市场销售情况；投资回收、贷款偿还情况；经济效益、社会效益和环境效益情况及其他需要总结的经验教训等。

知识链接

国际工程界对工程建设程序一般有 4 种常见的划分方式，即六阶段、五阶段、四阶段和三阶段予以表达，其某些表述与国内业界习惯的表述方式亦有差异，具体如图 1.2 所示。

	提出项目概念	项目建议书批复	可研报告批复	交付施工图开工	开始试车	竣工验收
六阶段划分	项目决策	设计准备	设计	施工	动用前准备	保修
五阶段划分	立项决策	审定投资决策	工程设计与计划	施工		质量保修
四阶段划分		项目策划决策	工程设计与计划	施工		质量保修
三阶段划分		项目前期		项目建造期		项目后期

图 1.2　国际工程界建设程序阶段划分示意图

应用案例 1-2

湖南省凤凰县"08.13"大桥坍塌事故

一、事故简介

2007 年 8 月 13 日，湖南省凤凰县堤溪沱江大桥在施工过程中发生坍塌事故，造成 64 人死亡、4 人重伤、18 人轻伤，直接经济损失 3 974.7 万元。

堤溪沱江大桥全长 328.45m，桥面宽 13m，桥墩高 33m，设 3%纵坡，桥型为 4 孔 65m 跨径等截面悬链线空腹式无铰拱桥，且为连拱石桥。

2007 年 8 月 13 日，堤溪沱江大桥施工现场 7 支施工队、152 名施工人员进行 1～3 号孔主拱圈支架拆除和桥面砌石、填平等作业。施工过程中，随着拱上荷载的不断增加，1 号孔拱圈受力较大的多个断面逐渐接近和达到极限强度，出现开裂、掉渣，接着掉下石块。最先达到完全破坏状态的 0 号桥台侧 2 号腹拱下方的主拱断面裂缝不断张大下沉，下沉量最大的断面右侧拱段(1 号墩侧)带着 2 号横墙向 0 号台侧倾倒，通过 2 号腹拱挤压 1 号腹拱，因1号腹拱为三铰拱，承受挤压能力最低而迅速破坏下榻。受连拱效应影响，整个大桥迅速向0号台方向坍塌，坍塌过程持续了大约30s。

根据事故调查和责任认定，对有关责任方做出以下处理：建设单位工程部长、施工单位项目经理、标段承包人等24名责任人移交司法机关依法追究刑事责任；施工单位董事长、建设单位负责人、监理单位总工程师等33名责任人受到相应的党纪、政纪处分；建设、施工、监理等单位分别受到罚款、吊销安全生产许可证、暂扣工程监理证书等行政处罚；责成湖南省人民政府向国务院做出深刻检查。

二、原因分析

1. 直接原因

堤溪沱江大桥主拱圈砌筑材料不满足规范和设计要求，拱桥上部构造施工工序不合理，主拱圈砌筑质量差，降低了拱圈砌体的整体性和强度，随着拱上施工荷载的不断增加，造成1号孔主拱圈靠近0号桥台一侧拱脚区段砌体强度达到破坏极限而崩塌，受连拱效应影响最终导致整座桥坍塌。

2. 间接原因

(1) 建设单位严重违反建设工程管理的有关规定，项目管理混乱。一是对发现的施工质量不符合规范、施工材料不符合要求等问题，未认真督促整改。二是未经设计单位同意，擅自与施工单位变更原主拱圈设计施工方案，且盲目倒排工期赶进度、越权指挥施工。三是未能加强对工程施工、监理、安全等环节的监督检查，对检查中发现的施工人员未经培训、监理人员资格不合要求等问题未督促整改。四是企业主管部门和主要领导不能正确履行职责，疏于监督管理，未能及时发现和督促整改工程存在的重大质量和安全隐患。

(2) 施工单位严重违反有关桥梁建设的法律法规及技术标准，施工质量控制不力，现场管理混乱。一是项目经理部未经设计单位同意，擅自与业主单位商议变更原主拱圈施工方案，并且未严格按照设计要求的主拱圈方式进行施工。二是项目经理部未配备专职质量监督员和安全员，未认真落实整改监理单位多次指出的严重工程质量和安全生产隐患；主拱圈施工不符合设计和规范要求的质量问题突出。三是项目经理部为抢工期，连续施工主拱圈、横墙、腹拱、侧墙，在主拱圈未达到设计强度的情况下就开始落架施工作业，降低了砌体的整体性和强度。四是项目经理部技术力量薄弱，现场管理混乱。五是项目经理部直属上级单位未按规定履行质量和安全管理职责。六是施工单位对工程施工安全质量工作监管不力。

(3) 监理单位违反了有关规定，未能依法履行工程监理职责。一是现场监理对施工单位擅自变更原主拱圈施工方案，未予以坚决制止。在主拱圈施工关键阶段，监理人员投入不足，有关监理人员对发现施工质量问题督促整改不力，不仅未向有关主管部门报告，还在主拱圈砌筑完成但拱圈强度资料尚未测出的情况下，即在验收砌体质检表、检验申请批复单、施工过程质检记录表上签字验收合格。二是对现场监理管理不力。派驻现场的技术人员不足，半数监理人员不具备执业资格。对驻场监理人员频繁更换，不能保证大桥监理工作的连续性。

(4) 承担设计和勘察任务的设计院，工作不到位。一是违规将地质勘查项目分包给个人。二是前期地质勘查工作不细，设计深度不够。三是施工现场设计服务不到位，设计交底不够。

(5) 有关主管部门和监管部门对该工程的质量监管严重失职、指导不力。一是当地质量监督部门工作严重失职，未制定质量监督计划，未落实重点工程质量监督责任人。对施工方、监理方从业人员培训和上岗资格情况监督不力，对发现的重大质量和安全隐患，未依法责令停工整改，也未向有关主管部门报告。二是省质量监督部门对当地质量监督部门业务工作监督指导不力，对工程建设中存在的管理混乱、施工质量差、存在安全隐患等问题失察。

(6) 州、县两级政府和有关部门及省有关部门对工程建设立项审批、招投标、质量和安全生产等方面的工作监管不力，对下属单位要求不严，管理不到位。一是当地交通主管部门违规办理工程建设项目在申报、立项期间的手续和相关文件。二是该县政府在解决工程征迁问题、保障施工措施不力，致使工期拖延，开工后为赶进度，压缩工期。三是当地政府在工程建设项目立项审批过程中，违反基本建设程序和招标法的规定。对工程建设项目多次严重阻工、拖延工期及施工保护措施督促解决不力，盲目赶工期，又对后期实施工作监督检查不到位。四是湖南省交通厅履行工程质量和安全生产监管工作不力。违规委托设计单位编制勘察设计文件；违规批准项目开工报告；对省质监站、公路局管理不力，督促检查不到位；对工程建设中存在的重大质量和安全隐患失察。

三、事故教训

(1) 有法不依、监管不力。地方政府有关部门，建设、施工、监理、设计单位都没有严格按照《中华人民共和国建筑法》、《建设工程安全生产管理条例》等有关法规的要求进行建设施工。主要表现在施工单位管理混乱、建设单位抢工期、监理单位未履行监理职责、勘察设计单位技术服务不到位、政府主管部门安全和质量监管不力等。

(2) 忽视安全、质量工作，玩忽职守。与工程建设相关的地方政府有关部门、建设、施工、监理、设计等单位的主要领导安全和质量法制意识淡薄，在安全和质量工作中严重失职，安全和质量责任不落实。

四、专家点评

这是一起由于擅自变更施工方案而引起的生产安全责任事故。这起事故的发生，暴露了该项目的建设、施工、监理单位等相关责任主体不认真履行相关的安全责任和义务，没有按照国家法律法规和工程建设的质量安全标准、规范、规程等进行建设施工。企业负责人和相关人员法制意识淡薄、安全生产责任制不落实。我们应吸取事故教训，做好以下几方面的工作。

(1) 工程建设参建各方应认真贯彻落实《中华人民共和国建筑法》等法律、法规，严格执行质量规程、规范和标准，认真落实建设各方安全生产主体责任，加强安全和质量教育培训等基础工作，加强隐患排查和日常监管，强化责任追究，建立事故防范长效机制，控制和减少伤亡事故的发生。

(2) 明确甲方主体责任。建设单位作为建设工程主体之一，也应严格履行安全生产主体责任，一方面要加强对安全生产法律法规的学习，强化安全和质量法制意识，认真贯彻落实安全生产法律法规和技术质量规程标准；另一方面要建立有效的安全质量监管机制，通过全面协调设计、施工、监理等单位，切实加强质量和安全工作。

(3) 强化施工技术管理。施工单位要严格按照施工规范和设计要求进行施工，不得任意变更；要加强技术管理，编制详细的施工组织设计方案、质量控制措施、安全防范措施；加大技术培训力度，提高施工人员素质；加强对原材料选择、砌筑工艺、现场质量控制等关键环节的管理。

(4) 重点强化监理职责。监理单位要切实提高监理人员的业务素质，认真履行监理职责，严格执行各项质量和安全法规、技术规范、标准，重点加强对原材料质量、工程项目施工关键环节、关键工序的质量控制，对发现的现场质量和安全问题要坚决纠正并督促整改。

(5) 加强技术服务与支持。设计单位要认真执行勘查设计规程和有关标准规范，加强设计后续服务和现场技术指导，要扎实做好工程地质勘察工作，对关键工序的施工要进行细致的技术交底。

(6) 严格依法行政。地方政府和主管部门要坚持"安全发展"的原则，充分考虑工程项目的安全可靠性，要科学地组织和安排工期，坚决纠正主管臆断，倒排工期抢进度的行为，依法履行职责，杜绝违章指挥；加强对工程招投标的管理，严格市场准入，规范建设市场秩序，强化对重大基础设施的隐患排查和专项整治，强化日常安全监管。

试一试

试着了解本地区基本建设程序和相应审批规定，并用自己的话向大家简单描述所居住小区是怎么建设完成的？

1.2 工程造价的含义与特征

1.2.1 工程造价的含义

"工程造价"一词的前身是"建筑工程概预算"和"建筑产品价格"，到 20 世纪 80 年代前后，政府文件中开始出现"工程造价"一词，而后被广泛使用。20 世纪 90 年代中期，中国建设工程造价协会在工程造价管理组织内，为澄清人们认识上的混乱，正本清源，做了大量工作。经反复讨论，在 1996 年就界定工程造价一词含义问题取得一致意见。在中价协为界定工程造价一词含义所做的决议中，确认工程造价是个多义词，具有一词两义性质。

工程造价通常是指工程的建造价格，其含义有以下两种。

1. 建设项目的全部花费

这种含义是站在建设单位(投资者)的角度上，工程造价是指投资者选定一个投资项目，为了获得预期效益，建设完成该项目所需费用的总和，包括进行项目筹建、决策及委托工程勘察设计、购置土地、进行建筑安装工程施工、购买工程所需设备，直至竣工验收等一系列建设活动预期开支或实际开支的全部花费。工程建设程序中每个阶段所发生的建设活动，都对应着某些费用项目，例如在项目设计阶段，完成勘察设计工作，就需支付勘察设计费。

知识链接

建设项目总投资是为完成工程项目建设并达到使用要求或生产条件，在建设期内预计或实际投入的全部费用总和。生产性建设项目总投资包括固定资产投资和流动资金投资两部分；而非生产性建设项目总投资就是固定资产投资的总和，固定资产投资与工程造价在量上基本相等。

在造价问题上的某些论述，例如，"工程造价管理的目标是要合理确定和有效控制工程造价，以提高投资效益""对工程造价要实行全过程管理"等，基本上是建立在第一种含义基础上的。

2. 工程发承包价格

这是从市场交易的发承包双方的角度而言，工程造价是指为建成一项工程，预计或实际在土地市场、设备市场、技术劳务市场以及工程发承包市场等交易活动中所形成的工程发承包价格。在市场交易活动中的工程造价，主要是指工程施工的发承包价格。

工程造价的第二种含义是以市场经济为前提，以建设工程、设备、技术等特定商品形式作为交易的对象，通过招投标或其他交易方式，在各方进行测算、预估的基础上，最终由市场形成的交易价格。其交易的对象，可以是一个建设工程项目，一个单项工程，也可以是其中的建筑工程、装饰工程或安装工程等单位工程；甚至可以是整个建设过程中的某一个阶段，如可行性研究、勘察设计、建筑安装施工等。

特别提示

工程造价的两种含义是从不同角度把握同一种事物的本质。对建设工程投资者来说，市场经济条件下的工程造价就是项目投资，是"购买"项目要付出的价格，同时也是投资者在作为市场供给主体"出售"项目时定价的基础；对承包商、供应商和规划、设计等机构来说，工程价格是他们作为市场供给主体出售商品和劳务的价格总和，或者是特指范围的工程造价，如建筑安装工程造价。

在造价问题上的某些论述，例如，"国家宏观调控、市场竞争形成价格""通过招投标确定工程合同价"等，基本上是建立在工程造价的第二种含义基础上的。

1.2.2　工程造价的计价特征

建设项目是建筑业的产品，但它又不同于一般工业产品，因此，工程造价作为建筑产品的建造价格，具有鲜明的计价特征。

1. 计价的单件性

任何一项建设工程都有特定的用途，其功能和规模各不相同。每一项工程的结构、造型、空间分割、设备配置和内外装饰都有不同的具体要求，即工程内容和实物形态都具有个别性，不能批量生产。同时，建设项目的位置是固定、不能移动的，每项工程所处的地区、地段的自然环境、水文地质、物价等都不相同，影响工程造价的因素非常多，这使得工程造价的个别性更加突出。

因此，产品的单件性决定了每项工程都必须单独计算造价。

2．计价的多次性

任何一项建设工程从决策到实施，直至竣工验收、交付使用，都有一个较长的建设期。在此期间，如工程变更、设备材料价格、工资标准以及利率、汇率等都可能发生变化，这些变化必然会影响工程造价的变动。因此，工程造价在整个建设期内的不同阶段处于一个变动状态，直至竣工决算后才能最终决定实际造价。

建设项目的建设工期长、规模大、造价高的特点决定了其必须按照建设程序决策和实施，为保证工程造价计算的准确性和控制的有效性，工程造价也需要在不同阶段依据不同资料进行多次性计价。多次性计价是个逐步深化、逐步细化和逐步接近实际造价的过程。

依据工程建设程序，工程造价的合理确定一般分为以下 7 个阶段。

(1) 在投资决策阶段，编制投资估算，作为投资机会筛选和项目决策的依据。

(2) 在初步设计阶段，根据设计意图编制初步设计概算，作为拟建项目工程造价控制的最高限额。与投资估算相比，概算造价的准确性有所提高，但受估算造价的控制。

(3) 在技术设计阶段，根据技术设计要求，编制修正概算。修正概算对初步设计概算进行修正调整，比初步设计概算准确，但受总概算控制。

(4) 在施工图设计阶段，根据施工图纸，编制施工图预算。它比初步设计总概算或修正概算更为详尽和准确，但同样受前一阶段所限定的工程造价的控制。

(5) 在工程招投标阶段，依据中标价确定合同价，作为工程结算的依据。

特别提示

在招投标阶段，由招标人编制的标底价是招标人对招标项目的期望价格；由招标人编制的招标控制价是招标人对投标人提出的投标最高限价；投标报价是投标人参与投标时报出的工程承包价格；合同价是发承包双方在施工合同中约定的工程造价。所以，标底价、招标控制价、投标报价及合同价其实都是招投标阶段工程造价的范畴。

(6) 在工程施工阶段，依据合同价款，按合同调价范围和调价方法，对实际发生的工程量增减、设备和材料价差等进行调整，合理确定结算价。

(7) 在竣工验收阶段，通过全面收集建设过程中实际花费的全部费用，编制竣工决算，如实反映竣工项目从开始筹建到竣工交付使用为止的该建设项目的实际工程造价。

工程造价多次性计价示意图如图 1.3 所示。

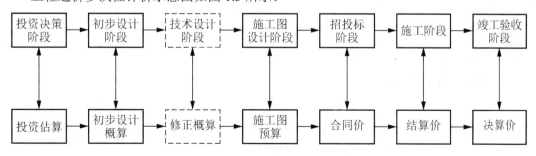

图 1.3　工程造价多次性计价示意图

3. 计价的组合性

一个建设项目是一个工程综合体，按其组成与划分，可以分解为若干个单项工程、单位工程和分部分项工程。建设项目分解示意图如图1.4所示。

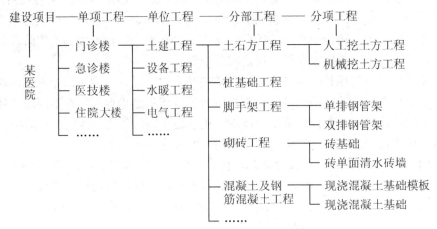

图 1.4 建设项目分解示意图

建设项目的这种层次性决定了工程造价计价是一个逐步组合的过程，即分部分项工程造价→单位工程造价→单项工程造价→建设项目总造价。因此分项工程是工程计价的起点。

知识链接

工程造价计价特征除了上述计价的单件性、多次性和组合性之外，还具有计价方法的多样性、计价依据的复杂性等其他显著特征。

1.3 工程造价管理及其基本内容

1.3.1 工程造价管理的含义

相对于工程造价的两个含义，工程造价管理的含义也包括两个方面：一是建设工程投资费用管理；二是建设工程价格管理。

1. 建设工程投资费用管理

建设工程投资费用管理是指为了实现投资的预期目标，在拟定的规划、设计方案的条件下，预测、计算、确定和监控工程造价及其变动的系统活动；建设工程投资费用管理属于投资管理的范畴，它既涵盖了微观的项目投资费用的管理，也涵盖了宏观层次的投资费用的管理。

2. 建设工程价格管理

工程价格管理，属于价格管理范畴。在社会主义市场经济条件下，价格管理分两个层次：在微观层次上，是生产企业在掌握市场价格信息的基础上，为实现管理目标而进行的成本控制、计价、定价和竞价的系统活动；在宏观层次上，是政府根据社会经济发展的要求，利用法律手段、经济手段和行政手段对价格进行管理和调控，以及通过市场管理规范市场主体价格行为的系统活动。

特别提示

工程建设关系国计民生，同时政府投资公共、公益性项目在今后仍然会占相当份额。因此，国家对工程造价的管理，不仅承担一般商品价格的调控职能，而且在政府投资项目上也承担着微观主体的管理职能。这种双重角色的双重管理职能是工程造价管理的一大特色。

1.3.2 全面造价管理

全面造价管理是有效地使用专业知识和专门的技术去计划和控制资源、造价、盈利和风险。建设工程全面造价管理包括全寿命期造价管理、全过程造价管理、全要素造价管理和全方位造价管理。

1. 全寿命期造价管理

建设工程全寿命期造价是指建设工程初始建造成本和建成后的日常使用成本之和，它包括建设前期、建设期、使用期及拆除期各个阶段的成本。在工程建设及使用的不同阶段，工程造价存在诸多不确定性，这使得工程造价管理至今只能作为一种现实建设工程全寿命最小化的指导思想，用来指导建设工程的投资决策及设计方案的选择。

应用案例 1-3

某省大多数地区为山区，地质情况较复杂，每年发生的山体滑坡、泥石流等地质灾害和水涝、积雪等气候灾害都会造成不同程度的交通中断和引发交通事故，道路养护和治理工作量大，费用高。但如果在设计阶段换种思路，考虑建成后的营运维护成本，在地质选线中遵循"躲避为主、处理为辅"的原则，结果就大不一样了。如某国道达坂山越岭段，因冬季经常积雪，行车困难，有时几乎无法通车，安全隐患大，后来将积雪最严重的路段改为隧道通过，建设期的投资虽然明显增加，但交通事故率大大降低，运行路线缩短，交通中断情况不再发生，养护工作的难度和压力明显减小，取得了较好的效果。

【点评】

虽然修建隧道的初始投资大，但从后期管理养护、运行安全以及环境保护等方面综合分析，总成本是降低的。

2. 全过程造价管理

建设工程全过程是指建设工程前期决策、设计、招投标、施工、竣工验收等各个阶段。

全过程工程造价管理覆盖建设工程前期决策及实施的各个阶段，包括前期决策阶段的项目策划、投资估算、项目经济评价、项目融资方案分析；设计阶段的限额设计、方案比选、概预算编制；招投标阶段的标段划分、发承包模式及合同形式的选择、标底编制；施工阶段的工程计量与结算、工程变更控制、索赔管理；竣工验收阶段的竣工结算与决算等。

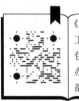

 **知识链接**

2014 版《建筑工程施工发包与承包计价管理办法》(中华人民共和国住房和城乡建设部令第 16 号)第五条"国家推广工程造价咨询制度，对建筑工程项目实行全过程造价管理"的规定反映了推广全过程造价管理制度具有深远意义。

3．全要素造价管理

建设工程造价管理不能单就工程造价本身谈造价管理，因为除工程本身造价之外，工期、质量、安全及环境等因素均会对工程造价产生影响。为此，控制建设工程造价不仅是控制建设工程本身的成本，还应同时考虑工期成本、质量成本、安全与环境成本的控制，从而实现工程造价、工期、质量、安全、环境的集成管理。

4．全方位造价管理

建设工程造价管理不仅是业主或承包单位的任务，也应该是政府建设行政主管部门、行业协会、业主方、设计方、承包方以及有关咨询机构的共同任务。尽管各方的地位、利益、角度等有所不同，但必须建立完善的协同工作机制，才能实现建设工程造价的有效控制。

1.3.3 我国工程造价管理的基本内容

1．工程造价管理的目标

工程造价管理的目标是按照经济规律的要求，根据社会主义市场经济的发展形势，利用科学的管理方法和先进的管理手段，合理地确定造价和有效地控制造价，以提高投资效益和建筑安装企业经营效果。

 **特别提示**

可见，工程造价管理的具体目标有两个：造价的合理确定和有效控制，合理确定是有效控制的前提，有效控制是合理确定的具体实施。

2．工程造价管理的基本内容

工程造价管理的基本内容就是合理确定和有效控制工程造价。

(1) 所谓工程造价的合理确定，就是在建设程序的各个阶段，依据不同工程造价资料，合理确定投资估算、概算造价、预算造价、承包合同价、结算价、竣工决算价等。

(2) 所谓工程造价的有效控制，就是在优化建设方案、设计方案的基础上，在建设程序的各个阶段，采用一定的方法和措施把工程造价的发生控制在合理的范围和核定的造价限额以内。具体来说，就是用投资估算价控制设计方案的选择和初步设计概算造价，用概算造价控制技术设计和修正概算造价，用概算造价或修正概算造价控制施工图设计和预算造价。通过工程造价的有效控制以求合理使用人力、物力和财力，取得较好的投资效益。

有效控制工程造价应体现以下 3 项原则。

(1) 以设计阶段为重点的建设全过程造价控制。工程造价控制贯穿于项目建设全过程的同时，应注意工程设计阶段的造价控制。工程造价控制的关键在于前期决策和设计阶段，而在项目投资决策完成之后，控制工程造价的关键在于设计。建设工程全寿命期费用包括工程造价和工程交付使用后的经常开支费用(含经营费用、日常维护修理费用、使用期内大修理和局部更新费用)以及该项目使用期满后的报废拆除费用等。据西方一些国家分析，设计费一般不足建设工程全寿命期费用的 1%，但正是这少于 1% 的费用对工程造价的影响度占到 75% 以上，由此可见，设计质量对整个工程建设的效益是至关重要的。

(2) 主动控制以取得令人满意的结果。长期以来，人们一直把控制理解为目标值与实际值的比较，当实际值偏离目标值时，分析其产生偏差的原因并确定下一步的对策。在工程建设全过程进行这样的工程造价控制当然是有意义的，但问题在于这种立足于调查→分析→决策基础之上的偏离→纠偏→再纠偏的控制是一种被动的控制，因为这样做只能发现偏离，不能预防可能发生的偏离。为尽可能地减少以至避免目标值与实际值的偏离，还必须立足于事先主动地采取控制措施，实现主动控制；也就是说，工程造价控制不仅要反映投资决策，反映设计、发包和施工(被动地控制工程造价)，更要能动地影响投资决策，影响设计、发包和施工(主动地控制工程造价)。

(3) 技术与经济相结合是控制工程造价最有效的手段。要有效地控制工程造价，应从组织、技术、经济等多方面采取措施。从组织上采取的措施包括明确项目组织结构，明确造价控制及其任务，明确管理职能分工；从技术上采取的措施包括重视设计多方案选择，严格审查监督初步设计、技术设计施工图设计，深入技术领域研究节约投资的可能性；从经济上采取的措施包括动态地控制造价的计划值和实际值，严格审核各项费用支出，采取对节约投资的有力奖惩措施等。

知识链接

我国工程造价管理体制是随着新中国的成立而建立的。到目前为止，大致经历了 4 个发展阶段。

(1) 工程造价管理体制的建立阶段(1949—1958 年)。这一时期我国引进了前苏联的概预算定额管理制度，设立了概预算管理部门，并通过颁布一系列文件，建立了概预算工作制度，明确了各个不同设计阶段都应编制概算和预算。

(2) 工程造价管理倒退、调整阶段(1958—1976 年)。这一时期，概预算定额管理工作遭到严重的破坏，概预算和定额管理机构被撤销，大量基础资料被销毁。

(3) 工程造价管理恢复发展阶段(1977—2003 年)。"文化大革命"结束后，国家恢复建设工程造价管理机构，成立标准定额司，加强对工程造价管理的组织和领导。在此期间，陆续编制和颁发了许多预算定额，并于 1995 年颁发《全国统一建筑工程基础定额》。随后，全国各地根据基础定额编制各地的建筑工程预算定额。实现了由"政府定价"向"控制量，指导价"的转变。

(4) 工程造价管理深化改革阶段(2003 年至今)。随着市场经济体制的进一步改革开放及我国加入世贸组织，"控制量，指导价"的计价模式已不能适应市场自由竞争的需要。随着 2003 年《建设工程工程量清单计价规范》的实施，我国工程造价管理进入了一个新的历史阶段，即企业根据市场因素自行确定价格、参与竞争的"市场调节价"阶段。

本章小结

本章主要内容有建设项目的组成与划分、工程建设程序、工程造价的两种含义、工程造价的计价特征及工程造价管理的含义与基本内容。通过本章的学习，学生要具体掌握以下重点内容。

(1) 知道建设项目可以逐步分解为单项工程、单位工程和分部分项工程，而工程造价计价特征中的组合性计价就是以分部分项工程为造价起算点，逐步向上综合出单位工程造价、单项工程造价和建设项目总造价。

(2) 了解工程项目建设程序及每一阶段的主要工作内容，知道工程项目的建设过程实际上就是投资的过程。

(3) 在熟悉工程建设程序的基础上，正确理解工程造价的两种含义。第一种含义是站在投资者的角度，讲投资兴建一个工程项目，从前期筹划、设计、施工、直至竣工验收，完成全部建设内容所需要的花费，这些花费的项目与建设程序的主要内容基本一致；第二种含义是站在市场交易的角度，讲发承包双方的交易价格，是双方参与的。要注意区分两种含义的不同之处。

(4) 理解工程造价的计价特征，尤其是依据建设项目的组成与划分来理解计价的组合性；依据工程建设程序来理解在项目建设的不同阶段，依据的资料不一样，我们可以分别进行估算、概算、施工图预算、合同价、结算价、决算价等的计算，这就是工程造价计价的多次性。

(5) 对应工程造价的两种含义，了解工程造价管理的两种含义，树立全过程造价管理理念，熟悉工程造价管理的基本内容。

习 题

一、单选题

1. 某建设单位新建 A、B 两栋职工宿舍楼，按照建设项目的组成与划分，A 栋职工宿舍楼的建设属于一个( )。

    A. 建设项目　　　　B. 单项工程　　　C. 单位工程　　　D. 分部工程

2. 下列关于工程项目的各项工作先后顺序，符合建设程序规律性要求的是( )。

    A. 设想→选择→评估→决策→设计→施工→竣工验收→投入生产等

    B. 设想→选择→决策→评估→设计→施工→竣工验收→投入生产等

    C. 设想→选择→评估→决策→施工→设计→竣工验收→投入生产等

    D. 设想→选择→评估→决策→设计→施工→投入生产→竣工验收等

3. 工程造价的第一种含义是从( )角度定义的。

    A. 承包商   B. 市场交易

    C. 建筑安装工程   D. 建设项目投资者

4. 按照工程造价的第一种含义，非生产性建设项目的工程造价是指( )。

    A. 建设项目总投资   B. 固定资产投资

    C. 流动资金   D. 建筑安装工程费

5. 不同工程项目在用途、结构、造型、规模、地理位置等方面都存在差异，因此需要工程造价( )计价。

    A. 复杂性   B. 单件性   C. 多次性   D. 动态性

6. 工程造价控制应以( )阶段为重点进行建设全过程造价控制。

    A. 投资决策   B. 设计   C. 招投标   D. 施工

二、多选题

1. 两阶段设计指的是( )。

    A. 初步设计   B. 技术设计

    C. 施工图设计   D. 竣工图设计

    E. 方案策划

2. 工程造价通常是指工程的建造价格，其含义有两种，下列关于工程造价的表述正确的是( )。

    A. 从投资者的角度而言，工程造价是指建设一项工程预期开支或实际开支的全部投资费用

    B. 某建设单位和设计机构签订一份设计合同，该合同价款是建立在工程造价的第二种含义基础上的

    C. 工程造价涵盖的范围只能是一个建设工程项目

    D. 通常人们将工程造价的第一种含义认定为工程发承包价格

    E. 第一种含义是站在投资者角度而言，第二种含义站在承包商角度而言

3. 属于工程造价第一种含义范畴的有( )。

    A. 通过招投标确定合同价

    B. 建筑安装工程的发承包价格

    C. 工程造价管理的目标是要合理确定和有效控制工程造价，以提高投资效益

    D. 工程造价的全过程管理

    E. 初步设计总概算是工程造价控制的最高限额

4. 工程造价的计价特征有( )。

    A. 大额性   B. 单件性

C. 静态性   D. 多次性

    E. 组合性

5. 工程造价具有多次性计价的特征，其中各阶段与造价对应关系正确的是(　　)。

    A. 招投标阶段——合同价   B. 施工阶段——合同价

    C. 初步设计阶段——概算造价   D. 施工图设计阶段——预算价

    E. 可行性研究阶段——概算造价

三、简答题

1. 试举例说明建设项目的组成与划分。

2. 简述工程项目建设程序。

3. 工程造价的含义有哪几种，主要区别是什么？

4. 工程造价的计价特征有哪些？

5. 工程造价有效控制的原则有哪些？

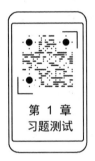

第 1 章
习题测试

第2章 工程造价的构成

教学目标

通过学习本章内容，在正确领会工程造价含义的基础上，对应其第一种含义掌握我国现行工程造价的构成，具体要求如下：熟悉设备及工器具购置费用、预备费和建设期利息的构成及计算、掌握建筑安装工程费用的构成、了解工程建设其他费用的构成。

教学要求

能力目标	知识要点	权　重
对应建设活动掌握工程造价的费用构成	建筑安装工程费的构成	50%
	设备及工、器具购置费的构成及计算	20%
	工程建设其他费的构成及计算	10%
	预备费、建设期贷款利息等的计算	20%

问题引领

从第 1 章中我们了解到一个项目从计划建设到建成，要完成许多活动，例如项目规划、评估、征地拆迁、勘察设计、施工等。工程建设程序中每个阶段所发生的这些建设活动，都对应着某些特定的费用项目。建设完成该项目所需费用的总和则构成完整的工程造价。那么，上述这些活动分别与工程造价构成中哪些特定的费用项目相对应呢？

2.1 工程造价构成概述

按照工程造价的第一种含义，工程造价是指工程建设项目按照确定的建设内容、建设规模、建设标准、功能和使用要求等全部建成并验收合格交付使用所需全部费用的总和，即一个建设项目从无到有整个建设过程所需的全部花费，这些费用项目与建设程序的主要内容是基本一致的。

例如，在工程项目建设过程中用于购买各种设备的费用，即工程造价构成中的设备及工、器具购置费；施工阶段进行的建筑施工和安装工程施工所需的费用，即工程造价构成中的建筑安装工程费；项目建设前期进行的土地征用、勘察、设计、招投标等所需的费用，即构成了工程造价中的工程建设其他费。

设备及工、器具购置费和建筑安装工程费都是建设期内直接用于工程建造、设备购置及其安装的建设投资，共同构成了工程费用。工程费用、工程建设其他费和为应对工程建设期内各种不可预见因素的变化而预留的预备费，三者共同构成了建设投资。

 知识链接

建设投资是指为完成工程项目建设，在建设期内投入且形成现金流出的全部费用，是工程造价中的主要构成部分。

如果在建设期内为筹措项目资金有贷款等融资费用及债务资金，在考虑项目建设全部花费时要考虑其产生的利息，即建设期利息也包括在工程造价的构成中。

我国现行建设项目总投资及工程造价构成内容具体如图 2.1 所示。

知识链接

固定资产是指社会再生产过程中可供长时间反复使用，单位价值在规定限额以上，并在其使用过程中不改变其实物形态的物质资料，如建筑物、机械设备等。在我国会计实务中，固定资产的具体划分标准为：企业使用年限超过一年的建筑物、构筑物、机械设备、运输工具和其他与生产经营有关的工、器具等资产均应视作固定资产；凡是不符合上述条件的劳动资料一般被称为低值易耗品，属于流动资产。

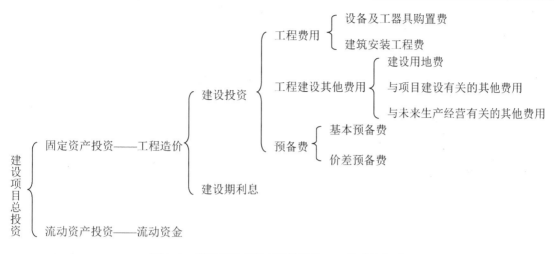

图 2.1 我国现行建设项目总投资及工程造价构成

应用案例 2-1

某建设项目投资构成中，设备购置费 1 000 万元，工、器具及生产家具购置费 200 万元，建筑工程费 800 万元，安装工程费 500 万元，工程建设其他费用 400 万元，基本预备费 150 万元，价差预备费 350 万元，建设期贷款 2 000 万元，应计利息 120 万元，流动资金 500 万元，则该项目的工程造价为多少？

解：根据我国目前的规定，工程总投资由固定资产投资和流动资产投资组成，其中固定资产投资即通常所说的工程造价，流动资产投资即流动资金。因此工程造价中不含流动资金部分。

则工程造价为　1 000+200+800+500+400+150+350+120=3 520(万元)

2.2　设备及工、器具购置费用的构成

设备及工、器具购置费用是由设备购置费用和工、器具及生产家具购置费用组成的。

2.2.1　设备购置费的构成及计算

设备购置费是指为建设工程购置或自制的达到固定资产标准的设备、工、器具的费用。它由设备原价和设备运杂费构成。其基本计算公式为式(2-1)。

$$设备购置费=设备原价+设备运杂费 \tag{2-1}$$

式中，设备原价系指国产或进口设备的原价；设备运杂费指除设备原价之外的关于设备采购、运输、途中包装及仓库保管等方面支出费用的总和。

1. 设备原价的构成及计算

1) 国产设备原价

国产设备原价一般指的是设备制造厂的交货价，或订货合同价。它一般根据生产厂或供应商的询价、报价、合同价确定，或采用一定的方法计算确定。国产设备原价分为国产标准设备原价和国产非标准设备原价。

(1) 国产标准设备原价。国产标准设备是指按照主管部门颁布的标准图纸和技术要求，由设备生产厂批量生产的符合国家质量检验标准的设备。国产标准设备原价有两种，即带有备件的原价和不带有备件的原价。在计算时，一般采用带有备件的原价。国产标准设备一般有完善的设备交易市场，因此可以通过查询相关交易市场价格或向设备生产厂家询价得到国产标准设备的原价。

(2) 国产非标准设备原价。国产非标准设备是指国家尚无定型标准，各设备生产厂不可能在工艺过程中采用批量生产，只能按订货要求并根据具体的设计图纸制造的设备。非标准设备由于个别定做、单价生产、无定型标准，所以无法直接采用市场交易价格，只能按其实际成本构成或相关技术参数估算其价格。成本计算估价法就是其中一种比较常用的估算非标准设备原价的方法。按成本计算估价法，非标准设备的原价主要由材料费、加工费、辅助材料费、专用工具费、废品损失费、外购配套件费、包装费、非标准设备设计费、利润和税金等构成。

2) 进口设备原价的构成及计算

进口设备的原价是指进口设备的抵岸价，即设备抵达买方边境港口或车站，交纳完各种手续费、税费后形成的价格。抵岸价通常由进口设备的到岸价(CIF)和进口设备的从属费构成。在国际贸易中，交易双方所使用的交货类别不同，则交易价格的构成内容也有所差异。

(1) 进口设备的交易价格。

在国际贸易中，较为广泛使用的交易价格主要有3种。

① FOB(Free On Board)，意为装运港船上交货价，习惯称为离岸价。FOB是指当货物在指定的装运港越过船舷，卖方即完成交货任务，即这种交货类别是以指定的装运港货物越过船舷为风险转移分界点的。

特别提示

采用FOB价时，卖方的责任是负责在合同规定的装运港口和规定的期限内，将货物装上买方指定的船只，并及时通知买方，负责货物装船前的一切费用和风险，负责办理出口手续，提供出口国政府或有关方面签发的证件，负责提供有关装运单据；买方的责任是负责租船或订舱，支付运费，并将船期、船名通知卖方，承担货物装船后的一切费用和风险，负责办理保险及支付保险费，办理在目的港的进口和收货手续，接受卖方提供的有关装运单据，并按合同规定支付货款。

② CFR(Cost and Freight)，意为成本加运费，习惯称为运费在内价。CFR是指在装运港货物越过船舷卖方即完成交货，但与FOB价不同的是，卖方还必须支付将货物运至指定的目的港所需的运输费用，但交货后的风险依然由卖方承担。

③ CIF(Cost Insurance and Freight)，意为成本加保险费和运费，习惯称为到岸价。在CIF价中，卖方除负有与CFR相同的义务外，还应办理货物在运输途中最低险别的国际运输保险，并支付保险费。

(2) 进口设备的到岸价。

从上面进口设备到岸价的构成内容可以看出，进口设备到岸价可按式(2-2)计算。

$$进口设备到岸价(CIF)=离岸价(FOB)+国际运费+国际运输保险费 \qquad (2-2)$$
$$=运费在内价(CFR)+国际运输保险费$$

① 货价。一般指装运港船上交货价(FOB)。进口设备货价按有关生产厂商询价、报价、订货合同价计算，可分为原币货价和人民币货价两种表示形式。

② 国际运费。即从出口国装运港(站)到达我国目的港(站)的运费。进口设备国际运费计算公式如式(2-3)。

$$国际运费(海、陆、空)=原币货价FOB×国际运费率 \qquad (2-3)$$

或式(2-4)。

$$国际运费(海、陆、空)=运量×单位运价 \qquad (2-4)$$

③ 国际运输保险费。对外贸易货物运输保险是由保险人(保险公司)与被保险人(出口人或进口人)订立保险契约，在被保险人交付议定的保险费后，保险人根据保险契约的规定对货物在运输过程中发生的承保责任范围内的损失给予经济上的补偿，计算公式如式(2-5)。

$$国际运输保险费=(原币货价FOB+国际运费)÷(1-保险费率)×保险费率 \qquad (2-5)$$

 **特别提示**

进口设备的到岸价(CIF)，是指设备抵达卖方边境港口或边境车站，还未办理入关手续及交纳各项税费的价格，注意与进口设备的抵岸价进行区分。

(3) 进口设备的从属费。

进口设备的从属费是指设备入关时办理各项手续的手续费和按规定交纳的各项税费，一般包括以下内容。

① 银行财务费。银行财务费一般是指在国际贸易结算中，中国银行为进出口商提供金融结算服务所收取的手续费，计算公式为式(2-6)。

$$银行财务费=离岸价(FOB)×人民币外汇汇率×银行财务费率 \qquad (2-6)$$

② 外贸手续费。外贸手续费指按对外经济贸易部规定的外贸手续费率计取的费用，外贸手续费率一般取1.5%，计算公式为式(2-7)。

$$外贸手续费=到岸价(CIF)×人民币外汇汇率×外贸手续费率 \qquad (2-7)$$

③ 关税。关税是由海关对进出国境或关境的货物和物品征收的一种税，计算公式如式(2-8)。

$$关税=到岸价格(CIF)×人民币外汇汇率×进口关税税率 \qquad (2-8)$$

 **知识链接**

到岸价格(CIF)作为关税的计征基数时，通常又可称为关税完税价格。关税完税价格是指为计算应纳关税税额而由海关审核确定的进出口货物的价格。

应用案例 2-2

某公司进口 10 辆轿车，装运港船上交货价 5 万美元/辆，海运费 500 美元/辆，运输保险费 300 美元/辆，银行财务费率 0.5%，外贸手续费率 1.5%，关税税率 100%，计算该公司进口 10 辆轿车的关税额。(外汇汇率：1 美元=6.8 元人民币)

解：每辆车应缴关税=CIF 价×关税税率

$$=(装运港船上交货价+海运费+运输保险费)×关税税率$$

$$=(50\ 000+500+300)×100\%=50\ 800(美元)。$$

则 10 辆车应缴纳关税=50 800×6.8×10=3 454 400(元人民币)

④ 消费税。仅对部分进口设备(如轿车、摩托车等)征收，一般计算公式为式(2-9)。

$$应纳消费税额=(到岸价×人民币外汇汇率+关税)÷(1-消费税税率)×消费税税率 \quad (2-9)$$

⑤ 进口环节增值税。增值税是我国政府对从事进口贸易的单位和个人，在进口商品报关进口后征收的税种。我国增值税条例规定，进口应税产品均按组成计税价格和增值税税率直接计算应纳税额，计算公式为式(2-10)、式(2-11)。

$$进口环节增值税额=组成计税价格×增值税税率 \quad (2-10)$$

$$组成计税价格=关税完税价格+关税+消费税 \quad (2-11)$$

⑥ 车辆购置税。进口车辆需缴进口车辆购置税，计算公式为式(2-12)。

$$进口车辆购置税=(到岸价格+关税+消费税)×进口车辆购置税率 \quad (2-12)$$

因此，当进口设备采用装运港船上交货价(FOB)时，其抵岸价构成可概括为式(2-13)。

$$进口设备抵岸价=FOB +国际运费+国际运输保险费+银行财务费+外贸手续费+$$

$$进口关税+消费税+进口环节增值税+车辆购置税 \quad (2-13)$$

 应用案例 2-3

某项目进口一批工艺设备，其银行财务费为 4.25 万元，外贸手续费为 18.9 万元，关税税率为 20%，增值税税率为 13%，抵岸价为 1 792.19 万元，该批设备无消费税、海关监管手续费，则该批设备的到岸价格(CIF)为多少？

解：进口设备抵岸价=FOB+国际运费+国际运输保险费+银行财务费+外贸手续费+进口关税+消费税+进口环节增值税+车辆购置税

其中，FOB+国际运费+国际运输保险费=CIF

即 CIF+4.25+18.9+ CIF×20%+(CIF+CIF×20%)×13% =1 792.19

$$CIF+ CIF×20\%+ CIF(1+20\%)×13\% =1\ 792.19-4.25-18.9$$

$$CIF×(1+20\%+120\%×13\%) =1\ 769.04$$

$$CIF×1.356 =1\ 769.04$$

$$CIF =1\ 304.6(万元)$$

答：该批设备的到岸价格(CIF)为 1 304.6 万元。

2. 设备运杂费的构成及计算

1) 设备运杂费的构成

设备运杂费是指国产设备自国内来源地、进口设备自到岸港运至工地仓库或指定堆放地点所发生的采购、运输、运输保险、保管、装卸等费用。通常由下列各项构成。

(1) 运费和装卸费。对于国产标准设备，是指由设备制造厂交货地点起至工地仓库(或施工组织设计指定的需要安装设备的堆放地点)止所发生的运费和装卸费。对于进口设备，则是指由我国到岸港口或边境车站起至工地仓库(或施工组织设计指定的需要安装设备的堆放地点)止所发生的运费和装卸费。

(2) 包装费。在设备原价中没有包含的，为运输而进行的包装所支出的各种费用。

 **特别提示**

这里的包装费也称为二次包装费或途中包装费。

(3) 供销部门的手续费。按有关部门规定的统一费率计算。

(4) 采购与仓库保管费。指采购、验收、保管和收发设备所发生的各种费用，包括设备采购、保管和管理人员的工资、工资附加费、办公费、差旅交通费，设备供应部门办公和仓库所占固定资产使用费、工具用具使用费、劳动保护费、检验试验费等。这些费用可按主管部门规定的采购与保管费率计算。

2) 设备运杂费的计算

设备运杂费的计算公式为式(2-14)。

$$设备运杂费=设备原价×设备运杂费率 \tag{2-14}$$

式中，设备运杂费率按各部门及省、市有关规定计取。

2.2.2 工、器具及生产家具购置费的构成及计算

工、器具及生产家具购置费是指新建项目或扩建项目初步设计规定，保证初期正常生产所必须购置的没有达到固定资产标准的设备、仪器、工卡模具、器具、生产家具和备品备件等的费用，其一般计算公式为式(2-15)。

$$工、器具及生产家具购置费=设备购置费×定额费率 \tag{2-15}$$

 **特别提示**

设备与工、器具的划分是以是否达到固定资产标准为分界点的。

2.3 建筑安装工程费用的构成

2.3.1 建筑安装工程费用内容

建筑安装工程费是指为完成工程项目建造、生产性设备及配套工程安装所需要的费用。

内容包括建筑工程费用和安装工程费用。

1. 建筑工程费用的内容

建筑工程费用的内容包括以下几方面。

(1) 各类房屋建筑工程和列入房屋建筑工程预算的供水、供暖、卫生、通风、煤气等设备费用及其装饰、油饰工程的费用，列入建筑工程预算的各种管道、电力、电信的敷设工程的费用。

(2) 设备基础、支柱、工作台、烟囱、水塔、水池等建筑工程以及各种炉窑的砌筑工程和金属结构工程的费用。

(3) 为施工而进行的场地平整工程和水文地质勘查，原有建筑物和障碍物的拆除以及施工临时用水、电、气、路和完工后的场地清理，环境绿化、美化等工作的费用。

(4) 矿井开凿、井巷延伸、露天矿剥离，石油、天然气钻井，修建铁路、公路、桥梁、水库、堤坝、灌渠及防洪等工程的费用。

2. 安装工程费用的内容

安装工程费用的内容包括以下两方面。

(1) 生产、动力、起重、运输、传动和医疗、实验等各种需要安装的机械设备的装配费用，与设备相连的工作台、梯子、栏杆等装设工程费用，附属于被安装设备的管线敷设工程费用，以及被安装设备的绝缘、防腐、保温、油漆等工作的材料费和安装费。

(2) 为测定安装工程质量，对单台设备进行单机试运转、对系统设备进行系统联动无负荷试运转工作的调试费。

 **特别提示**

这里讲的安装工程费指的是需安装的机械设备的安装费，而不是我们习惯上说的房屋建筑工程中的水、电、暖、通等的安装费。

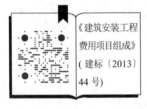
《建筑安装工程费用项目组成》(建标〔2013〕44 号)

2.3.2 建筑安装工程费用构成

根据住房和城乡建设部、财政部《建筑安装工程费用项目组成》(建标〔2013〕44 号)的规定，建筑安装工程费的构成有以下两种方式。

1. 按费用构成要素划分

建筑安装工程费按费用构成要素划分，由人工费、材料费、施工机具使用费、企业管理费、利润、规费和税金组成，其具体构成如图 2.2 所示。

1) 人工费

人工费是指按工资总额构成规定，支付给从事建筑安装工程施工的生产工人和附属生产单位工人的各项费用，人工费的基本计算公式为式(2-16)。

$$人工费 = \sum(人工工日消耗量 \times 人工日工资单价) \tag{2-16}$$

(1) 人工工日消耗量。人工工日消耗量是指在正常施工生产条件下，完成规定计量单位的建筑安装产品所消耗的生产工人的工日数量。通常一个工人工作一天八小时称为一个工日。

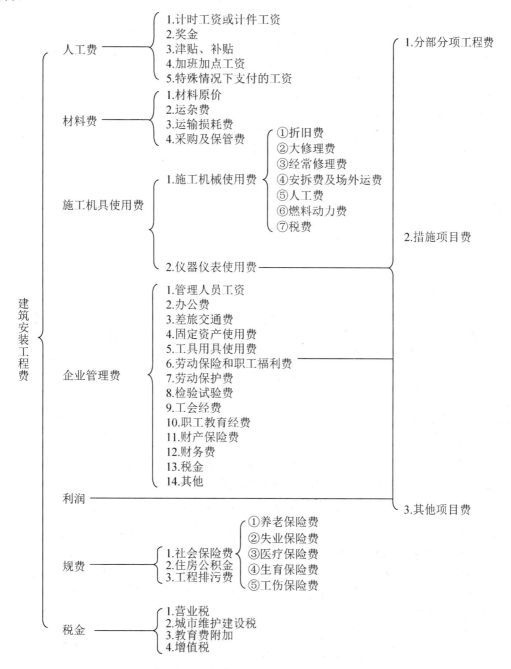

图 2.2　建筑安装工程费用项目组成(按费用构成要素划分)

(2) 人工日工资单价。人工日工资单价是指直接从事建筑安装工程施工的生产工人在每个法定工作日的工资、津贴及奖金等。人工日工资单价包括以下内容。

① 计时工资或计件工资：是指按计时工资标准和工作时间或对已做工作按计件单价支

付给个人的劳动报酬。

② 奖金：是指对超额劳动和增收节支支付给个人的劳动报酬，如节约奖、劳动竞赛奖等。

③ 津贴补贴：是指为了补偿职工特殊或额外的劳动消耗和因其他特殊原因支付给个人的津贴，以及为了保证职工工资水平不受物价影响支付给个人的物价补贴，如流动施工津贴、特殊地区施工津贴、高温(寒)作业临时津贴、高空津贴等。

④ 加班加点工资：是指按规定支付的在法定节假日工作的加班工资和在法定日工作时间外延时工作的加点工资。

⑤ 特殊情况下支付的工资：是指根据国家法律、法规和政策规定，因病、工伤、产假、计划生育假、婚丧假、事假、探亲假、定期休假、停工学习、执行国家或社会义务等原因按计时工资标准或计时工资标准的一定比例支付的工资。

特别提示

这里的人工费指的是一线生产工人的人工费。

知识链接

《住房和城乡建设部关于加强和改善工程造价监管的意见》(建标〔2017〕209号)

为了完善建设工程人工单价市场形成机制，住房和城乡建设部发布了《住房和城乡建设部关于加强和改善工程造价监管的意见》(建标〔2017〕209号)，文件中提出改革计价依据中人工单价的计算方法，使其更加贴近市场，满足市场实际需要，即扩大人工单价计算口径，将单价构成调整为工资、津贴、职工福利费、劳动保护费、社会保险费、住房公积金、工会经费、职工教育经费以及特殊情况下工资性费用。

2) 材料费

材料费是指施工过程中耗费的原材料、辅助材料、构配件、零件、半成品或成品、工程设备的费用，以及周转材料等的摊销、租赁费用。材料费的基本计算公式为式(2-17)。

$$材料费 = \sum (材料消耗量 \times 材料单价) \tag{2-17}$$

(1) 材料消耗量。材料消耗量是指在正常施工生产条件下，完成规定计量单位的建筑安装产品所消耗的各类材料的净用量和不可避免的损耗量。

(2) 材料单价。材料单价是指建筑材料从其来源地运送到施工工地仓库直至出库形成的综合平均单价。当采用一般计税方法时，材料单价需扣除增值税进项税额。

材料单价的内容包括以下几个方面。

① 材料原价：是指材料、工程设备的出厂价格或商家供应价格。

② 运杂费：是指材料、工程设备自来源地运至工地仓库或指定堆放地点所发生的全部费用。

③ 运输损耗费：是指材料在运输装卸过程中不可避免的损耗。

④ 采购及保管费：是指为组织采购、供应和保管材料、工程设备的过程中所需要的各项费用，包括采购费、仓储费、工地保管费、仓储损耗。

 **特别提示**

从上述材料费所包含的内容可以看出，这里的材料费包括自材料来源地运至工地仓库或指定堆放地点所发生的施工前的全部费用。

(3) 工程设备。工程设备是指构成或计划构成永久工程一部分的机电设备、金属结构设备、仪器装置及其他类似的设备和装置。

 **特别提示**

这里的工程设备和 2.2 节中讲的设备购置费中设备是不一样的，那里的设备指的是待安装设备，将来不用还可以拆走；这里的工程设备指的是将构成永久工程一部分的机电设备等，无法拆除另行单独使用，故按工程材料费计。

3) 施工机具使用费

施工机具使用费是指施工作业所发生的施工机械、仪器仪表使用费(或租赁费)。

(1) 施工机械使用费。施工机械使用费以施工机械台班耗用量乘以施工机械台班单价表示，基本计算公式为式(2-18)。

$$施工机械使用费=\sum(施工机械台班消耗量×机械台班单价) \qquad (2-18)$$

其中，施工机械台班单价由下列 7 项费用组成。

① 折旧费：指施工机械在规定的耐用总台班内，陆续收回其原值的费用。

② 检修费：指施工机械在规定的耐用总台班内，按规定的检修间隔进行必要的检修，以恢复其正常功能所需的费用。

③ 维护费：指施工机械在规定的耐用总台班内，按规定的维护间隔进行各级维护和临时故障排除所需的费用。

④ 安拆费及场外运费：安拆费指施工机械(大型机械除外)在现场进行安装与拆卸所需的人工、材料、机械和试运转费用以及机械辅助设施的折旧、搭设、拆除等费用；场外运费指施工机械整体或分体自停放地点运至施工现场或由一施工地点运至另一施工地点的运输、装卸、辅助材料及架线等费用。

 **特别提示**

这里的施工机械安拆费及场外运费指的是工地间移动较为频繁的小型机械及部分中型机械，其安拆费及场外运费应计入台班单价。注意与大型机械设备进出场及安拆费相区分。

大型机械设备是指移动有一定难度的特、大型(包括少数中型)机械，其安拆费及场外运费应单独计算。单独计算的安拆费及场外运费除应计算安拆费、场外运费外，还应计算辅助设施(包括基础、底座、固定锚桩、行走轨道枕木等)的折旧、搭设和拆除等费用。

⑤ 人工费：指机上司机(司炉)和其他操作人员的人工费。

⑥ 燃料动力费：指施工机械在运转作业中所消耗的各种燃料及水、电等费用。

⑦ 其他费用：指施工机械按照国家规定应缴纳的车船使用税、保险费及检测费等。

(2) 仪器仪表使用费。仪器仪表使用费是指工程施工所需使用的仪器仪表的摊销及维修费用，以施工仪器仪表耗用量乘以仪器仪表台班单价表示。仪器仪表台班单价通常由折旧费、维护费、校验费和动力费等组成，不包括检测软件的相关费用。

当一般纳税人采用一般计税方法时，施工机械台班单价和仪器仪表台班单价中的相关子项需扣除增值税进项税额。

4) 企业管理费

企业管理费是指建筑安装企业组织施工生产和经营管理所需的费用。内容包括如下几个方面。

(1) 管理人员工资：是指按规定支付给管理人员的计时工资、奖金、津贴补贴、加班加点工资及特殊情况下支付的工资等。

(2) 办公费：是指企业管理办公用的文具、纸张、账表、印刷、邮电、书报、办公软件、现场监控、会议、水电、烧水和集体取暖降温(包括现场临时宿舍取暖降温)等费用。

(3) 差旅交通费：是指职工因公出差、调动工作的差旅费、住勤补助费，市内交通费和误餐补助费，职工探亲路费，劳动力招募费，职工退休、退职一次性路费，工伤人员就医路费，工地转移费以及管理部门使用的交通工具的油料、燃料等费用。

(4) 固定资产使用费：是指管理和试验部门及附属生产单位使用的属于固定资产的房屋、设备、仪器等的折旧、大修、维修或租赁费。

(5) 工具用具使用费：是指企业施工生产和管理使用的不属于固定资产的工具、器具、家具、交通工具和检验、试验、测绘、消防用具等的购置、维修和摊销费。

(6) 劳动保险和职工福利费：是指由企业支付的职工退职金、按规定支付给离休干部的经费，集体福利费、夏季防暑降温、冬季取暖补贴、上下班交通补贴等。

(7) 劳动保护费：是企业按规定发放的劳动保护用品的支出，如工作服、手套、防暑降温饮料以及在有碍身体健康的环境中施工的保健费用等。

(8) 检验试验费：是指施工企业按照有关标准规定，对建筑以及材料、构件和建筑安装物进行一般鉴定、检查所发生的费用，包括自设试验室进行试验所耗用的材料等费用。不包括新结构、新材料的试验费，对构件做破坏性试验及其他特殊要求检验试验的费用和建设单位委托检测机构进行检测的费用，对此类检测发生的费用，由建设单位在工程建设其他费用中列支。

 特别提示

对施工企业提供的具有合格证明的材料进行检测不合格的，该检测费用应由施工企业支付。

(9) 工会经费：是指企业按《中华人民共和国工会法》规定的全部职工工资总额比例计提的工会经费。

(10) 职工教育经费：是指按职工工资总额的规定比例计提，企业为职工进行专业技术和职业技能培训，专业技术人员继续教育、职工职业技能鉴定、职业资格认定以及根据需

要对职工进行各类文化教育所发生的费用。

(11) 财产保险费：是指施工管理用财产、车辆等的保险费用。

(12) 财务费：是指企业为施工生产筹集资金或提供预付款担保、履约担保、职工工资支付担保等所发生的各种费用。

(13) 税金：是指企业按规定缴纳的房产税、非生产性车船使用税、土地使用税、印花税、城市维护建设税、教育费附加、地方教育附加等各项税费。

 特别提示

《财政部关于印发〈增值税会计处理规定〉的通知》(财会〔2016〕22 号)

根据《财政部关于印发〈增值税会计处理规定〉的通知》(财会〔2016〕22 号)，城市维护建设税、教育费附加、地方教育附加等均作为"税金及附加"，在管理费中核算。

(14) 其他：包括技术转让费、技术开发费、投标费、业务招待费、绿化费、广告费、公证费、法律顾问费、审计费、咨询费、保险费等。

企业管理费一般采用取费基数乘以企业管理费费率来计算。取费基数有三种，分别是：以直接费为计算基础、以人工费和施工机具使用费合计为计算基础及以人工费为计算基础。

5) 利润

利润是指施工单位从事建筑安装工程施工所获得的盈利，由施工企业根据企业自身需求并结合建筑市场实际自主确定。工程造价管理机构在确定计价定额中的利润时，应以定额人工费或定额人工费与施工机具使用费之和作为计算基数，乘以利润率来表示。

6) 规费

规费是指按国家法律、法规规定，由省级政府和省级有关权力部门规定必须缴纳或计取的费用。包括如下几个方面。

(1) 社会保险费。

① 养老保险费：是指企业按照规定标准为职工缴纳的基本养老保险费。

② 失业保险费：是指企业按照规定标准为职工缴纳的失业保险费。

③ 医疗保险费：是指企业按照规定标准为职工缴纳的基本医疗保险费。

④ 生育保险费：是指企业按照规定标准为职工缴纳的生育保险费。

⑤ 工伤保险费：是指企业按照规定标准为职工缴纳的工伤保险费。

(2) 住房公积金：是指企业按规定标准为职工缴纳的住房公积金。

(3) 工程排污费：是指按规定缴纳的施工现场工程排污费。

其他应列而未列入的规费，按实际发生计取。

 特别提示

根据《财政部、国家发展和改革委员会、环境保护部、国家海洋局关于停征排污费等行政事业性收费的有关事项的通知》(财税〔2018〕4 号)，原列入规费的工程排污费已经于 2018 年 1 月停止征收。

社会保险费和住房公积金应以定额人工费为计算基础，根据工程所在地省、自治区、直辖市或行业建设主管部门规定费率计算。

住房和城乡建设部办公厅关于重新调整建设工程计价依据增值税税率的通知(建办标函〔2019〕193)

7) 税金

建筑安装工程费用中的税金是指按照国家税法规定的应计入建筑安装工程造价内的增值税税额，按税前造价乘以增值税适用税率确定。

(1) 采用一般计税方法时，其基本计算公式为式(2-19)。

$$增值税=税前造价×9\%\qquad(2-19)$$

其中，税前造价为人工费、材料费、施工机具使用费、企业管理费、利润和规费之和，且各费用项目均以不包含增值税可抵扣进项税额的价格来计算。

(2) 采用简易计税方法时，其基本计算公式为式(2-20)。

$$增值税=税前造价×3\%\qquad(2-20)$$

其中，税前造价为人工费、材料费、施工机具使用费、企业管理费、利润和规费之和，且各费用项目均以包含增值税进项税额的含税价格计算。

特别提示

规费和税金都应该按国家有关部门规定缴纳，不得作为竞争性费用。

2. 按工程造价形成划分

为指导工程造价专业人员计算建筑安装工程造价，建筑安装工程费用按工程造价形成顺序划分为分部分项工程费、措施项目费、其他项目费、规费和税金，其具体构成如图2.3所示。

1) 分部分项工程费

分部分项工程费是指各专业工程的分部分项工程应予列支的各项费用。

(1) 专业工程：是指按现行国家计量规范划分的房屋建筑与装饰工程、仿古建筑工程、通用安装工程、市政工程、园林绿化工程、矿山工程、构筑物工程、城市轨道交通工程、爆破工程等各类工程。

(2) 分部分项工程：指按现行国家计量规范对各专业工程划分的项目。如房屋建筑与装饰工程划分的土石方工程、地基处理与桩基工程、砌筑工程、钢筋及钢筋混凝土工程等分部工程，各分部工程可按照材料、规格、部位等不同划分为多个分项工程。

各类专业工程的分部分项工程划分见现行国家或行业计量规范。

(3) 分部分项工程费的计算公式为式(2-21)。

$$分部分项工程费=\sum(分部分项工程量×综合单价)\qquad(2-21)$$

式中综合单价包括人工费、材料费、施工机具使用费、企业管理费和利润以及一定范围的风险费用。

2) 措施项目费

措施项目费是指为完成建设工程施工，发生于该工程施工前和施工过程中的技术、生活、安全、环境保护等方面的费用。措施项目的构成需考虑多种因素，除工程本身的因素外，还涉及水文、气象、环境、安全等因素，以《房屋建筑与装饰工程工程量计算规范》(GB 50854—2013)中的规定为例，措施项目费的内容主要包括以下几项。

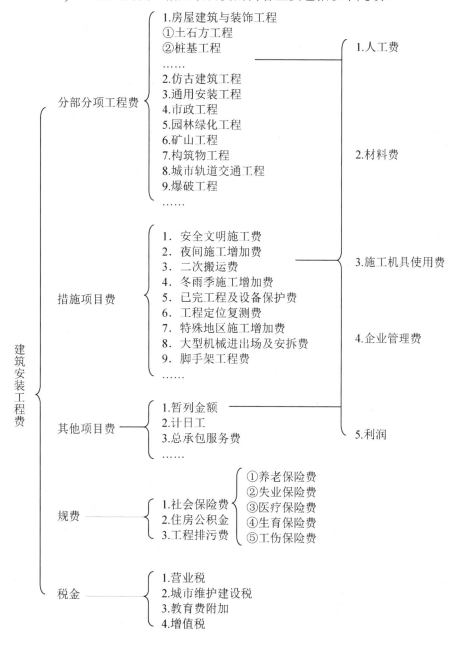

图 2.3 建筑安装工程费用项目组成表(按造价形成划分)

(1) 安全文明施工费。

① 环境保护费：是指施工现场为达到环保部门要求所需要的各项费用。

② 文明施工费：是指施工现场文明施工所需要的各项费用。

③ 安全施工费：是指施工现场安全施工所需要的各项费用。

④ 临时设施费：是指施工企业为进行建设工程施工所必须搭设的生活和生产用的临时建筑物、构筑物和其他临时设施费用。包括临时设施的搭设、维修、拆除、清理费或摊销费等。

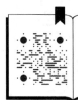

《关于调整河南省建设工程安全文明施工措施费计取办法的通知》(豫建设标〔2014〕57号)

《河南省住房和城乡建设厅关于调增房屋建筑和市政基础设施工程施工现场扬尘污染防治费的通知(试行)》(豫建设标〔2016〕47号)

 **知识链接**

依据《河南省住房和城乡建设厅关于调增房屋建筑和市政基础设施工程施工现场扬尘污染防治费的通知(试行)》(豫建设标〔2016〕47号)的规定，房屋建筑和市政基础设施工程施工现场扬尘污染防治费是工程造价中安全文明施工措施费的一部分，是不可竞争费用。由于防治标准提高，原费用标准已不能满足现场需要，故对房屋建筑和市政基础设施工程施工现场扬尘污染防治费在《关于调整河南省建设工程安全文明施工措施费计取办法的通知》(豫建设标〔2014〕57号)费率的基础上进行调增。

 **特别提示**

安全文明施工费必须按国家或省级、行业建设主管部门的规定计算，不得作为竞争性费用。

(2) 夜间施工增加费：是指因夜间施工所发生的夜班补助费、夜间施工降效、夜间施工照明设备摊销及照明用电等费用。

(3) 非夜间施工照明费：是指为保证工程施工正常进行，在地下室等特殊施工部位施工时所采用的照明设备的安拆、维护及照明用电等费用。

(4) 二次搬运费：是指因施工场地条件限制而发生的材料、构配件、半成品等一次运输不能到达堆放地点，必须进行二次或多次搬运所发生的费用。

(5) 冬雨季施工增加费：是指在冬季或雨季施工需增加的临时设施、防滑、排除雨雪，人工及施工机械效率降低等费用。

(6) 地上、地下设施、建筑物的临时保护设施费：是指在工程施工过程中，对已建成的地上、地下设施和建筑物进行遮盖、封闭、隔离等必要保护措施所发生的费用。

(7) 已完工程及设备保护费：是指竣工验收前，对已完工程及设备采取的必要保护措施所发生的费用。

(8) 工程定位复测费：是指工程施工过程中进行全部施工测量放线和复测工作的费用。

(9) 特殊地区施工增加费：是指工程在沙漠或其边缘地区、高海拔、高寒、原始森林等特殊地区施工增加的费用。

(10) 脚手架工程费：是指施工需要的各种脚手架搭、拆、运输费用以及脚手架购置费的摊销(或租赁)费用。

(11) 混凝土模板及支架(撑)费：是指混凝土施工过程中需要的各种模板制作、模板安装、拆除、整理堆放及场内外运输、清理模板粘结物及模内杂物、刷隔离剂等费用。

(12) 垂直运输费：是指施工工程在合理工期内所需垂直运输机械的固定装置、基础制作、安装费及行走式垂直运输机械轨道的铺设、拆除、摊销等费用。

塔式起重机、龙门架或井字架物料提升机和外用电梯都是常见的垂直运输机械。

(13) 超高施工增加费：是指当单层建筑物檐口高度超过 20m，多层建筑物超过 6 层时计取施工增加费用。

(14) 大型机械设备进出场及安拆费：是指机械整体或分体自停放场地至施工现场或由一个施工地点运至另一个施工地点，所发生的机械进出场运输及转移费用及机械在施工现场进行安装、拆卸所需的人工费、材料费、机械费、试运转费和安装所需的辅助设施的费用。

(15) 施工排水、降水费：是指为确保工程在正常条件下施工，采取各种降水、排水措施所发生的各种费用。

(16)其他。根据项目的专业特点或所在地区不同，可能会出现其他的措施项目。

措施项目及其包含的内容可详见各类专业工程的现行国家或行业计量规范。

按照国家工程量计算规范规定，措施项目分为应予计量的措施项目(单价措施项目)和不宜计量的措施项目(总价措施项目)两类。

(1) 应予计量的措施项目，其计算公式为式(2-22)。

$$单价措施项目费=\sum(措施项目工程量×综合单价) \tag{2-22}$$

(2) 不宜计量的措施项目，其计算公式为式(2-23)。

$$总价措施项目费=计算基数×措施项目费费率 \tag{2-23}$$

式中计算基数有三种，分别是：以定额基价(定额分部分项工程费+定额中可以计量的措施项目费)为计算基数、以定额人工费为计算基数，或以定额人工费与定额施工机具使用费之和为计算基数。措施项目费费率由工程造价管理机构根据各专业工程的特点综合确定。

3) 其他项目费

其他项目费是指分部分项工程费用、措施项目费所包含的内容以外，因招标人的特殊要求而发生的与拟建工程有关的其他费用。工程建设标准的高低、工程的复杂程度、工期的长短、工程的内容及发包人对工程的管理要求都直接影响其他项目费的具体内容，在《建设工程工程量清单计价规范》(GB 50500—2013)中提供了以下 4 项内容作为列项参考。

《建设工程工程量清单计价规范》(GB 50500—2013)

(1) 暂列金额：是指建设单位在工程量清单中暂定并包括在工程合同价款中的一笔款项。用于施工合同签订时尚未确定或者不可预见的所需材料、工程设备、服务的采购，施工中可能发生的工程变更、合同约定调整因素出现时的工程价款调整以及发生的索赔、现场签证确认等的费用。

工程建设自身的规律性决定，工程建设过程中可能存在许多不确定性因素，这些因素可能会导致发包人的需求和设计随工程建设进展发生变化，必然会影响合同价格的调整，暂列金额就是因应这类不可避免的价格调整而设立的，以便合理确定工程造价的控制目标。

(2) 暂估价：是指招标阶段直至签订合同协议时，招标人在招标文件中提供的用于支付必然要发生但暂时不能确定价格的材料以及需另行发包的专业工程金额。暂估价包括材料暂估价和专业工程暂估价。

特别提示

暂列金额和暂估价是两个完全不同的概念，要注意区分。

(3) 计日工：是指在施工过程中，施工企业完成建设单位提出的施工图纸以外的零星项目或工作所需的费用。

知识链接

计日工是为了解决施工现场发生的零星工作的计价而设立的，为合同外的额外工作和变更的计价提供了一个方便快捷的途径。

(4) 总承包服务费：是指总承包人为配合、协调建设单位进行的专业工程发包，对建设单位自行采购的材料、工程设备等进行保管以及施工现场管理、竣工资料汇总整理等服务所需的费用。

特别提示

例如，分包人使用总承包人的脚手架、水电接驳等，就属于总承包人提供的配合服务。但要注意这里分包人是和发包人订立合同的，和总承包人没有合同关系。

4) 规费
定义同建筑安装工程费用项目组成(按费用构成要素划分)中的规费。
5) 税金
定义同建筑安装工程费用项目组成(按费用构成要素划分)中的税金。

2.4 工程建设其他费用的构成

工程建设其他费用，是指建设单位从工程筹建到工程竣工验收交付使用止的整个建设期间，除建筑安装工程费用和设备及工、器具购置费用以外的，为保证工程建设顺利完成和交付使用后能够正常发挥效用而发生的各项费用的总和。工程建设其他费用，按其内容大体可分为 3 类。第一类指建设用地费；第二类指与项目建设有关的其他费用；第三类指与未来企业生产经营有关的其他费用。

根据国家发展改革委员会《关于(进一步放开建设项目专业服务价格)的通知》(发改价格〔2015〕299 号)的规定，政府有关部门对建设项目实施审批、核准或备案管理，需要委托专业服务机构等中介提供评估评审等服务时,有关评估评审费用等由委托评估评审的项目审批、核准或备案机关承担，评估评审机构不得向项目单位收取费用。

《关于(进一步放开建设项目专业服务价格)的通知》(发改价格〔2015〕299 号)

政府有关部门对建设项目管理监督所发生的，并由财政支出的费用，不得列入相应建设项目的工程造价。

2.4.1 建设用地费

建设用地费是指为获得工程项目建设土地的使用权而在建设期内发生的各项费用。它包括通过划拨方式取得土地使用权而支付的土地征用及迁移补偿费，或者通过土地使用权出让方式取得土地使用权而支付的土地使用权出让金。

1. 土地征用及迁移补偿费

土地征用及迁移补偿费是指建设项目通过行政划拨方式取得无限期的土地使用权，依照《中华人民共和国土地管理法》等规定所支付的费用。

(1) 征地补偿费用：建设征用土地费用包括土地补偿费、青苗补偿费和地上的房屋、水井、树木等附着物补偿费、安置补助费、新菜地开发建设基金、耕地占用税、土地管理费等。

(2) 拆迁补偿费用：是指在城市规划区内国有土地上实施房屋拆迁，拆迁人应对被拆迁人给予补偿、安置的费用。具体包括拆迁补偿费、搬迁及安置补助费等。

2. 土地使用权出让金

土地使用权出让金是指用地单位向国家支付的土地所有权收益，出让标准一般参考城市基准地价并结合其他因素制定。以出让方式取得的土地使用权是有限期的使用权。

知识链接

在有偿出让和转让土地时，政府对地价不做统一规定，但应坚持以下原则：即地价对目前的投资环境不产生大的影响；地价与当地的社会经济承受能力相适应；地价要考虑已投入的土地开发费用、土地市场供求关系、土地用途、所在区类、容积率和使用年限等。

特别提示

通过出让方式获取国有土地使用权又可以分成两种具体方式：一是通过招标、拍卖、挂牌等竞争出让方式获取国有土地使用权；二是通过协议出让方式获取国有土地使用权。一般工程建设用地的使用权出让应该采用招标方式。

综上所述，建设用地如通过行政划拨方式取得，则须承担征地补偿费用或对原用地单位或个人的拆迁补偿费用；若通过市场机制取得，则不但承担以上费用，还须向土地所有者支付有偿使用费，即土地使用权出让金。

2.4.2 与项目建设有关的其他费用

根据项目的不同，与项目建设有关的其他费用的构成也不尽相同，在进行工程估算及概算中可根据实际情况进行计算，一般包括以下各项。

1. 建设管理费

建设管理费是指建设单位为组织完成工程项目建设，在建设期内发货的各类管理性费用，内容包括以下几方面。

(1) 建设单位管理费。建设单位管理费是指建设单位发生的管理性质的开支，包括工作人员工资、工资性补贴、施工现场津贴、职工福利费、住房基金、劳动保护费、劳动保险费、办公费、差旅交通费、固定资产使用费、工具用具使用费、技术图书资料费、生产人员招募费、设计审查费、工程招标费、合同契约公证费、工程咨询费、法律顾问费、业务招待费、完工清理及竣工验收费等。

 **特别提示**

实行代建制管理的项目，计列代建管理费等同建设单位管理费，不得同时计列建设单位管理费。

建设单位管理费按照单项工程费用之和(包括设备及工、器具购置费和建筑安装工程费用)乘以建设单位管理费率计算，其基本计算公式为式(2-24)。

$$建设单位管理费 = 工程费用 \times 建设单位管理费费率 \qquad (2-24)$$

《基本建设项目建设成本管理规定》(财建〔2016〕504号)

建设单位管理费率按照建设项目的不同性质、不同规模确定。有的建设项目按照建设工期和规定的金额计算建设单位管理费。

不同的省、直辖市、地区对建设单位管理费的计取应根据各地的情况有所不同。例如，某省根据《基本建设项目建设成本管理规定》(财建〔2016〕504号)及该省的实际情况，制定了省级的建设单位管理费的计算方法和指标，见表2-1。

表2-1　某省建设单位管理费计算方法及指标　　　　　　单位：万元

工程总概算	费率(%)	工程总概算	建设单位管理费
1 000 以下	2.0	1 000	1 000×2.0%＝20
5 000 以下	1.5	5 000	20+(5 000−1 000)×1.5%＝80
10 000 以下	1.2	10 000	80+(10 000−5 000)×1.2%＝140
50 000 以下	1.0	50 000	140+(50 000−10 000)×1.0%＝540
100 000 以下	0.8	100 000	540+(100 000−50 000)×0.8%＝940
100 000 以上	0.4	200 000	940+(200 000−100 000)×0.4%＝1340

(2) 工程监理费。工程监理费是指建设单位委托工程监理单位对工程实施监理工作所需费用。根据国家发展改革委员会《关于(进一步放开建设项目专业服务价格)的通知》(发改价格〔2015〕299 号)的规定，此项费用实行市场调节价。

 **知识链接**

监理费应根据委托的监理工作范围和监理深度在监理合同中商定或按当地或所属行业部门有关规定计算。

2. 可行性研究费

可行性研究费是指在工程项目投资决策阶段，依据调研报告对有关建设方案、技术方案或生产经营方案进行的技术经济论证，以及编制、评审可行性研究报告所需的费用。包括项目建议书、预可行性研究、可行性研究费等。此项费用应依据可行性研究委托合同计列，根据国家发展改革委员会《关于（进一步放开建设项目专业服务价格）的通知》（发改价格〔2015〕299 号）的规定，此项费用实行市场调节价。

3. 勘察设计费

勘察设计费是指对工程项目进行工程水文地质勘查、工程设计所发生的费用，包括工程勘察费、初步设计费、施工图设计费、设计模型制作等费用。根据国家发展改革委员会《关于(进一步放开建设项目专业服务价格)的通知》(发改价格〔2015〕299 号)的规定，此项费用实行市场调节价。

4. 研究试验费

研究试验费是指为建设项目提供或验证设计参数、数据、资料等所进行的必要的研究试验以及设计规定在施工中必须进行试验、验证所需费用，包括自行或委托其他部门研究试验所需人工费、材料费、实验设备及仪器使用费等。这项费用按照设计单位根据本工程项目的需要提出的研究试验内容和要求计算。

 **特别提示**

研究试验费在计算时要注意不应包括以下项目。

(1) 应由科技3项费用(即新产品试制费、中间试验费和重要科学研究补助费)开支的项目。

(2) 应在建筑安装工程费中的企业管理费中列支的施工企业对建筑材料、构件和建筑物进行一般鉴定、检查所发生的检验试验费。

(3) 应由勘察设计费或工程费用中开支的项目。

5. 专项评价费

专项评价费是指建设单位按照国家规定委托相关单位开展专项评价及有关验收工作发生的费用。具体建设项目应按实际发生的专项评价项目计列，不得虚列项目费用。

专项评价费包括环境影响评价费、安全预评价费、职业病危害预评价费、地震安全性评价费、地质灾害危险性评价费、水土保持评价费、压覆矿产资源评价费、节能评估费、危险与可操作性分析及安全完整性评价费以及其他专项评价费等。根据国家发展改革委员会《关于(进一步放开建设项目专业服务价格)的通知》(发改价格〔2015〕299号)的规定，这些专项评价及验收费用均实行市场调节价。

6. 场地准备及临时设施费

1) 场地准备与临时设施费的内容

(1) 建设项目场地准备费是指为使工程项目的建设场地达到开工条件，由建设单位组织进行的场地平整和对建设场地余留的有碍于施工建设的设施进行拆除清理的费用。

(2) 建设单位临时设施费是指建设单位为满足工程项目建设、生活、办公的需要而供到场地界区的、未列入工程费用的临时水、电、气、通信等其他工程费用和建设单位的现场临时建(构)筑物的搭设、维修、拆除、摊销或建设期间租赁费用，以及施工期间专用公路或桥梁的加固、养护、维修等费用。

2) 场地准备与临时设施费的计算

(1) 场地准备及临时设施应尽量与永久性工程统一考虑。建设场地的大型土石方工程应进入工程费用中的总图运输费用中。

(2) 新建项目的场地准备和临时设施费应根据实际工程量估算，或按工程费用的比例计算。改扩建项目一般只计拆除清理费。场地准备和临时设施费按式(2-25)计算。

$$场地准备和临时设施费=工程费用×费率+拆除清理费 \tag{2-25}$$

(3) 发生拆除清理费时可按新建同类工程造价或主材费、设备费的比例计算。凡可回收材料的拆除工程采用以料抵工方式冲抵拆除清理费。

(4) 此项费用不包括已列入建筑安装工程费用中的施工单位临时设施费用。

特别提示

"场地准备费"注意与后期学习的建筑工程计量与计价课程中的"场地平整费"相区分：这里的"场地准备费"是建设单位在建设准备前期为使施工现场具备开工条件而进行的场地准备；建筑工程计量与计价课程中的"场地平整费"是施工企业进驻现场后为使现场达到测量放线的要求而进行的进一步平整。

"建设单位临时设施费"注意与44号文中的"施工单位临时设施费"相区分："建设单位临时设施费"是指建设准备前期建设单位搭设的临时设施所花费的费用，包括我们习惯上说的"五通一平"的费用；"施工单位临时设施费"是指施工企业为进行建设工程施工所必须搭设的生活和生产用临时设施的费用，它包括在建筑安装工程费用中的安全文明施工费中。

7. 工程保险费

工程保险费是指为转移工程项目建设的意外风险，在建设期间根据需要对建筑工程、安装工程、机械设备和人身安全进行投保而发生的费用，包括建筑安装工程一切险、引进设备财产保险和人身意外伤害险等。

8. 特殊设备安全监督检验费

特殊设备安全监督检验费是指对在施工现场安装的列入国家特种设备范围内的设备(设施)检验检测和监督检查所发生的应列入项目开支的费用。特殊设备通常包括锅炉及压力容器、压力管道、消防设备、燃气设备、电梯、起重设备、安全阀等特殊设备和设施。

此项费用按照建设项目所在省、自治区、市安全监察部门的规定标准计算，无具体规定的，在编制投资估算和概算时可按受检设备现场安装费的比例估算。

9．市政公用设施费

市政公用设施费是指使用市政公用设施的工程项目，按照项目所在地省级人民政府有关规定建设或缴纳的市政公用设施建设配套费用，以及绿化工程补偿费用。

2.4.3 与未来生产经营有关的其他费用

1．联合试运转费

联合试运转费是指新建或新增加生产能力的工程项目，在交付生产前按照设计规定的工程质量标准和技术要求，对整个生产线或装置进行负荷联合试运转所发生的费用净支出，即试运转支出大于试运转收入的亏损部分费用。

试运转支出包括试运转所需的原料、燃料、油料及动力消耗、低值易耗品、其他物料消耗、工具用具使用费、机械使用费、保险金、施工单位参加联合试运转人员的工资以及专家指导费等；试运转收入包括试运转期间的产品销售收入和其他收入。

特别提示

联合试运转费不包括应由设备安装工程费项下开支的设备调试费及试车费，以及在试运转中暴露出来的因施工原因或设备缺陷等发生的处理费用。

2．专利及专有技术使用费

专利及专有技术使用费是指使用别人的专利或专有技术使用费而需要支付的费用。主要包括以下内容。

(1) 国外设计及技术资料费、引进有效专利、专有技术使用费和技术保密费。

(2) 国内有效专利、专有技术使用费。

(3) 商标权、商誉和特许经营权费等。

3．生产准备费

1) 生产准备费的内容

生产准备费是指在建设期内，建设单位为保证项目正常生产(或营业、使用)而发生的人员培训费、提前进厂费以及投产使用初期必备的办公、生活家具用具及工器具等购置费用。包括如下几点。

(1) 人员培训费及提前进厂费：包括自行组织培训或委托其他单位培训的人员工资、工资性补贴、职工福利费、差旅交通费、劳动保护费、学习资料费等。

(2) 为保证初期正常生产、生活(或营业、使用)所必需的生产办公、生活家具用具购置费。

2) 生产准备费的计算

(1) 新建项目按设计定员为基数计算，改扩建项目按新增设计定员为基数计算，公式为

式(2-26)。

$$生产准备费=设计定员×生产准备费指标(元/人) \tag{2-26}$$

(2) 可采用综合的生产准备费指标进行计算，也可以按费用内容的分类指标计算。

2.5 预备费和建设期利息

2.5.1 预备费

预备费是指在建设期内因各种不可预见因素的变化而预留的可能增加的费用，包括基本预备费和价差预备费。

1. 基本预备费

1) 基本预备费的内容

基本预备费是指投资估算或工程概算阶段预留的，由于工程实施过程中不可预见的工程变更及洽商、一般自然灾害处理、地下障碍物处理、超规超限设备运输等而可能增加的费用，亦称为工程建设不可预见费。基本预备费一般由以下四部分构成。

(1) 工程变更及洽商。在批准的初步设计和概算范围内，技术设计、施工图设计及施工过程中所增加的工程费用；设计变更、工程变更、材料代用、局部地基处理等增加的费用。

(2) 一般自然灾害处理。一般自然灾害造成的损失和预防自然灾害所采取的措施费用。实行工程保险的工程项目，该费用应适当降低。

(3) 不可预见的地下障碍物处理的费用。

(4) 超规超限设备运输增加的费用。

2) 基本预备费的计算

基本预备费是按工程费用与工程建设其他费用之和为计取基础，乘以基本预备费费率进行计算。计算公式为式(2-27)。

$$基本预备费=(工程费用+工程建设其他费用)×基本预备费费率 \tag{2-27}$$

其中，工程费用=设备及工、器具购置费+建筑安装工程费用

基本预备费费率的取值应执行国家及部门的有关规定。

2. 价差预备费

1) 价差预备费的内容

价差预备费是指为应对在建设期内利率、汇率或价格等因素的变化而预留的可能增加的费用，亦称价格变动不可预见费。其费用内容包括人工、设备、材料、施工机械的价差费，建筑安装工程费及工程建设其他费用调整，利率、汇率调整等增加的费用。

2) 价差预备费的测算方法

价差预备费一般根据国家规定的投资综合价格指数，按估算年份价格水平的投资额为

基数，采用复利方法计算。计算公式为式(2-28)。

$$PF = \sum_{t=1}^{n} I_t [(1+f)^m (1+f)^{0.5}(1+f)^{t-1} - 1] \tag{2-28}$$

式中：PF——价差预备费；

    n——建设期年份数；

    I_t——建设期中第 t 年的静态投资计划额，包括工程费用、工程建设其他费用及基本预备费；

    f——年均投资价格上涨率；

    m——建设前期年限(从编制估算到开工建设)。

🏠 应用案例 2-4

某建设项目建安工程费 5 000 万元，设备购置费 3 000 万元，工程建设其他费 2 000 万元，已知基本预备费率 5%，项目建设前期年限为 1 年，建设期为 3 年，各年投资计划额为：第一年完成投资 20%，第二年 60%，第三年 20%。年均投资价格上涨率为 6%，求建设项目建设期间价差预备费。

    解：基本预备费=(5 000+3 000+2 000)×5%=500(万元)

    静态投资总额=5 000+3 000+2 000+500=10 500(万元)

    建设期第一年完成投资=10 500×20%=2 100(万元)

    第一年价差预备费 $PF_1 = I_t[(1+f)(1+f)^{0.5}-1] = 191.8$(万元)

    第二年完成投资=10 500×60%=6 300(万元)

    第二年价差预备费 $PF_2 = I_t[(1+f)(1+f)^{0.5}(1+f)-1] = 987.9$(万元)

    第三年完成投资=10 500×20%=2 100(万元)

    第三年价差预备费 $PF_3 = I_t[(1+f)(1+f)^{0.5}(1+f)^2-1] = 475.1$(万元)

    故建设期的价差预备费为：

        PF=191.8+987.9+475.1=1 654.8(万元)

2.5.2 建设期利息

建设期利息是指在建设期内发生的为工程项目筹措资金的融资费用及债务资金的利息。

(1) 当贷款在年初一次性贷出且利率固定时，建设期利息计算公式为式(2-29)。

$$I = P(1+i)^n - P \tag{2-29}$$

式中：P——一次性贷款数额；

    i——年利率；

    n——计息期；

    I——利息。

(2) 当总贷款是分年均衡发放时，建设期利息的计算可按当年借款在年中支用考虑，即当年贷款按半年计息，上年贷款按全年计息。计算公式为式(2-30)。

$$q_j = (P_{j-1} + 0.5A_j) \cdot I \tag{2-30}$$

式中：q_j——建设期第 j 年应计利息；

      P_{j-1}——建设期第$(j-1)$年末累计贷款本金与利息之和；

      A_j——建设期第 j 年贷款金额；

      I——年利率。

特别提示

在实际工程中，为了减少贷款利息，控制建设投资，一般都采用分年均衡贷款，而不会选择年初一次性贷款。

应用案例 2-5

某新建项目，建设期为 3 年，分年均衡进行贷款，第一年贷款为 300 万元，第二年 600 万元，第三年 400 万元，年利率为 12%，建设期内利息只计息不支付，则建设期利息为多少？

解： 在建设期，各年利息计算如下。

$q_1 = 0.5A_1 \cdot i = 0.5 \times 300 \times 12\% = 18$(万元)

$q_2 = (P_1 + 0.5A_2) \cdot i = (300 + 18 + 0.5 \times 600) \times 12\% = 74.16$(万元)

$q_3 = (P_2 + 0.5A_3) \cdot i = (318 + 600 + 74.16 + 0.5 \times 400) \times 12\% = 143.06$(万元)

故建设期利息 = 18 + 74.16 + 143.06 = 235.22(万元)

本 章 小 结

本章主要是依据工程造价的第一种含义，对应工程项目建设的全过程全面叙述了建设工程造价的构成及其主要内容：设备及工器具购置费、建筑安装工程费、工程建设其他费、预备费和建设期利息。其中依据住房和城乡建设部、财政部关于印发《建筑安装工程费用项目组成》的通知(建标〔2013〕44 号)编写的建筑安装工程费用的构成是本章的重点，也是我们以后学习和工作过程中接触最多的工程造价范畴。通过本章学习，学生要具体掌握以下内容。

(1) 我国现行建设项目总投资的构成。

(2) 我国现行建设项目工程造价的构成。

(3) 设备及工器具购置费用的构成，重点掌握国产设备和进口设备原价的计算。

(4) 建筑安装工程费用的构成，重点掌握建筑安装工程费用项目按费用构成要素组成划分为人工费、材料费、施工机具使用费、企业管理费、利润、规费和税金，按工程造价形成顺序划分为分部分项工程费、措施项目费、其他项目费、规费和税金。理解两种不同划分方式，计算的是同一个内容，只是组价方式不一样。

(5) 工程建设其他费的构成，包括建设用地费、与项目建设有关的其他费用和与未来生产经营有关的其他费用 3 项内容。

(6) 预备费的构成与计算，重点掌握基本预备费的内容和价差预备费的计算。

(7) 建设期利息的计算，重点是贷款分年均衡发放时复利利息的计算。

习　题

一、单选题

1. 离岸价又被称为(　　)。

  A. 运费在内价　　　　　　　　　B. 保险费在内价

  C. 装运港船上交货价　　　　　　D. CIF 价

2. 下列有关设备运杂费正确的是(　　)。

  A. 包含于设备原价之内　　　　　B. 不包括途中包装费用支出

  C. 包括仓库保管费用支出　　　　D. 可以计入工程建设其他费用

3. 单台设备试车时所需的费用应计入(　　)。

  A. 设备购置费　　　　　　　　　B. 试验研究费

  C. 安装工程费　　　　　　　　　D. 联合试运转费

4. 根据《建筑安装工程费用项目组成》(建标〔2013〕44 号)文件的规定，现场项目经理的工资应列入(　　)。

  A. 人工费　　　　B. 现场经费　　　　C. 企业管理费　　　　D. 规费

5. 根据《建筑安装工程费用项目组成》(建标〔2013〕44 号)文件的规定，安全文明施工费应计入(　　)。

  A. 措施费　　　　B. 规费　　　　C. 企业管理费　　　　D. 人工费

6. 施工现场混凝土试块的试压费用应计入(　　)。

  A. 工程建设其他费中的研究试验费　　B. 建筑安装工程费中的材料费

  C. 建筑安装工程费中措施费　　　　D. 建筑安装工程费中的企业管理费

7. 某工程为了验证设计参数，按设计规定在施工过程中必须对一新型结构进行测试，该项费用由建设单位支出，应计入(　　)。

  A. 建设单位管理费　　　　　　　B. 勘察设计费

  C. 检验试验费　　　　　　　　　D. 研究试验费

8. 关于预备费的表述错误的是(　　)。

  A. 按我国现行规定，预备费包括基本预备费和价差预备费

  B. 基本预备费=(工程费用+工程建设其他费用)×基本预备费费率

  C. 不可预见的地下障碍物处理的费用属于基本预备费

  D. 基本预备费是建设项目在建设期间由于材料、人工、设备等价格可能发生变化引起工程造价变化，而事先预留的费用

9. 在我国建设项目投资构成中，超规超限设备运输增加的费用属于(　　)。

  A. 设备及工器具购置费　　　　　B. 基本预备费

C. 工程建设其他费　　　　　　　　D. 建筑安装工程费

10. 某新建项目建设期为 4 年，分年均衡进行贷款，第一年贷款 1 000 万元，以后各年贷款均为 500 万元，年贷款利率为 6%，建设期内利息只计息不支付，该项目建设期利息为（　　）。

　　A. 76.80 万元　　　　B. 106.80 万元　　　　C. 366.30 万元　　　　D. 389.35 万元

二、多选题

1. 采用装运港船上交货价(FOB)进口设备时，卖方的责任包括（　　）。

　　A. 负责租船舱，支付运费

　　B. 负责装船后的一切风险和运费

　　C. 负责办理海外运输保险并支付保险费

　　D. 负责办理出口手续并将货物运装上船

　　E. 承担货物在装运港装船之前的一切费用和风险

2. 下列选项中表示货物到达进口国口岸，但还没有纳关税的是（　　）。

　　A. 到岸价　　　　　　　　　　　B. 抵岸价

　　C. 运费、保险费在内价　　　　　　D. CIF 价

　　E. 关税完税价格

3. 以下属于进口设备的抵岸价构成的是（　　）。

　　A. 关税　　　　　　　　　　　　B. 银行财务费

　　C. 外贸手续费　　　　　　　　　　D. 国际运费

　　E. 国内运费

4. 根据《建筑安装工程费用项目组成》(建标〔2013〕44 号)文件的规定，下列各项中属于材料费的是（　　）。

　　A. 材料原价　　　　　　　　　　B. 材料运杂费

　　C. 材料二次搬运费　　　　　　　　D. 材料采购及保管费

　　E. 材料运输损耗费

5. 根据《建筑安装工程费用项目组成》(建标〔2013〕44 号)文件的规定，措施费包括（　　）。

　　A. 工程排污费　　　　　　　　　B. 二次搬运费

　　C. 安全文明施工费　　　　　　　　D. 大型机械进出场及安拆费

　　E. 社会保险费

6. 根据《建筑安装工程费用项目组成》(建标〔2013〕44 号)文件的规定，规费包括（　　）。

　　A. 工程排污费　　　　　　　　　B. 劳动保护费

　　C. 安全文明施工费　　　　　　　　D. 住房公积金

　　E. 社会保险费

7. 下列（　　）属于不可竞争费。

　　A. 安全文明施工措施费　　　　　B. 施工排水费

　　C. 失业保险费　　　　　　　　　　D. 增值税

　　E. 工程排污费

8. 下列费用中，不属于与项目建设有关的其他费用的是(   )

    A. 建设单位管理费   B. 勘察设计费

    C. 联合试运转费   D. 工程保险费

    E. 工程排污费

9. 下列选项中，属于工程建设其他费用中与未来生产经营有关的其他费用是(   )。

    A. 工程咨询费   B. 生产人员培训费

    C. 合同契约公证费   D. 联合试运转费

    E. 专利及专有技术使用费

10. 工程造价构成中的基本预备费指(   )。

    A. 设计变更增加的工程费用

    B. 超规超限设备运输增加的费用

    C. 由于一般自然灾害造成的损失

    D. 由于物价变化引起的费用

    E. 由于汇率、税率、贷款利率等变化引起的费用

三、简答题

1. 我国现行建设项目总投资构成包括哪些内容？

2. 我国现行建设项目工程造价的构成包括哪些内容？

3. 简述建筑安装工程费的构成内容。

四、案例分析

1. 从某国进口设备，重量 1 000t，装运港船上交货价为 400 万美元，工程建设项目位于国内某省会城市。如果国际运费标准为 300 美元/t，海上运输保险费为 3‰，银行财务费率为 5‰，外贸手续费率为 1.5%，关税税率为 22%，增值税的税率为 13%，消费税税率 10%，银行外汇牌价为 1 美元=6.8 元人民币，对该设备的原价进行估算。

2. 某新建项目，建设期为 3 年，分年均衡进行贷款，第一年贷款 1 000 万元，第二年贷款 1 800 万元，第三年贷款 1 200 万元：年贷款利率为 10%，建设期间只计息不支付，则该项目建设期利息为多少？

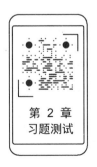

第 2 章
习题测试

第**3**章 工程造价的计价原理

教学目标

通过学习本章内容，在了解商品价值构成的基础上，正确理解建筑产品作为市场交易对象即发承包对象时价格的确定原理。

教学要求

能力目标	知识要点	权　重
理解建筑市场交易的特殊性	建筑市场的主体、客体、建筑产品的特点、建筑市场交易的特殊性	30%
知道商品价值的构成	物化劳动(C)、补偿劳动力价值(V)、剩余价值(M)	20%
了解商品价格形成的影响因素	成本、盈余、供求、币值、竞争等	10%
对应一般商品价格形成原理理解建筑产品价格的确定原理	建筑产品的组合性计价特征、单位假定产品(即分项工程)的价格、工程量、单位价格	30%
结合工程实际，知道工程承包价格确定的过程	询价、估价、报价	10%

问题引领

在今天的建筑市场上，当建筑物、构筑物等建筑产品作为商品来交易时，作为交易的发承包双方，对交易价格都会有个心理预判，买方在想我要花多少钱买，卖方在想我的产品可以卖到多少钱？假设你是出售商品的卖家，觉得你的商品的价格该如何确定呢？

3.1 建筑市场

3.1.1 建筑市场的概念

市场的原始定义是指商品交换的场所，但随着商品交换的发展，市场突破了村镇、城市、国家的界限，最终实现了世界贸易乃至网上交易，因而市场的广义定义是商品交换关系的总和。

按照这个定义，建筑市场也分狭义的市场和广义的市场。狭义的建筑市场一般指有形市场，有固定的交易场所。广义的建筑市场包括有形市场和无形市场，包括与工程建设有关的技术、租赁、劳务等各种要素市场；为工程建设提供专业服务的中介组织；通过广告、通信、中介机构及经纪人等媒介沟通买卖双方或招投标等多种方式成交的各种交易活动；建筑商品生产过程及流通过程中的经济联系和经济关系。可以说，广义的建筑市场是指建筑产品和有关服务的交易关系的总和。

3.1.2 建筑市场的主体

最原始的建设项目组织形式是由业主自己建造的，业主几乎需要完成工程建设过程中所有的工作，如建筑设计、材料采购、施工建造及装饰装修等，可以想象得出业主的工作量多么庞大，因此这种方式适用于最简单和最基本的生产、居住用房，目前在我国部分农村地区依然可以见到这种建设方式。随后发展到业主直接雇佣工匠进行施工，而业主自己做技术人员和管理人员去完成项目设计和组织管理工作。此时的工匠与业主形成雇佣关系，工匠完成自己分工的任务，从业主那里获得报酬。

17 世纪到 18 世纪资本主义的社会化生产大发展，使共同劳动的规模日益扩大，劳动分工和协作越来越细、越来越复杂，建筑业的分工也开始逐步细化。最先是业主从项目建设具体任务中脱离出来，开始由工匠负责设计和施工。随后，设计和施工又发生了进一步的专业划分和分工，出现了建筑设计师和专门负责建造的施工承包商。这个时期，设计和施工分离并各自形成一个独立专业以后，承包商需要有人帮助他们对已完成的工作进行测量和估价，以确定所得报酬，这些人在英国被称为工料测量师(QS)。这时的工料测量师是在建筑设计和施工完毕以后才去测量工程量和估算工程造价的。

进入19世纪初期，资本主义国家在工程建设中开始普遍实施招标承包制，由于建筑市场上买卖双方的出现，他们在买价和卖价的确定与控制上存在着各自的利益，从而需要有第三方提供中介咨询服务。所以以第三方身份出现并独立执业的专业工程咨询机构受到了买主的欢迎。其中，专业中介机构最早独立的是从事建设项目工程造价管理的测量师事务所，或者叫造价管理咨询公司。与此同时，工程监理等机构也逐步实现了独立。至此，业主、建筑设计师、施工承包商、造价工程师、监理工程这些参与主体形成，他们在建筑市场中相互之间进行各类资源和服务的交易。

可见，建筑市场主体就是指在建筑市场中从事交易活动的各方当事人，按照参与交易活动的目的不同，可以分为发包人、承包商和中介机构三类。

1．发包人

发包人是指拥有相应的建设资金，办妥项目建设的各种准建手续，以建成该项目达到其经营使用目的的政府部门、事业单位、企业单位和个人。不过，上述各类型的发包人，只有在其从事工程项目的建设全过程中才成为建筑市场的主体。在我国，发包人又通常称为业主或建设单位。在我国推行的项目法人责任制又称业主负责制，就是由发包人对其项目建设的全过程负责。

发包人聘请设计单位或者咨询单位请建筑师把自己的设想逐步变成图纸，再聘请施工单位按照设计图纸，将设想变成实际工程。在建筑市场的交易过程中，发包人就是支付报酬，获取产品的买方。

2．承包商

承包商是指具有一定生产能力、技术装备、流动资金和承包工程建设任务的营业资格与资质，在建筑市场中能够按照发包人的要求，提供不同形态的建筑产品，并最终获得相应工程价款的建筑业企业，属于卖方。按其所从事的专业，承包人可分为土建、水电、道路、港湾、市政工程等专业公司。承包人是建筑市场主体中的主要成分，在其整个经营期间都是建筑市场的主体。

建筑活动的专业性及技术性都很强，而且建筑工程投资大、周期长，一旦发生问题，将给社会和人民的生命、财产安全造成极大损失，因此，为保证建筑工程的质量和安全等，对从事建筑活动的承包人及其专业技术人员必须实行从业资质管理。

知识链接

具备下述条件的承包人才能在政府许可的工程范围内承包工程。
(1) 拥有政府规定的注册资本。
(2) 拥有与其资质等级相适应且具有注册执业资格的专业技术和管理人员。
(3) 拥有从事建筑施工活动的建筑机械装备。
(4) 经有关政府部门的资质审查，已取得资质证书和营业执照。

3．中介机构

中介机构是指具有一定注册资金和相应的专业服务能力，在建筑市场中受发包人或承包人的委托，对工程建设进行勘察设计、造价或管理咨询、建设监理及招标代理等高智能服务，并取得服务费用的咨询服务机构和其他建设专业的中介服务组织。国际上，工程中介机构一般称为咨询公司，在国内则包括勘察公司、设计院、工程监理公司、工程造价公司、招标代理机构和工程管理公司等。他们主要向发包人提供工程咨询和管理等智力型服务，以弥补发包人对工程建设业务不了解或不熟悉的不足。中介机构并不是工程承包的当事人，但受发包人聘用，与发包人订有协议书或合同，从事工程咨询或监理等工作，因而在项目的实施中承担重要的责任。咨询任务可以贯穿于从项目立项到竣工验收乃至使用阶段的整个项目建设过程，也可只限于其中某个阶段，例如可行性研究咨询、施工图设计和施工监理等。

 **特别提示**

建筑市场主体中的中介机构从交易角色的角度来说，依然属于提供服务、获取报酬的卖方。

3.1.3 建筑市场的客体

建筑市场的客体是建筑市场的交易对象，即各种建筑产品，包括有形的建筑产品(如建筑物、构筑物)和无形的建筑产品(如咨询、监理等智力型服务)。在不同的生产交易阶段，建筑市场的客体，即建筑产品可以表现为不同的形态：可以是中介机构提供的咨询服务，可以是勘察单位的地质勘查报告、设计单位提供的设计图纸，可以是生产厂家提供的混凝土构配件，也可以是施工企业提供的建筑物和构筑物。

建筑产品在经济范畴里，和其他工农业产品一样，具有商品的属性，但从其产品和生产的特点来看，却又具有与一般商品不同的特点，具体表现在如下几点。

1. 建筑产品的固定性

一般的建筑产品均由自然地面以下的基础和自然地面以上的主体两部分组成(地下建筑全部在自然地面以下)。基础承受主体的全部荷载(包括基础的自重)，并传给基础，同时将主体固定在地球上。任何建筑产品都是在选定的地点上建造和使用，与选定地点的土地不可分割，从建造开始直至拆除均不能移动。所以，建筑产品的建造和使用地点在空间上是固定的。

产品的固定性决定了产品生产的流动性。一般的工业产品都是在固定的工厂、车间内进行生产，而建筑产品的生产是在不同的地区，或同一地区的不同现场，或同一现场的不同单位工程，或同一单位工程的不同部位组织工人、机械进行生产。因此，建筑产品的生产是在地区之间、现场之间或单位工程不同部位之间流动。

产品的固定性，使工程建设地点的气象、工程地质、水文地质和技术经济条件等，直接影响工程的设计、施工和造价。

2. 建筑产品的单件性

建筑产品的固定性决定了建筑产品必须单件设计、单件施工、单价计价。一般的工业产品是在一定的时期内，统一的工艺流程中进行批量生产的，而具体的一个建筑产品应在国家或地区的统一规划内，根据其使用功能，在选定的地点上单独设计和单独施工。即使是选用标准设计、通用构件或配件，由于建筑产品所在地区的自然、技术、经济条件、民族风格的不同，也使建筑产品的结构或构造、建筑材料、施工组织和施工方法等要因地制宜，从而使各建筑产品的生产具有单件性。

3．建筑产品体型庞大

无论是复杂的建筑产品，还是简单的建筑产品，为了满足其实用功能的需要，并结合建筑材料的物理力学性能，需要大量的物质资源，占据广阔的平面与空间，因而建筑产品的体型庞大。

4．建筑产品露天作业生产

建筑产品的固定性，加之体型庞大，其生产一般在露天进行，受自然条件、季节性影响较大。这会引起产品设计的某些内容和施工方法的变动，也会造成防寒、防雨等费用的增加，影响到工程的造价。

5．建筑产品生产周期长

建筑产品生产过程要经过勘察、设计、施工、安装等很多环节，涉及面广，协作关系复杂，加之建筑产品体型庞大，使得最终建筑产品的建成必然耗费大量的时间、人力、物力和财力。因而，建筑产品生产周期长。由于建筑产品价格受时间的制约，周期长，价格因素变化大，如材料、设备价格调整等，都会直接影响建筑产品的价格。

3.1.4　建筑市场交易的特殊性

建筑产品不同于一般商品的生产特点决定了建筑市场的交易特性。建筑市场在运行中主要呈现出以下 5 个方面的特征。

(1) 建筑市场的交易与生产交织在一起。建筑市场交易方式的特殊性在于交易过程在产品生产之前开始，即先订货，后生产。商品销售先于生产，其实并不是建筑施工特有的。凡是价值十分昂贵或是具有单件性的商品，常常采取先预售后生产的方式。价值昂贵，对于生产者要求筹集一笔巨大的垫支资金，如果收不回资金就会造成重大的亏损。如水利枢纽工程、石油钻井、铁路、港口等，几乎没有建后出售的可能。所以，大量建筑工程产品逻辑地形成预先销售然后生产的经营方式。

这种契约型的产品市场，决定了业主发包时选择的不是产品，而是生产产品的企业。其他行业的企业间的竞争体现在商品生产上，消费者在市场上通过"货比三家"来实现自己的购买意图。建筑业则不同，建筑业的竞争是企业与企业之间的竞争。竞争迫使施工单位把信誉摆在第一位，一旦信誉扫地，失掉信任，要想东山再起，就困难得多。

特别提示

"买家没有卖家精"，买方是外行，生产者是内行，必然导致买方控制工期、质量、造价的困难，因此，买方逐渐采用了招标发包的方式，通过竞争来择优选择承包商。

(2) 建筑产品竣工后，具有不可逆转性，不能退换，也难以返工和重新制作。因此，设计、施工必须按照国家制定的规范和标准进行，必须按规定经过检查验收，方可进入下一道工序的施工。这决定了建筑生产中必须推行建设监理和质量监督等特殊的管理方式。

(3) 由于建筑市场交易与管理的阶段性，因此，必须按严格的建设程序办事。只有在可行性研究报告等经过批准后，才可以进入工程设计阶段，只有在施工图设计完成并取得施工许可证后，才可以进入施工，只有在竣工验收通过之后，才可以投入使用。

(4) 建筑市场交易涉及的主体多，相互之间关系复杂，需要签订各类合同，以明确双方的权利、义务关系，因而构成了复杂的合同关系。

(5) 建筑市场交易履约期长，在履约期间，生产环境、市场环境和政府政策法规可能要发生频繁地、大幅度地变化，有些变化是承发包双方无法预料的，因此其中不确定因素很多。

从上面的叙述中可以知道，建筑市场中的项目建设已经形成了需要由多个主体合作完成的系统工程。那么就带来一个问题，这许许多多的市场主体是如何实现分工协作的，他们各自的利益是如何分配的？当然，这个问题可以很容易地回答，我们都知道市场环境下的价格机制这只"看不见的手"可以实现资源的配置，工程项目建设过程中各种资源、服务都可以通过市场价格机制实现交易。但建筑产品不同于一般商品的特点又决定了建筑产品是先订货，后生产的，那么建筑产品的交易价格的确定自然成为工程建设过程中的首要问题。那么，建筑产品的价格如何确定呢？

3.2 建筑产品的价值

建筑产品具有商品属性，所以其价格的确定首先要遵循价值规律。

3.2.1 商品价值的构成

社会商品的价值是凝结在商品中的人类无差别劳动，它是由社会必要劳动时间来计量的。商品生产中社会必要劳动时间消耗越多，商品的价值就越大；反之，商品的价值就越小。按照马克思的再生产理论，商品价值的构成应该包括物化劳动、活劳动消耗和新创造的价值，即 C(不变资本)+V(可变资本)+M(剩余价值)三部分。建筑产品是商品，其价值同样应由三部分组成。

(1) 建造过程中所消耗的生产资料的价值(C)，其中包括建筑材料、燃料等劳动对象的耗费和建筑机械等劳动手段的耗费。

(2) 劳动者为满足个人需要的生活资料所创造的价值(V)，它表现为建筑职工的工资。

(3) 劳动者为社会和国家提供的剩余价值(M)，它表现为利润和税金。

商品价值的构成关系如图 3.1 所示。

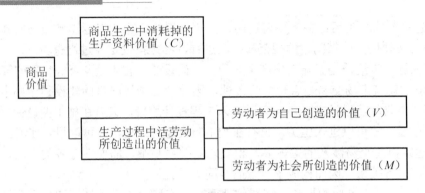

图 3.1　商品价值的构成

3.2.2　价格形成中的成本

　　成本是指商品在生产和流通过程中所消耗的各项费用的总和,它具有补偿价值的性质。成本在价格形成中的地位可以从以下三方面反映。

　　(1) 成本是价格形成中最重要的因素。成本反映价值中的物化劳动(C)和补偿劳动力价值(V),在价值构成中占的比重很大,它是价值构成中最重要的因素。

　　(2) 成本是价格最低的经济界限,是维持商品简单再生产的最起码的条件。如果价格不能补偿成本,商品的简单再生产就会中断,更谈不上为保证社会经济的发展而需要进行的扩大再生产。因此,只有把成本作为价格的最低界限,才能满足企业补偿物质资料支出和劳动报酬支出的最起码要求。

　　(3) 成本的变动在很大程度上影响价格的变动。成本是价格形成最重要的因素,成本的变动必然会导致价格的变动。

特别提示

　　我们讲过的建筑安装工程费按构成要素划分,其中的人工费、材料费、施工机具使用费、企业管理费、规费其实都属于成本的范畴。

3.2.3　价格形成中的盈余

　　价格形成中的盈余是价值构成中劳动者为社会所创造的价值,即剩余价值(M)的货币表现。它是社会扩大再生产的资金来源,对社会经济发展具有十分重要的意义。

特别提示

　　建筑安装工程费按构成要素划分,其中的利润和税金都属于剩余价值的范畴。

3.2.4　影响价格形成的其他因素

　　价格的形成除取决于它的价格基础——价值之外,还受到供求和币值等因素的影响。

(1) 供求对价格的影响。商品供求状况对价格的影响是通过价格波动对生产的调节来实现的。如果某种商品供大于求，竞争激烈，商品就要以低于其价值出售，价格被迫下降；相反，当供不应求时，商品就会以高于其价值出售，价格就会提高。

在现实生活中我们经常能见到供求影响价格的例子，比如新上市的西瓜一斤要卖到几元钱，远高于它的价值，而等到西瓜大量上市后同样一斤却只卖几角钱，又低于它的价值，这到底是什么原因造成的呢？商品的价格与价值不相符，主要是由供求不平衡造成的。我们常讲："物以稀为贵"，西瓜在刚上市时供应量比较少，相对来讲处于一种供不应求的状态，为了买到西瓜，买西瓜的人就会互相竞争，这样卖西瓜的人就会抬高价格，使价格高于价值；相反，当西瓜大量上市以后，相对来讲就处于一种供大于求的状态，卖西瓜的人为了把西瓜卖出去，就会互相竞争，降低价格，从而使价格低于价值。可见，供求关系的变化会影响价格，引起价格上下波动，使商品的价格常与价值不一致。

(2) 币值对价格的影响。价格是以货币形式表现的价值，所以影响价格变动的因素有二：一是商品的价值；二是货币的价值。在商品价值不变的情况下，货币价值得以增加，价格就会下降，反之，价格就会上升。

除上述供求和币值对价格形成产生影响外，汇率和一定时期的经济政策也会在一定程度上影响价格的形成。

 **特别提示**

在施工阶段的发承包交易中，承包人欲获得承包项目，在投标报价时除考虑自身的成本、预期利润和上缴国家的税金之外，还要灵活考虑市场竞争、汇率等外在因素的影响。

3.3 建筑产品价格的确定

由于建筑产品不同于一般商品，所以其价格的确定除了遵循商品一般价值规律外，还要考虑建筑产品生产及其计价的特性。

3.3.1 建筑产品价格的计价特点

前面我们知道建设项目按其组成可分解为建设项目、单项工程、单位工程、分部工程和分项工程，所以工程造价计价才有组合性计价的特征。即工程造价的计价顺序是：分部分项工程造价→单位工程造价→单项工程造价→建设项目总造价。

我们这里主要以建设项目施工阶段的发承包价格即建筑安装工程造价为对象来讨论其价格的确定。

3.3.2 建筑产品价格的确定

工程计价的基本原理在于项目的分解与组合，因此主要思路就是将建设项目细分至最基本的构造单元，即分项工程，再把分项工程作为假定产品，采取一定的计价方法，分别确定分项工程的工程量和单位价格，然后进行分部组合汇总，计算出相应的工程造价，即常用的分部组合计价法。

知识链接

所谓假定产品，是指组成建筑物、构筑物的每 1 立方砖墙或每一台某种型号的设备安装等，它们是最基本的分项工程。由于它们与完整的工程项目不同，无独立存在的意义，只是建筑安装工程的一种因素，是为了确定建筑安装单位工程产品价格而分解出来的一种假定产品。

工程计价的基本原理可以用式(3-1)的形式表达如下：

$$分部分项工程费 = \sum[基本构造单元(分项工程)工程量 \times 单位价格] \qquad (3\text{-}1)$$

从上式可以看出，影响分部分项工程费的主要因素有两个，即基本构造单元工程量和单位价格。

1. 工程量

这里的工程量是指根据工程建设定额或工程量清单计价规范的项目划分和工程量计算规则，以适当计量单位进行计算的分项工程的实物量。工程量是计价的基础，不同的计价方式有不同的计算规则规定。目前，工程量计算规则包括两大类。

(1) 各类工程建设定额规定的计算规则；如××省房屋建筑与装饰工程预算定额规定的现浇混凝土台阶的工程量计算规则为"按设计图示尺寸以水平投影面积计算，台阶与平台连接时，其投影面积应以最上层踏步外沿加 300mm 计算"。

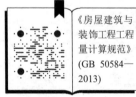

《房屋建筑与装饰工程工程量计算规范》(GB 50584—2013)

(2) 国家标准《建设工程工程量清单计价规范》(GB 50500—2013)及专业工程工程量计算规范中规定的计算规则。如《房屋建筑与装饰工程工程量计算规范》(GB 50584—2013)中关于现浇混凝土台阶的工程量计算规则见表 3-1。

表 3-1　现浇混凝土台阶的工程量计算规则

项目编码	项目名称	项目特征	计量单位	工程量计算规则	工作内容
010507004	现浇混凝土台阶	(1) 踏步高、宽 (2) 混凝土种类 (3) 混凝土强度等级	(1) m² (2) m³	(1) 以平方米计算，按设计图示尺寸水平投影面积计算 (2) 以立方米计算，按设计图示尺寸以体积计算	(1) 模板及支撑制作、安装、拆除、堆放、运输及清理模内杂物、刷隔离剂等 (2) 混凝土制作、运输、浇筑、振捣、养护

特别提示

定额计价时，分项工程是按计价定额划分的分项工程项目；清单计价时是指按照工程量清单计量规范规定的清单项目。

2. 单位价格

单位价格是指与分项工程相对应的单价，可以是工料单价、综合单价或全费用单价。

(1) 工料单价。工料单价是指单位价格中仅包括人工费、材料费和施工机具使用费三种资源要素的价格。

(2) 综合单价。根据《建设工程工程量清单计价规范》(GB 50500—2013)的规定，综合单价包括人工费、材料费、施工机具使用费、企业管理费和利润，以及一定范围的风险费用。工程量清单计价时，应采用综合单价。

(3) 全费用单价。全费用单价即单价中综合了分项工程的人工费、材料费、施工机具使用费、企业管理费、利润、规费、增值税和一定范围内的风险等全部费用。

特别提示

国际通用的工程量清单计价，一般都采用全费用单价。

知识链接

单位价格高低是由完成单位建筑产品所消耗的人工、材料、机械的多少和其生产要素单价的高低来决定的。其中，人工、材料、机械台班的消耗量的多少反映水平的高低，即对于消耗相同生产要素的同一分项工程，消耗量越大，水平越低，生产技术能力越低；反之，则越高。生产要素单价，是指某一时点上的人工、材料、施工机具单价。同一时点上的人、材、机具单价的高低，反映出不同的管理水平。一般情况下，在同一时期内，人、材、机具单价越高，则表明该企业的管理技术水平越低；人、材、机具单价越低，则表明该企业的管理技术水平越高。

下表 3-2 为××省预算定额(2008)表现的现浇混凝土台阶(台阶子目中不包括垫层和面层)定额项目示例。

下表 3-3 为××省预算定额(2016)表现的现浇混凝土台阶(台阶子目中不包括垫层和面层)定额项目示例。其中，定额基价表现为不含税的全费用单价形式。

应用案例 3-1

某现浇混凝土台阶平面图如图 3.2 所示，问题：

(1) 依据《房屋建筑与装饰工程工程量计算规范》(GB 50584—2013)，计算现浇混凝土台阶的清单工程量。

表 3-2　Y010407004 台阶

工作内容：混凝土浇捣、养护等。　　　　　　　　　　　　　　　　　　　　　　单位：10m²

定　额　编　号			4-59
项　目			现浇混凝土台阶
综　合　单　价/元			476.41
其中	人　工　费/元		116.53
	材　料　费/元		275.04
	机　械　费/元		3.54
	管　理　费/元		54.20
	利　润/元		27.10
名　称	单位	单价/元	数　量
综合工日	工日	43.00	2.710
定额工日	工日	43.00	2.710
现浇碎石混凝土粒径≤40(32.5 水泥)C10	m³	156.72	1.665
水	m³	4.05	1.580
草袋	m²	3.50	2.200
混凝土振捣器 插入式	台班	10.74	0.330

表 3-3　现浇混凝土台阶

工作内容：浇筑、振捣、养护等。　　　　　　　　　　　　　　　　单位：10m² 水平投影面积

定　额　编　号			5-50
项　目			台阶
基价/元			641.07
其中	人　工　费/元		181.99
	材　料　费/元		338.89
	机械使用费/元		—
	其他措施费/元		7.49
	安　文　费/元		16.28
	管　理　费/元		48.22
	利　润/元		28.05
	规　费/元		20.18
名　称	单位	单价/元	数　量
综合工日	工日	—	(1.44)
预拌混凝土 C20	m³	260	1.236
塑料薄膜	m²	0.26	6.626
水	m³	5.13	0.139

(2) 依据上述表 3-3××省预算定额(2016)，计算现浇混凝土台阶的定额费用。

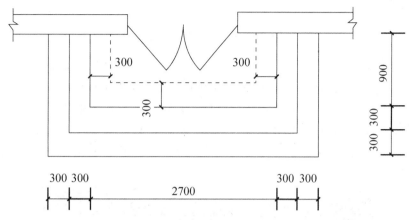

图 3.2 现浇混凝土台阶平面图

解：(1)清单工程量 $= (2.7 + 0.3 \times 4) \times (0.9 + 0.3 \times 2) - 2.7 \times 0.9 = 3.42\text{m}^2$

(2)定额工程量 $= (2.7 + 0.3 \times 4) \times (0.9 + 0.3 \times 2) - (2.7 - 0.3 \times 2) \times (0.9 - 0.3)$

$$= 4.59\text{m}^2$$

定额基价 $= 641.07$ 元/10m^2

台阶定额费用 $= 4.59 \times 641.07/10 = 294.25$ 元

3.3.3 工程承包价格形成

建筑产品生产周期长的特点决定了建筑市场交易履约期长，在履约期间不确定因素很多，比如生产环境、市场环境和政府政策法规等可能会发生频繁地、大幅度地变化，甚至有些变化是发承包双方所无法预料的，这些因素都对建筑产品交易价格的确定有直接影响。

因此，在市场经济条件下，工程承包价格的形成在很大程度上依赖于对市场价格信息的掌握，其价格形成过程一般会经历询价、估价与报价等 3 个阶段。对于承包商来说，询价、估价是对承包工程计价的最基本过程与方法。

1. 询价

"没有调查就没有发言权"，询价是工程估价的一个非常重要的环节，是估价的基础工作。

工程投标活动中，施工单位不仅要考虑投标报价能否中标，还应考虑中标后所要承担的风险。因此，在估价前必须通过各种渠道，采用各种方式对所需劳务、材料、施工机械等要素进行系统地调查，掌握各种要素的价格、质量、供应时间、供应数量等数据。这一工作过程称为询价。

询价除了了解生产要素价格外，还应了解影响价格的各种因素，这样才能够为估价提供可靠的依据。比如如果施工单位准备中标后将部分标的工程分包出去，那么在询价阶段就还要通过分包询价来选择分包单位，因为分包价格的高低对估价有必然的影响。

应用案例 3-2

广东省博物馆新馆精装修工程材料询价

广东省博物馆新馆为省级重点文化建筑、大型综合性博物馆，总建筑面积为 66 980m²，属一类高层建筑；公共区域精装修面积 16 500m²，造价超过 3 000 万元，由中国建筑装饰工程有限公司施工，所用材料均选用国内外知名品牌，材料品种繁多，选型特别，设计的要求高，质量把关严格。材料包括大理石、花岗石、陶瓷、地毯、实木复合地板、软包、墙纸、轻钢龙骨石膏板、铝质天花、涂料，不锈钢……该项目采购真不是一件省心的事，如图 3.3 所示。

图 3.3　广东省博物馆新馆

中国建筑装饰工程有限公司广东省博物馆项目部结合实际调研，通过谊居建材网上"工程材料询价"窗口将已有的材料清单文档上传进行市场询价。

询价信息发布不到一个星期，陆续有 50 多家国内外实力建材企业联系了采购部并见面洽谈。其中巴拿马黑石材这项，采购部先后接收到以前相熟的 7 家石材供应商(包括香港、东莞、福建、云浮等地)送来的 25 件样板，但始终没得到设计师的认可。最后，广州某家石材厂看到询价信息后试探着联系了采购部，他们的样板最接近设计要求的纹理，技术指标也达到了，该厂家在项目部提供的多家报价对比的压力下，最终压价成交。

【点评】

该项目部正是通过广泛地询价，才出色地完成了该工程的精装修施工。

2. 估价

估价与报价是两个不同的概念，而在实践中却常常将二者混为一谈。

估价是指施工单位根据招标文件的要求，在施工总进度计划、主要施工方法、分包单位和资源安排确定之后，根据企业实际水平以及询价结果，对完成招标工程所需要支出的费用的估计。其原则是根据本单位的实际情况合理补偿成本，不考虑其他因素，不涉及投标决策问题。

3. 报价

报价是在估价的基础上，分析竞争对手的情况，评估本单位在该招标工程中的竞争地位，从本单位的经营目标出发，确定在该工程上的预期利润水平。报价的实质是投标决策问题，还有考虑运用适当的投标报价策略或技巧。报价与估价的任务和性质不同，因此，报价通常由施工单位主管经营管理的有经验的负责人做出。

本章小结

本章主要是为了帮助大家理解以后工作中广泛接触到的建筑安装工程造价的确定而进行的铺垫，当我们把施工阶段建筑安装工程的发承包当作建筑市场中建筑物、构筑物等建筑产品的交易，那么其交易价格的确定就如同商品价格的确定一样，只是有些特殊。主要包括以下内容。

(1) 对建筑市场进行正确理解。

① 建筑市场的主体与客体。

② 建筑市场客体即建筑产品不同于一般商品的特点。

③ 建筑市场交易的特殊性。

(2) 商品价值的构成。

① 建造过程中所消耗的生产资料的价值(C)，其中包括建筑材料、燃料等劳动对象的耗费和建筑机械等劳动手段的耗费。

② 劳动者为满足个人需要的生活资料所创造的价值(V)，它表现为建筑职工的工资。

③ 劳动者为社会和国家提供的剩余价值(M)，它表现为利润和税金。

(3) 在了解工程造价具有组合性计价的基础上，知道工程造价的计算是从分项工程的价格开始起算的，基本的计价思路就是"$\sum(量×价)$"，这里的量和价可以按照不同的计价依据、不同的计价方法进行确定，为以后的章节内容进行铺垫。

(4) 按照价值原理，结合工程实际，在市场经济条件下，工程承包价格的形成过程一般会经历询价、估价与报价等 3 个阶段。对于承包商来说，询价、估价是对承包工程计价的最基本过程与方法。

习 题

一、单选题

1. 工程项目建设过程中支付给工人的工资，属于商品价值构成的(　　)。
   A. C　　　　B. V　　　　C. M　　　　D. 剩余价值

2. 商品生产中社会必要劳动时间消耗越多，商品的价值(　　)。
   A. 越大　　　B. 越小　　　C. 没关系　　　D. 不变

3. (　　)是价格形成中最重要的因素。
A. C　　　　　　B. V　　　　　　C. 成本　　　　　　D. 盈余

4. (　　)是价格最低的经济界限，是维持商品简单再生产的最起码的条件。
A. C　　　　　　B. V　　　　　　C. 成本　　　　　　D. 盈余

5. 工程造价的确定，是从(　　)开始进行工程计价的。
A. 单项工程　　　B. 单位工程　　　C. 分部工程　　　D. 分项工程

二、多选题

1. 按照马克思的再生产理论，商品价值的构成应该包括(　　)。
A. 物化劳动　　　　　　　　　　B. 活劳动消耗
C. 新创造的价值　　　　　　　　D. 商品包装
E. 商品运输

2. 劳动者为社会和国家提供的剩余价值(M)，它在建筑安装工程造价中表现为(　　)。
A. 人工费　　　　　　　　　　　B. 材料费
C. 企业管理费　　　　　　　　　D. 利润
E. 税金

3. 商品生产过程中活劳动所创造出的价值，包括(　　)。
A. 所耗费的建筑材料的价值　　　B. 所耗费的燃料的价值
C. 劳动者为自己创造的价值(V)　　D. 劳动者为社会所创造的价值(M)
E. 所耗费的施工机具的价值

4. 工料单价包括(　　)。
A. 人工费　　　　　　　　　　　B. 材料费
C. 施工机具使用费　　　　　　　D. 企业管理费
E. 利润

5. 现行清单计价规范采用的综合单价包括(　　)。
A. 人、材、机　　　　　　　　　B. 税金
C. 规费　　　　　　　　　　　　D. 企业管理费
E. 利润

6. 建筑市场的主体包括(　　)。
A. 建设单位　　　　　　　　　　B. 施工企业
C. 勘察设计单位　　　　　　　　D. 政府建筑行政监管部门
E. 工程造价咨询企业

7. 下列属于建筑市场客体的是(　　)。
A. 施工企业提供的建筑物、构筑物
B. 施工企业
C. 勘察单位提供的地质勘查报告
D. 勘察企业
E. 预制构件厂提供的混凝土预制空心板

8. 建筑产品的特点主要包括(　　)。
A. 单价性　　　　　　　　　　　B. 固定性

C. 批量生产　　　　　　　　　　D. 庞体性

E. 生产周期长

9. 建筑市场交易的特殊性主要表现在(　　　　)。

　　A. 先交易后生产　　　　　　　B. 建筑产品的不可逆转性

　　C. 先生产后销售　　　　　　　D. 履约期价格影响因素较多

　　E. 交易涉及主体较多

三、简答题

1. 试用自己的话说明建筑产品不同于一般商品的特点。

2. 简单叙述建筑市场交易的特殊性。

3. 试举例说明某一商品价值的构成。

4. 依据商品价值原理和建筑市场交易的特殊性，试述建筑产品价格确定的方法。

5. 简单叙述工程承包价格的形成过程。

第 3 章
习题测试

第**4**章 工程造价的计价依据

　　本章主要介绍工程造价确定的依据，通过学习本章内容，掌握建设工程定额的内容和工程量清单的概念，理解工程建设项目在不同时期、不同阶段，使用不同的计价依据，能够计算出相应建筑安装工程的工程造价。

教学要求

能力目标	知识要点	权　　重
了解建设工程定额的内容	定额的概念、分类	10%
掌握预算定额的内容	人、材、机具消耗量的确定原则，人、材、机具费用的计算方法	40%
掌握《建设工程工程量清单计价规范》(GB 50500—2013)的基本内容	分部分项工程量清单、措施项目清单、其他项目清单、规费项目清单和税金项目清单的编制	40%
了解不同定额之间的区别与联系	施工定额、预算定额、概算定额等之间的区别	10%

问题引领

从前面的章节中我们了解到一个项目从投资决策到施工单位开始施工，到最后的竣工验收交付使用，不同的阶段要进行多次性计价，如投资估算、设计概算、施工图预算等。那么确定这些不同阶段的工程造价的依据是什么呢？要想在工程建设各阶段合理确定工程造价，必须得有科学适用的计价依据。

工程造价的计价依据是在计算工程造价时所依据的各类基础资料的总称，按照我国工程计价依据的编制和管理权限的规定，目前我国已经形成了由国家法律法规、部门规章和相关政策文件以及标准、定额等相互支撑、互为补充的工程计价依据体系。本章主要介绍工程定额、工程量清单计价和工程量计算规范、工程造价信息等。

从目前我国现状来看，工程定额主要用于在项目建设前期各阶段对于建设投资的预测和估计，在工程建设交易阶段，工程定额通常只能作为建设产品价格形成的辅助依据，目前由国家、省、有关专业部门制定的定额主要有工程消耗量定额和工程计价定额；工程量清单计价依据主要适用于合同价格形成以及后续的合同价格管理阶段；造价信息是计价活动所必需的依据，包括价格信息、工程造价指数和已完工程信息等。

4.1 建设工程定额

4.1.1 定额概述

定额是资本主义企业科学管理的产物，最先由美国工程师泰勒(F.W.Taylor，1856—1915年)开始研究并总结发展的。在20世纪初，泰勒研究了通过管理来提高劳动生产率的方法，他将工人的工作时间划分为准备工作时间、基本工作时间和辅助时间，然后用秒表来测定完成各项工作所需的劳动时间，以此为基础制定出工时消耗定额；同时泰勒又把工人在劳动中的操作过程分解为若干个操作步骤，去掉多余和无效的动作，制定出能节省工作时间的操作方法；再采用先进的工具设备，加上有差别的计件工资制，这就构成了"泰勒制"的主要内容。泰勒制给资本主义企业管理带来了根本的变革，因此，在资本主义管理史上，泰勒被尊为"科学管理之父"。

我国的定额体系是新中国成立以后逐渐建立和日趋完善起来的。我国20世纪50年代的定额管理工作吸取了国外定额管理工作的经验，20世纪70年代后期又参考了欧美、日本等国家有关定额方面科学管理的方法，在各个时期都结合我国建筑施工生产的实际情况，编制了切实可行的定额。

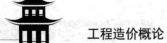

定额主要是指规定，泛指额度和限度，也可以理解为量的标准或尺度，合起来，定额就是规定的额度及限度。建设工程定额就是指在正常施工生产条件下，完成单位合格建筑产品所消耗的人工、材料和设备、机具及资金消耗的数量标准，对完成单位合格产品进行定员、定质量、定数量，同时规定了工作内容和安全要求等。

特别提示

正常的施工条件是指生产过程按生产工艺和施工规范操作，施工条件完善，劳动组织合理，机械运转正常，材料储备合理。

建设工程定额反映了工程建设投入与产出的关系，具有科学性、权威性、群众性、时效性和针对性。定额消耗量是施工中客观规律的反映，消耗量的大小决定定额水平，而定额水平又反映了当时先进的施工方法。社会生产力水平的逐渐提高，一般需 5～8 年的时间，因此在这段时间内社会生产力发展水平是不变的。

特别提示

消耗量的大小决定定额水平，消耗量大定额水平低，相反消耗量小定额水平高，即定额水平与消耗量成反比。

定额既不是计划经济的产物，也不是与市场经济相悖的改革对象。在工程建设中，定额仍然具有节约社会劳动和提高劳动生产效率的作用。其次定额有利于建筑市场的公平竞争，是对市场行为的一种规范，有利于完善市场的信息系统。

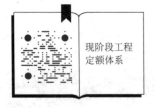
现阶段工程定额体系

工程定额作为独具中国特色的工程计价依据是我国工程管理的宝贵财富和基础数据积累。工程定额是经过标准化的各类工程数据库(消耗量指标、费用指标等)，随着 BIM 等信息技术的发展必将推进定额的编制、管理等体制改革，完善定额体系，提高定额的可行性和实效性。

4.1.2 定额的分类

建设工程定额是建设工程中生产消耗性定额的总称，包括的定额种类很多。可按以下方法分类：

(1) 根据定额反映的生产要素消耗内容分类，建设工程定额分为劳动消耗定额、材料消耗定额和机械消耗定额，分别反映人工、材料和机械 3 大生产要素的数量消耗标准。这三种定额是制定其他定额的基础资料，所以又被称为基础定额或基本定额。

① 劳动消耗定额。简称劳动定额(也称人工定额)，是指在正常的施工技术和组织条件下，完成规定计量单位合格的建筑安装产品所消耗的人工工日的数量标准。按照反映活劳动消耗的方式不同，劳动定额有时间定额和产量定额两种基本形式，且二者呈倒数关系。

 **特别提示**

时间定额和产量定额是劳动定额的两种表现形式，表现的是同一内容，比如，一条生产线1分钟可以生产10个毛绒玩具和生产1个毛绒玩具需要0.1分钟表达的是同一个意思，都能反映出劳动生产的效率。

② 材料消耗定额。简称材料定额，是指在正常的施工技术和组织条件下，完成规定计量单位合格的建筑安装产品所消耗的原材料、半成品、成品、构配件、燃料，以及水、电等动力资源的数量标准。

③ 机械消耗定额。机械消耗定额是以一台机械一个工作班为计量单位，所以又称为机械台班定额。机械消耗定额是指在正常的施工技术和组织条件下，完成规定计量单位合格的建筑安装产品所消耗的施工机械台班的数量标准。机械消耗定额也有两种基本形式，即机械时间定额和机械产量定额，其时间定额与产量定额互为倒数关系。

(2) 根据使用范围，建设工程定额划分为政府颁布的统一定额和施工单位制定的企业定额两个基本类别。

统一定额又分为全国统一定额、行业统一定额、地区统一定额和补充定额。

① 全国统一定额是由国家建设行政主管部门综合全国工程建设中技术和施工组织管理的情况编制，并在全国范围内普遍使用的定额，如《房屋建筑与装饰工程消耗量定额》(TY01-31-2015)、《全国统一建筑安装工程工期定额》。

② 行业统一定额是考虑到各个行业部门专业工程技术特点以及施工生产和管理水平编制的，由行业主管部门发布，只在本行业部门内和相同专业性质范围内使用，如《公路工程预算定额》《水利工程预算定额》。

③ 地区统一定额是指各省、自治区、直辖市编制颁发的定额。地区统一定额主要是考虑地区性特点对全国统一定额做适当调整而编制的。各地区不同的气候条件、经济技术条件、物质资源条件和交通运输条件等，对定额项目、内容和水平的影响，是地区统一定额存在的客观依据。地区统一定额，如《河南省房屋建筑与装饰预算定额》(2016)。

④ 补充定额是指随着设计、施工技术的发展，在现行定额不能满足需要的情况下，为了补充原有定额缺项所编制的定额。有地区补充性定额和一次性补充定额两种。

企业定额是指由施工单位考虑到本企业的具体情况，参照国家、部门或地区定额的水平而制定的定额。企业定额只在企业内部使用，亦可用于投标报价。

(3) 建设工程定额按专业费用性质可分为建筑工程定额，设备安装工程定额，工、器具定额、建筑安装工程费用定额以及其他费用定额。

① 建筑工程定额。建筑工程，一般理解为房屋和构筑物工程。广义建筑工程概念等同于土木工程的概念。因此，建筑工程定额按具体使用对象又分为建筑工程定额、建筑装饰工程定额、市政工程定额、房屋修缮工程定额、古建园林定额、人防工程定额、公路工程定额、水利工程定额、铁路工程定额、矿山井巷工程定额。

② 设备安装工程定额。设备安装工程是对需要安装的设备进行定位、组合、校正和调试等工作的工程。设备安装工程和建筑工程在工艺上有很大区别，施工方法很不相同，所以设备安装工程定额和建筑工程定额是两种不同类型的定额。但是，设备安装工程和建筑

工程常常是一项工程的两个有机部分，在施工中有时间连续性，也有作业的搭接和交叉，需要统一安排，相互协调，形成一个完整的建筑安装工程。所以有时候也将建筑工程定额和安装工程定额合二为一，称为建筑安装工程定额。

③ 工、器具定额。工、器具定额是为新建或扩建项目投产运转首次配置的工、器具数量标准。

④ 建筑安装工程费用定额。建筑安装工程费用定额是指与建筑安装施工生产的个别产品无关，而为企业生产全部产品所必需，为维持企业的经营管理活动所必需发生的各项费用开支的费用消耗标准。如措施费、管理费等取费费率。

⑤ 其他费用定额。其他费用定额是指独立于建筑安装工程，设备和工、器具购置之外的其他费用开支标准。这些费用的发生与建设项目的具体情况密切相关。其他费用定额是按各项费用分别独立制定的，以便于合理控制这些费用开支。

(4) 建设工程定额按定额的编制程序和用途分为施工定额、预算定额、概算定额、概算指标和投资估算指标。

① 施工定额。施工定额是企业内部使用的定额，是以同一性质的施工过程——工序，作为研究对象，表示生产产品数量与时间消耗综合关系编制的定额，是一种典型的计量性定额，也是建设工程定额中的基础性定额。

施工定额本身由劳动定额、机械定额和材料定额 3 个相对独立的部分组成，主要直接用于工程的施工管理，作为编制工程施工设计、施工预算、施工作业计划、签发施工任务单、限额领料卡及结算计件工资或计量奖励工资等使用。它既是企业投标报价的依据，也是企业控制施工成本的基础。

为了保持定额的先进性和可行性，施工定额是以平均先进水平为基准编制的，是编制预算定额的基础。

② 预算定额。预算定额是编制工程预结算时计算和确定一个规定计量单位的分项工程或结构构件的人工、材料、机械台班的数量及其费用标准。它是以施工定额为基础综合扩大编制而成的，是计价定额当中的基础性定额。

和施工定额相比，预算定额包含了更多的可变因素，需要保留合理的幅度差，所以预算定额的水平低于施工定额的水平，是按照社会必要劳动消耗量来确定定额水平的。

预算定额是编制施工图预算，确定建筑安装工程造价的基本依据，同时它也是编制概算定额的基础。

③ 概算定额。概算定额是编制扩大初步设计概算时计算和确定扩大分项工程或扩大结构构件所需消耗的人工、材料、机械台班的数量及其费用标准，也是一种计价性定额。概算定额是在预算定额的基础上综合扩大而成，每一综合分项概算定额都包含了数项预算定额。

④ 概算指标。概算指标是在初步设计阶段编制工程概算所采用的一种定额，是以单位工程为对象，以"m^2""m^3"或"座"等为计量单位，反映完成一个规定计量单位合格的建筑安装产品的经济消耗指标。概算指标是概算定额的扩大与合并，也是一种计价性定额。

⑤ 投资估算指标。投资估算指标是在项目建议书和可行性研究阶段编制，以建设项

目、单项工程、单位工程为对象，反映建设总投资及其各项费用构成的经济指标。它的概略程度与可行性研究阶段相适应。投资估算指标往往根据历史的预、决算资料和价格变动等资料编制，但其编制基础仍然离不开预算定额、概算定额。

4.2 施工定额

4.2.1 施工定额的概念

施工定额是施工企业根据专业施工的作业对象和工艺制定，用于对同一性质的施工过程进行管理的定额，是建筑安装工人在合理的劳动组织或工人小组在正常施工条件下，为完成单位合格产品所需劳动、材料和机具消耗的数量标准。施工定额由劳动定额、材料消耗定额、机械台班使用定额 3 种基础性定额构成。

4.2.2 施工定额的编制原则

1．平均先进原则

平均先进指在正常施工条件下，多数工人或班组经过努力能够达到，少数可以接近，个别可以超过的定额水平。它低于先进水平，略高于平均水平。这种水平使先进者有一定压力，使中间水平者感到可望可及，使落后者感到一定的危机，使他们认识到必须努力改善施工条件，提高技术水平和管理水平才能到达定额水平。

2．简明适用原则

由于施工定额更多地考虑了施工组织设计、先进施工工艺和技术以及其他的成本降低性措施，更加贴近施工，因此对影响工程造价的主要、常用项目，在划项时要比预算定额具体详尽，对次要的、不常用的、价值相对小的项目，可尽量综合，减少零散项目，便于定额管理，但要确保定额的适用性。

4.2.3 工作研究

工作研究也称为工时学，是制定劳动定额、材料消耗定额和机械消耗定额三大基本定额的起点工作。其中包括两个密不可分的过程，即动作研究和时间研究。

1．动作研究

动作研究也称为工作方法研究，其实质是在现有设备条件下，对工作方法、生产程序和细微动作进行分析和优选，从而在产品生产中最大限度地利用物质资源，提高劳动生产率。

改进工作方法一般包括 5 个影响因素：人的活动(包括改变手和身体的动作、感觉和认识等)；工作场所即工作地点布置或设备和工具的改进；工艺过程和工作顺序的改变；产品或劳务等产出设计的改变；物质、原材料等投入的形式、条件、规格和事件的改变。

美国工程师吉尔布雷斯曾仔细分析砌砖过程的每一个动作，研究影响操作速度和疲劳程度的任何一个细小的因素，一个一个排除不必要的动作，用快动作代替慢动作。他设计出工人每只脚的精确位置和灰浆、砖放置的最佳位置，并且设计了可以调整高度的放置材料的支架；设置辅助工人负责调整支架到最佳高度；由一名工人将运来的砖进行分放以有利于快速抓取；调制的灰浆稠度合适；训练砌砖工双手同时并用。这样，吉尔布雷斯将原先砌一块砖需要的 18 个动作减少到 5 个动作。在建造一栋砖结构的建筑物时，结果新方法比老方法的砌砖速度快了近 2 倍。

2．时间研究

时间研究也称为时间衡量，是在一定的标准测定条件下，确定人们作业活动所需时间总量的一套程序。研究施工中的工作时间，主要目的是确定施工的时间定额和产量定额。在工作研究中称之为确定时间标准。

工作时间，在这里是指工作班的延续时间(不包括午休)。现行制度规定的法定工作时间是 8 小时。对工作时间消耗的研究，可以分为两个方面进行，即工人工作时间的消耗和机械工作时间的消耗。在对工作时间进行分类的基础上，可采用多种方法对工作时间进行测定。

工作研究的对象是施工过程，工作时间研究则是工作研究要达到的结果。研究施工中工作时间的前提，是对工作时间按其消耗性质进行分类，以便研究工时消耗的数量及其特点。

4.2.4　施工过程和工作时间分析

1．施工过程

施工过程是指在施工工地范围内进行的生产过程。一个施工过程由不同工种、不同技术等级的建筑安装工人完成，并且必须有一定劳动对象(建筑材料、半成品、配件和预制品)和一定劳动工具(手动工具、小型机具和机械等)。施工过程按照作业和组织的复杂程度，一般可以分为工序、工作过程和综合工作过程。

(1) 工序是指在组织上不可分开、工艺单一、操作技术相同的操作过程。其基本特点是劳动力、工具、材料和工作地点都不变。若其中有一项改变，就意味着从这一工序转入到下一道工序，如钢筋的加工一般包括平直、切断、弯曲等几道主要的工序。

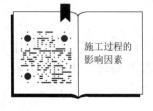
施工过程的影响因素

(2) 工作过程是指同一工人或同一小组完成的，在技术上相互联系的几个工序的总和称为工作过程。如钢筋制作中搬运、平直、切断、弯曲这 4 项工作，分别由 4 个小组来完成，就是 4 个不同的工序。如这 4 项工作由同一小组完成，就构成一个工作过程。

(3) 综合工作过程是指组织上有直接关系，为最终共同完成某一产品同时进行的几个工作过程的综合称为综合工作过程。如现浇混凝土构件就是一个综合施工过程，其中的混凝土搅拌、运输、浇筑成型等工作过程，在组织上关系密切，都可交叉或同时进行，而最终产品是现浇混凝土构件。

(4) 循环与非循环施工过程。施工过程的各个组成部分，如果以同样的次序周期性地重复出现，并且每重复一次都可以生产统一产品，称为循环施工过程。若施工过程各个组成部分不是以同样次序重复，或者生产出来的产品各不相同，称为非循环施工过程。

2．工作时间分析

工人在工作班内消耗的工作时间，按其消耗的性质分为必须消耗的时间和损失时间两大类。必须消耗的时间是工人在正常施工条件下，为完成一定数量合格产品所必须消耗的时间，它是制定定额的主要依据，如有效工作时间、不可避免的中断时间和休息时间。损失时间，也称为非定额时间，是指和产品生产无关，而和施工组织和技术上的缺点有关，与工人在施工过程中个人过失或某些偶然因素有关的时间消耗，如多余和偶然工作、停工、违背劳动纪律所引起的时间损失，在制定定额时一般不加以考虑。

4.2.5 施工定额编制基础

1．劳动定额

劳动定额也称人工定额，是指在正常施工条件下，生产一定计量单位质量合格的建筑产品所需的劳动消耗量标准。按照劳动消耗方式的不同，劳动定额有时间定额和产量定额两种基本形式，且两者互为倒数。

(1) 时间定额，指某种专业的工人班组或个人，在正常施工条件下，完成一定计量单位质量合格产品所需消耗的工作时间。时间定额包括准备与结束工作时间、基本工作时间、辅助工作时间、不可避免的中断时间及必需的休息时间等。

时间定额以一个工人 8 小时工作日的工作时间为 1 个"工日"单位。

现行的劳动定额为 2009 年 3 月 1 日开始实施的《建设工程劳动定额》(分建筑工程、安装工程、市政工程、园林绿化工程和装饰工程五个专业)。以《建设工程劳动定额—建筑工程》中的砖基础为例，砌 $1m^3$ 砖带形基础的时间定额为 0.937 工日，见表 4-1。

表 4-1 砖基础劳动定额(时间定额)

工作内容：清理地槽，砌垛、角，抹防潮层砂浆等操作过程　　　　　　计量单位：工日/m³

带形基础		
序号	项目	厚度 1 砖
一	综合	0.937=0.098+0.449+0.39
二	砌砖	0.39
三	运输	0.449
四	调试砂浆	0.098

应用案例 4-1

某砌筑工程，1 砖厚带形大放脚砖基础的工程量为 89 m³，每天有 12 名工人负责施工，查时间定额为 0.937 工日/m³，试计算完成该分项工程的施工天数。

应用案例 4-1 另解

解：计算完成该分项工程所需总劳动量为

$$89 \times 0.937 = 83.393(工日)$$

计算施工天数为

$$83.393/12 = 6.95(工日) \quad 取 7 天$$

(2) 产量定额，是指某种专业的工人班组或个人，在正常施工条件下，单位时间(一个工日)内完成合格产品的数量。

产品数量的计量单位，如：m³/工日、t/工日、m²/工日……例如，砌 1m³ 一砖厚带形基础的产量定额为 1.067m³/工日，即产量定额=1/0.937。

应用案例 4-2

有 89m³ 一砖厚带形大放脚砖基础，由 12 人砌筑小组负责施工，查产量定额为 1.067 m³/工日，试计算其施工天数。

解：计算小组每工日完成的工程量为

$$12 \times 1.067 = 12.804(m^3/工日)$$

计算施工天数为

$$89/12.804 = 6.95(工日) \quad 取 7 天$$

 **特别提示**

需要注意的是，应用案例中的关于施工天数的计算，结果如为小数形式，一般要向上进一取整，而不是四舍五入取整。

2．材料消耗定额

材料消耗定额指在合理和节约使用材料的前提下，生产单位合格产品所消耗的一定品种规格的原材料、半成品、成品、辅助材料或构配件的数量标准。

施工中材料的消耗，可分为必须的材料消耗和损失的材料消耗两类。包括直接用于建筑和安装工程的材料、不可避免的施工废料、不可避免的材料损失等。必须的材料消耗属于施工正常消耗，是确定材料消耗定额的基本数据。其中，直接用于建筑和安装工程的材料，编制材料净用量定额；不可避免的施工废料和材料损失，编制材料损耗定额。

确定材料消耗量的基本方法可利用现场技术测定法，主要是编制材料损耗定额；利用实验室试验法，主要是编制材料净用量定额；还有理论计算法，是运用一定的数学公式计算材料消耗定额。

应用案例 4-3

某彩色地面砖规格为 200 mm×200 mm×5mm，灰缝宽 1mm，结合层为 20 厚 1∶2 水泥砂浆，面砖和砂浆损耗率均为 1.5%，试计算每 100m² 地面的面砖和砂浆的总消耗量。

解：每 100m² 地面面砖净消耗量 $=\dfrac{100}{(0.2+0.001)\times(0.2+0.001)}=2\,475\,(块)$

每 100m² 地面面砖总消耗量 $=2\,475\times(1+1.5\%)=2\,512\,(块)$

每 100m² 地面灰缝砂浆净消耗量 $=(100-2\,475\times0.2\times0.2)\times0.005=0.005\,(m^3)$

每 100m² 地面结合层砂浆净消耗量 $=100\times0.02=2\,(m^3)$

每 100m² 地面砂浆总消耗量 $=(0.005+2)\times(1+1.5\%)=2.035\,(m^3)$

3. 机械台班消耗定额

机械台班消耗定额是指在合理的劳动组织和合理使用施工机械的正常施工条件下，利用某种机械，完成一定计量单位质量合格产品所需消耗的机械工作时间，或是在单位时间内机械完成合格产品的数量。机械台班定额也有两种表现形式，即机械时间定额和机械台班产量定额，两者互为倒数。

应用案例 4-4

斗容量为 1 m³ 的正铲挖土机，挖四类土，装车，深度在 2m 内，小组成员 2 人，机械台班产量为 4.76(100 m³)。请确定机械时间定额和配合机械的人工时间定额。

解：挖 100 m³ 的机械时间定额=1/台班产量=1/4.76=0.21 (台班)

挖 100 m³ 的人工时间定额=班组总工日数/台班产量=2/4.76=0.42 (工日)

或 挖 100 m³ 的人工时间定额=班组人数×机械台班时间定额=2×0.21=0.42 (台班)

台班人数=人工时间定额/机械时间定额=0.42/0.21=2 (人)

若采用复式表示形式为：$\dfrac{0.42}{4.76}\times2$ 即挖 100 m³ 的土需要 0.42 个工日(人工时间定额)，一个台班挖 4.76(100 m³)(机械台班产量定额)，需要 2 人(台班人数)与挖土机配合作业。

4.2.6 企业定额

随着建设市场的发展，工程招投标活动的进一步规范和广泛深入，作为施工企业如何提高自己的工程中标率是施工企业最为关注，也是关系企业发展生存的紧迫课题。目前，招投标制度和造价管理与国际惯例接轨过程中，通常采用工程量清单报价方法，即由发包人按照项目统一计算工程量并反映在报价清单内，在此基础上，由各投标企业自行制定每个分项目的综合单价进而汇总出工程总价。因此，施工企业有一套切合企业本身实际情况的企业定额是十分重要的，运用自己的企业定额资料去制定工程量清单中的报价。

施工定额是施工企业编制企业定额的重要基础。施工定额是以同一性质的施工过程——工序，作为研究对象，表示生产产品数量与生产要素消耗综合关系的定额；企业定额，是建筑安装企业根据本企业的技术水平和管理水平，编制完成单位合格产品所必须的人工、材料和施工机械台班的消耗量，以及其他生产经营要素消耗的数量标准。企业定额反映企业的施工生产与生产消费之间的数量关系，是施工企业生产力水平的体现，每个企业均应拥有反映自己企业能力的企业定额。企业的技术和管理水平不同，企业定额的定额水平也就不同。因此，企业定额是施工企业进行施工管理和投标报价的基础和依据，从一定意义上讲，企业定额是企业的商业秘密，是企业参与市场竞争的核心竞争能力的具体表现。

企业定额的编制源于施工定额，经企业消化吸收变动过来的，因而从内容到形式上都不可避免地受到施工定额的影响；对具体工程项目的个性特点的体现，仍然相对缺少；其次政府对企业的各项管理制度，与国际惯例的行业管理制度存在着差距，这种相互间的不协调，不可避免地影响到企业定额的编制。

目前，大部分施工企业是以国家或行业制定的预算定额作为进行施工管理、工料分析和计算施工成本，投标报价的依据。随着市场化改革的不断深入和发展，施工企业可以预算定额和施工定额为参照，逐步建立起反映企业自身施工管理水平和技术装备程度的企业定额。

 **特别提示**

施工定额是建筑安装企业内部管理的定额，属于企业定额的性质。

4.3 预 算 定 额

4.3.1 预算定额的概念

1. 定义

预算定额是建筑工程预算定额和安装工程预算定额的总称。随着我国推行工程量清单计价，一些地方出现综合定额，工程量清单计价定额，工程消耗量定额等，但其本质上仍应归于预算定额一类。

预算定额是在正常施工条件下，计算和确定一个规定计量单位的分项工程或结构构件的人工、材料和设备以及施工机具消耗的数量及其相应费用标准。

2. 预算定额的作用

(1) 预算定额是编制施工图预算、确定工程造价的依据。施工图设计一经确定，工程预算造价就取决于预算定额水平和人工、材料及机械台班的价格。预算定额起着控制劳动消耗、材料消耗和机械台班使用的作用，进而起着控制建筑产品价格的作用。

(2) 预算定额是建筑安装工程在工程招投标中确定标底和投标报价的依据。在深化改革中，预算定额的指令性作用将日益削弱，而施工单位按照工程个别成本报价的指导性作用仍然存在，因此预算定额作为编制标底的依据和施工企业报价的基础性作用仍将存在。

(3) 预算定额是工程结算的依据。工程结算是建设单位和施工单位按照工程进度对已完成的分部分项工程实现货币支付的行为。按进度支付工程款，需要根据预算定额将已完分项工程的造价算出，单位工程验收后，再按竣工工程量、预算定额和施工合同规定进行结算。

(4) 预算定额是施工单位进行经济活动分析的依据。预算定额规定的物化劳动和劳动消耗指标，是施工单位在生产经营中允许消耗的最高标准，施工单位必须以预算定额作为评价企业工作的重要标准。施工单位可根据预算定额对施工中的劳动、材料、机械的消耗情况进行具体的分析，以便提高劳动生产率。

(5) 预算定额是编制施工组织设计的依据。施工单位在缺乏本企业的施工定额的情况下，根据预算定额，亦能够比较精确地计算出施工中所需人力、物力的需要量，为有计划地组织材料采购和预制构件的加工、劳动力和施工机械的调配提供可靠的计算依据。

(6) 预算定额是编制概算定额的基础。概算定额是在预算定额基础上综合扩大编制的。利用预算定额作为编制依据，不但可以节省编制工作的大量人力、物力和时间，收到事半功倍的效果，还可以使概算定额在水平上与预算定额保持一致。

3．预算定额的编制原则

1) 社会平均水平的原则

预算定额应遵循价值规律的要求，按生产该产品的社会平均必要劳动时间来确定其价值。这就是说，在正常施工条件下，以平均的劳动强度、平均的技术熟练程度，在平均的技术装备条件下，完成单位合格产品所需的劳动消耗量就是预算定额的消耗量水平。这种以社会平均劳动时间来确定的定额水平，就是通常所说的社会平均水平。

2) 简明适用的原则

定额的简明与适用是统一体中的两个方面，如果只强调简明，适用性就差；如果只强调适用，简明性就差。因此，预算定额要在适用的基础上力求简明。

简明适用是指在编制预算定额时，对于那些主要的、常用的、价值量大的项目，其分项工程划分宜细些；而对于那些次要的、不常用的、价值量相对较小的项目则可以粗一些。预算定额要项目齐全，划分合理，定额步距适当。

知识链接

定额步距是指同类一组定额中不同标准间的间隔，步距大项目就少，步距小项目就多。例如，砌筑砖墙一组定额，可按墙厚分为 1/2、3/4、1、1.5、2 砖墙，则其步距就为 1/4 或 1/2。

4.3.2 预算定额的编制依据

(1) 现行劳动定额和施工定额。预算定额中人工、材料、机械台班消耗水平，需要根据劳动定额或施工定额取定，预算定额的计量单位的选择，也要以施工定额为参考，从而保证两者的协调和可比性。

(2) 现行的设计规范，施工验收规范，质量评定标准和安全操作规程。

(3) 通用的标准图和已选定的典型工程施工图纸。

(4) 推广的新技术、新结构、新材料、新工艺。

(5) 施工现场测定资料、实验资料和统计资料。

(6) 现行预算定额及基础资料和地区材料预算价格、工资标准及机械台班单价。

4.3.3 预算定额的编制基础

预算定额的编制包括项目划分及其工作内容，计量单位、工程量计算规则等，这些在本质上属于工程造价计算规则的内容，是计算定额消耗量时必须依据的。

1. 项目划分及其工作内容

预算定额是根据工种、构件、材料品种以及使用机械类型的不同和工、料、机消耗水平的不同来划分分部工程和分项工程。

在分项工程划分确定后，一般还需要划分子目。

(1) 按施工方法划分，例如，预制构件吊装分为履带式起重机和塔式起重机子目。

(2) 按工程的现场条件划分，例如，挖土方按土壤类别划分为一般土、沙砾坚土等子目。

(3) 按具体尺寸划分，例如，挖地槽分为 1.5m 以内、2m 以内、3m 以内、4m 以内等子目；砌多孔砖墙分为 1 砖及以上、1/2 砖等子目。

分项工程工作内容的规定是分项工程所包含的施工过程及其消耗的界定。完成分项工程这些工作内容的全部施工过程的消耗，均需要在定额消耗量中考虑。例如，《河南省建设工程工程量清单综合单价(2008)》砌筑工程中，砖基础项目按照使用材料分列了标准砖、多孔砖等子目，所包括的工作内容为调运砂浆、铺砂浆、运砖、清理基槽或基坑、砌砖等。

2. 项目计量单位

分项工程项目的计量单位主要根据分项工程的形体和结构构件的特征及其变化规律而确定。

(1) 凡建筑结构构件的断面有一定形状和大小，但长度不同的，按长度以延长米(m)为计量单位。例如，踢脚线、楼梯栏杆、木线装修等。

(2) 凡建筑结构构件的厚度有一定规格，但长度和宽度不定的，按面积以平方米(m^2)为计量单位。例如，地坪、楼地面、墙面和天棚抹灰和门窗等。

(3) 凡建筑结构构件的长度、厚(高)度和宽度都变化的，可按体积以立方米(m^3)为计量单位。例如，土方、钢筋混凝土构件等工程。

(4) 钢结构由于重量与价格差异很大，形状又不固定，按重量以吨(t)为计量单位。

(5) 凡建筑结构无一定规格，形状又不固定，按个、台、座、组为计量单位，例如卫生洁具安装。

 **特别提示**

有些项目的计量单位并不完全按照建筑结构构件形状的特点决定，例如现浇混凝土楼

梯，不按照一般混凝土构件的体积计算，而是按照水平投影面积计算，这主要是为了方便工程量计算的简化处理。

3. 工程量计算规则

工程量计算规则，即工程量的计算规定，包括计算内容、计算范围、计算公式。工程量计算规则应确切反映项目所包含的工作内容。例如，刚才提到的砌砖基础的工程量，河南省预算定额规定，砖基础按设计图示尺寸以体积计算，应扣除地圈梁、构造柱所占体积，不扣除基础大放脚 T 形接头的重叠部分及嵌入基础内的钢筋、铁件、管道、基础砂浆防潮层和单个面积在 $0.3m^2$ 以内的孔洞所占体积。

4.3.4 预算定额消耗量的编制

人工、材料和机械台班的消耗量，是预算定额的重要内容。人工、材料和机械台班消耗量指标应根据定额编制原则和要求，采用理论与实际相结合，图纸计算与施工现场测算相结合，编制人员与现场工作人员相结合等方法进行计算和确定。

计算人工、材料和机械定额消耗量指标时，一般先按施工定额的分项逐项计算出消耗指标，然后再按预算定额的项目加以综合。但是，这种综合不是简单的合并和累加，而是在综合过程中调整两种定额之间适当的水平差。预算定额的水平，首先取决于这些消耗量的合理确定。

1. 预算定额中人工工日消耗量的计算

预算定额中的人工工日消耗量可以有两种确定方法：一种是以劳动定额为基础确定；另一种是以现场观察测定资料为基础计算，主要用于遇到劳动定额缺项时，采用现场工作日写实等测时方法测定和计算定额的人工耗用量。

预算定额中人工工日消耗量是指在正常施工生产条件下，生产单位合格产品(即分部分项工程或结构构件)必须消耗的人工工日数量，根据分项工程所规定的工作内容，包括所综合各个工序劳动定额的基本用工、其他用工以及劳动定额与预算定额的幅度差 3 个部分。

(1) 基本用工：指完成单位合格分项工程所必须消耗的技术工种用工。在计算基本用工时，除需要综合取定分项工程中所有工作内容相应劳动定额人工消耗外(综合工序用工)，还应考虑按劳动定额规定应增加计算的用工量(定额编制时称为"加工")，例如在砖墙项目中，分项工程的工作内容包括了附墙烟囱孔、垃圾道、壁橱等零星组合部分的内容，其人工消耗量相应增加"加工"人工消耗，还有劳动定额综合扩大形成预算定额所需的扩大用工。基本用工的计算公式为式(4-1)。

$$基本用工=综合工序用工+加工用工+扩大用工 \tag{4-1}$$

(2) 其他用工：通常包括超运距用工和辅助用工。超运距用工是指劳动定额中已包括的材料、半成品场内水平搬运距离与预算定额所考虑的材料、半成品堆放地点到操作地点的水平运输距离之差。计算公式为式(4-2)和式(4-3)。

$$超运距=预算定额取定运距-劳动定额已包括运距 \tag{4-2}$$
$$超运距用工=\sum 超运距材料数量 \times 超运距劳动定额用工量 \tag{4-3}$$

辅助用工是指在劳动定额中不包括，而在预算定额内又必须考虑的用工，计算公式为式(4-4)。例如，机械土石方工程的配合用工，材料加工用工。

$$辅助用工=\sum 材料加工数量×加工劳动定额用工量 \quad (4-4)$$

(3) 劳动定额与预算定额的幅度差：劳动定额与预算定额的差额，主要是指在劳动定额中未包括而在正常施工情况下不可避免但又很难准确计量的用工和各种工时损失，具体包括以下内容的用工。

① 各工种间的工序搭接及交叉作业互相配合或影响所发生的停歇用工。

② 施工机械在单位之间转移及临时水电线路移动造成的停工。

③ 质量检查和隐蔽工程验收工作影响的用工。

④ 班组操作地点转移的用工。

⑤ 工序交接时对前一工序不可避免的修整用工。

⑥ 施工中不可避免的其他零星用工，人工幅度差的计算公式为(4-5)。

$$人工幅度差=(基本用工+超运距用工)×人工幅度差系数 \quad (4-5)$$

人工幅度差系数一般为 10%～15%。

定额人工工日不分工种、技术等级最终一律以综合工日表示。

机械土石方、桩基础、构件运输及安装工程，人工随机械产量计算的，人工幅度差按机械幅度差取定。

综上所述，预算定额中人工消耗量计算公式为(4-6)。

$$人工工日消耗量=基本用工+其他用工+人工幅度差 \quad (4-6)$$

2. 预算定额中材料消耗量的计算

预算定额中材料消耗包括原材料、辅助材料、构配件、零件、半成品或成品、工程设备等，凡能计算的原材料、成品、半成品、工程设备等材料均按合格品种、规格逐一列入数量，并计入相应损耗，即定额消耗量包括材料净用量和材料损耗量，其内容和范围包括从工地仓库、现场集中堆放地点或现场加工地点至操作或安装地点的运输损耗、施工操作损耗、施工现场堆放损耗。

施工措施性消耗即周转性材料，按不同施工方法、不同材质，按施工及验收规范、安全操作规程的要求，以摊销量作为定额消耗量。

综上所述，预算定额中材料消耗量相关计算公式为式(4-7)～(4-10)。

$$材料消耗量=材料净用量+材料损耗量 \quad (4-7)$$
$$材料损耗量=材料净用量×损耗率\% \quad (4-8)$$
$$材料损耗率=材料损耗量/材料净用量×100\% \quad (4-9)$$
$$材料消耗量=材料净用量×(1+损耗率\%) \quad (4-10)$$

应用案例 4-5

材料消耗量计算示例

$1m^3$ 一砖厚单面清水砖墙材料消耗量计算如下(数据来源 2015 年《房屋建筑与装饰工程消耗量定额》中砖砌体部分)。

1. 基本数据取定

(1) 理论计算 $1m^3$ 标准砖一砖外墙砌体用砖 529 块，砂浆 $0.226m^3$。

(2) 内墙按理论计算(不考虑增减因素)，外墙凸出墙面砖线条 0.36%，增加砖用量 0.36%。

(3) 内墙按 52.3%，外墙按 47.7%。

(4) 砖损耗率按 2%取定，砂浆按 1%取定。

2. 净用量计算

标准砖=529×[1×52.3%+(1+0.36%)×47.7%]=529(块)

砂浆=0.226×[1×52.3%+(1+0.36%)×47.7%]=0.226(m^3)

3. 定额消耗量计算

标准砖=529×(1+2%)=539(块)

砂浆=0.226×(1+1%)=0.228(m^3)

3. 预算定额中机械台班消耗量计算

预算定额中的机械台班消耗量是指在正常施工条件下，生产单位合格产品必须消耗的某类某种施工机械的台班数量。根据分项工程所规定的工作内容，包括所综合的各个工序劳动定额的台班消耗量以及劳动定额与消耗量定额的机械台班幅度差两个部分。每台班按一台机械工作 8 小时计算。

(1) 综合工序机械台班：按综合取定的所有工作内容的工程量，根据劳动定额中各种机械施工项目所规定的台班产量计算。计算公式为式(4-11)。

综合工序机械台班=$\sum$综合取定的各工序工程量×劳动定额台班量　　　　(4-11)

(2) 机械台班幅度差：即预算定额与劳动定额的差额，内容包括如下几个方面。

① 正常施工组织条件下不可避免的机械空转时间。

② 施工技术原因的中断及合理停置时间。

③ 因供水供电故障及水电线路移动检修而发生的运转中断时间。

④ 因气候变化或机械本身故障而影响工时利用时间。

⑤ 施工机械转移及配套机械互相影响的损失时间。

⑥ 配合机械施工的工人因与其他工种交叉造成的间歇时间。

⑦ 因检查工程质量造成的机械停歇时间。

⑧ 工程收尾和工作量不饱满造成机械的间歇时间等，其计算公式为式(4-12)。

机械台班幅度差=综合工序机械台班×机械幅度差系数　　　　(4-12)

大型机械幅度差系数为土方机械 25%，打桩机械 33%，吊装机械 30%。按操作小组配用机械，如砂浆、混凝土搅拌机，以小组产量计算机械台班产量，不另增加机械幅度差台班。小型机械台班消耗量直接以"机械费"列入预算定额或以"其他机械费"表示，不列台班数量。

综上所述，预算定额中机械消耗量计算公式为式(4-13)。

机械耗用台班=综合工序机械台班+机械台班幅度差

=综合工序机械台班×(1+机械幅度差系数)　　　　(4-13)

 应用案例4-6

机械消耗量计算示例

已知某挖土机挖土，一次正常循环工作时间是40s，每次循环平均挖土量0.3 m³，机械时间利用系数为0.8，机械幅度差系数为25%。求该机械挖土方1000 m³的预算定额机械耗用台班量。

解：机械纯工作1h循环次数=3 600/40=90(次/台时)

机械纯工作1h正常生产率=90×0.3=27(m³/台时)

施工机械台班产量定额=27×8×0.8=172.8(m³/台班)

施工机械台班时间定额=1/172.8=0.00579(台班/m³)

预算定额机械耗用台班=0.00579×(1+25%)=0.00723(台班/m³)

挖土方1 000 m³的预算定额机械耗用台班量=1000×0.00723=7.23(台班)

根据以上预算定额人工、材料和机械消耗量指标的完整计算过程，可以看出预算定额消耗量是以劳动定额以及各种统计分析结果为依据，反映普遍的设计和施工情况。定额消耗量确定，遵照了分项工程工作内容的规定。

特别提示

应用预算定额计算工程造价时，应注意实际工程情况与定额规定之间的差异。

4.3.5 预算定额人、材、机具费用的组成

建筑安装工程费按照费用构成要素划分，由人工费、材料(包含工程设备，下同)费、施工机具使用费、企业管理费、利润、规费和税金组成。

1. 人工费的形成

人工费是指按工资总额构成规定，支付给从事建筑安装工程施工的生产工人和附属生产单位工人的各项费用，其计算公式为式(4-14)。

$$人工费=\sum(工日消耗量×日工资单价) \tag{4-14}$$

日工资单价是指施工企业平均技术熟练程度的生产工人在每工作日(国家法定工作时间内)按规定从事施工作业应得的日工资总额，合理确定日工资单价是正确计算人工费和工程造价的前提和基础，其内容包括如下几个方面。

(1) 计时工资或计件工资：是指按计时工资标准和工作时间或对已做工作按计件单价支付给个人的劳动报酬。

(2) 奖金：是指对超额劳动和增收节支支付给个人的劳动报酬，如节约奖、劳动竞赛奖等。

(3) 津贴补贴：是指为了补偿职工特殊或额外的劳动消耗和因其他特殊原因支付给个人的津贴，以及为了保证职工工资水平不受物价影响支付给个人的物价补贴，如流动施工津贴、特殊地区施工津贴、高温(寒)作业临时津贴、高空津贴等。

(4) 加班加点工资：是指按规定支付的在法定节假日工作的加班工资和在法定日工作

时间外延时工作的加点工资。

(5) 特殊情况下支付的工资：是指根据国家法律、法规和政策规定，因病、工伤、产假、计划生育假、婚丧假、事假、探亲假、定期休假、停工学习、执行国家或社会义务等原因按计时工资标准或计时工资标准的一定比例支付的工资。

 **特别提示**

工程造价管理机构确定日工资单价应通过市场调查、根据工程项目的技术要求，参考实物工程量人工单价综合分析确定，最低日工资单价不得低于工程所在地人力资源和社会保障部门所发布的最低工资标准的：普工 1.3 倍、一般技工 2 倍、高级技工 3 倍。

工程计价定额不可只列一个综合工日单价，应根据工程项目技术要求和工种差别适当划分多种日人工单价，确保各分部工程人工费的合理构成。为适应在建设工程领域广泛采用劳务分包的做法，各级建设行政主管部门组织工程造价管理机构定期发布建筑工程实物工程量与建筑工种人工成本信息，引导建筑劳务合同双方合理确定建筑工人工资水平。

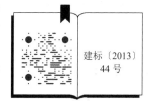
建标〔2013〕44 号

人工费的计算参考《建筑安装工程费用项目组成》(建标〔2013〕44 号)。

2. 材料费的形成

材料费是指施工过程中耗费的原材料、辅助材料、构配件、零件、半成品或成品、工程设备的费用，其计算公式为式(4-15)。

$$材料费=\sum(材料消耗量×材料单价) \tag{4-15}$$

材料单价指材料由来源地或交货地点，到达工地仓库或指定堆放地点后的出库价格，当采用一般计税方法时，材料单价需扣除增值税进项税额。

材料单价的内容包括如下几个方面。

(1) 材料原价：是指材料、工程设备的出厂价格或商家供应价格。

(2) 运杂费：是指材料、工程设备自来源地运至工地仓库或指定堆放地点所发生的全部费用。

(3) 运输损耗费：是指材料在运输装卸过程中不可避免的损耗。

(4) 采购及保管费：是指为组织采购、供应和保管材料、工程设备的过程中所需要的各项费用。包括采购费、仓储费、工地保管费、仓储损耗。

材料单价的计算公式为式(4-16)

$$材料单价=(材料原价+运杂费)×[1+运输损耗率(\%)]×[1+采购保管费率(\%)] \tag{4-16}$$

 **特别提示**

在《中华人民共和国房屋建筑和市政工程标准施工招标文件》中提出，材料价格是指到达现场指定地点的落地价格，即包括采购、包装、运输、装卸、堆放等到达施工现场指定堆放地点或之前的全部费用。

工程设备是指构成或计划构成永久工程一部分的机电设备、金属结构设备、仪器装置及其他类似的设备和装置，其费用计算为式(4-17)和式(4-18)。

$$工程设备费=\sum(工程设备量\times工程设备单价) \qquad (4\text{-}17)$$

$$工程设备单价=(设备原价+运杂费)\times[1+采购保管费率(\%)] \qquad (4\text{-}18)$$

 **特别提示**

如招标文件或合同约定按照工程造价管理机构发布的市场指导价格或另行协商的价格调整材料单价，可直接在定额子目中换算材料价格或统一将材料价差计入计价程序的差价栏内。

材料费的计算参考《建筑安装工程费用项目组成》(建标〔2013〕44号)。

3. 施工机具使用费的形成

施工机具使用费是指施工作业所发生的施工机械、仪器仪表使用费(或租赁费)。

1) 施工机械使用费。施工机械使用费以施工机械台班耗用量乘以施工机械台班单价表示，其计算公式为式(4-19)。

$$施工机械使用费=\sum(施工机械台班消耗量\times施工机械台班单价) \qquad (4\text{-}19)$$

施工机械台班单价应由下列7项费用组成。

(1) 折旧费：指施工机械在规定的耐用总台班内，陆续收回其原值的费用。

(2) 检修费：指施工机械按规定的检修间隔进行必要的检修，以恢复其正常功能所需的费用。

(3) 维护费：指施工机械除检修以外的各级保养和临时故障排除所需的费用。包括为保障机械正常运转所需替换设备与随机配备工具附具的摊销和维护费用，机械运转中日常保养所需润滑与擦拭的材料费用及机械停滞期间的维护和保养费用等。

(4) 安拆费及场外运费：安拆费指施工机械(大型机械除外)在现场进行安装与拆卸所需的人工、材料、机械和试运转费用以及机械辅助设施的折旧、搭设、拆除等费用；场外运费指施工机械整体或分体自停放地点运至施工现场或由一施工地点运至另一施工地点的运输、装卸、辅助材料及架线等费用。

(5) 人工费：指机上司机(司炉)和其他操作人员的人工费。

(6) 燃料动力费：指施工机械在运转作业中所消耗的各种燃料及水、电等。

(7) 其他费用：指施工机械按照国家规定应缴纳的车船使用税、保险费及年检费等。

2) 仪器仪表使用费。仪器仪表使用费是指工程施工所需使用的仪器仪表的摊销及维修费用，以施工仪器仪表耗用量乘以仪器仪表台班单价表示。仪器仪表台班单价通常由折旧费、维护费、校验费和动力费等组成，不包括检测软件的相关费用。

当一般纳税人采用一般计税方法时，施工机械台班单价和仪器仪表台班单价中的相关子项需扣除增值税进项税额。

 特别提示

施工企业可以参考工程造价管理机构发布的台班单价，自主确定施工机械使用费的报价，如租赁施工机械，公式为：施工机械使用费=$\sum$(施工机械台班消耗量×施工机械台班租赁单价)

施工机具使用费的计算参考《建筑安装工程费用项目组成》(建标〔2013〕44号)。

应用案例 4-7

表4-2为《××省房屋建筑与装饰工程预算定额（2016）》中砌砖基础的定额子目，试分析该子目中人工费、材料费、机械费的构成。

表4-2 砖基础

工作内容：清理基槽坑，调、运、铺砂浆，运、砌砖等。　　　　　　　　　　　　单位：10m³

定额编号			4-1	
项　　目			砖基础	
基　价/元			3981.03	
其中	人　工　费/元		1281.49	
	材　料　费/元		1950.03	
	机械使用费/元		47.38	
	其他措施费/元		52.36	
	安　文　费/元		113.81	
	管　理　费/元		234.59	
	利　　润/元		160.25	
	规　　费/元		141.12	
名　　称	单位	单价	数　量	
综合工日	工日	—	(10.07)	
烧结煤矸石普通砖 240×115×53	千块	287.50	5.262	
干混砌筑砂浆 DM　M10	m³	180.00	2.399	
水	m³	5.13	1.050	
干混砂浆罐式搅拌　公称储量(L)20000	m³	197.40	0.240	

解：定额基价=人工费+材料费+机械使用费＋其他措施费＋安文费＋管理费＋利润＋规费

即　(4-1)　3 981.03= 1 281.49+1 950.03+47.38+52.36+113.81+234.59+160.25 +141.12

其中：

人工费=∑(工日消耗量×日工资单价)=2.309×87.1+6.45×134+1.075×201=1281.49 元

材料费=∑(材料消耗量×材料单价)=5.262×287.5+2.399×180.00+1.05×5.13=1950.03 元

机械费=∑(机械台班用量×相应预算单价)= 0.240×197.40 = 47.38 元

4.3.6　预算定额基价的组成

预算定额基价就是预算定额分项工程或结构构件的单价，包括人工费、材料费和施工机具使用费，也称工料单价(详见第 5 章内容)。简单说就是工、料、机具的消耗量和工、料、机具单价的结合过程。如果在单位价格中考虑人工费、材料费、机具费以外的其他费用，则构成的是综合单价或全费用单价。

预算定额基价是根据现行的定额和当地的价格水平编制的，具有相对的稳定性。但是为了适应市场价格的变动，在编制预算时，必须根据工程造价管理部门发布的调价文件对固定的工程预算单价进行修正。修正后的工程单价乘以根据图纸计算出来的工程量，就可以获得符合实际市场情况的相关费用。

4.4 概算定额与概算指标

按照建设项目管理程序，项目设计阶段应编制设计概算，设计概算指在初步设计阶段根据设计要求对工程造价进行的概略计算。设计概算是初步设计文件的重要组成部分，是在投资估算的控制下由设计单位根据初步设计图纸及说明，利用国家或地区颁发的概算定额、概算指标、设备材料预算价格和费用定额及地方当时具体规定等按照设计要求，概略地计算建设项目造价的文件。概算定额、概算指标是编制项目设计阶段概算的依据。

4.4.1 概算定额

1. 概算定额的概念

概算定额，是指在正常的施工生产条件下，完成一定计量单位的工程建设产品(扩大结构构件或扩大分项工程)所需要的人工、材料、机械消耗数量和费用的标准。

概算定额是预算定额的综合与扩大。它将预算定额中有联系的若干个分项工程项目综合为一个概算定额项目。例如，砖基础概算定额项目，就是以砖基础为主，综合了平整场地、挖地槽、垫层、砌砖基础、铺设防潮层、回填土及运土等预算定额中分项工程项目。它与预算定额相比，相同之处在于，它们都是以建(构)筑物各个结构部分和分部分项工程为单位表示的，内容包括人工、材料和机械台班使用量定额 3 个基本部分，并列有基准价。概算定额表达的主要内容、方式及基本使用方法都与预算定额相近。不同之处在于，项目划分和综合扩大程度上的差异，概算定额的项目划分要综合，使概算工程量的计算和概算书的编制都比预算简化了很多，但精确度相对降低了。

2. 概算定额的主要作用

(1) 是扩大初步设计阶段编制设计概算和技术设计阶段编制修正概算的依据。

(2) 是对设计项目进行技术经济分析和比较的基础资料之一。

(3) 是编制建设项目主要材料计划的参考依据。

(4) 是编制概算指标的依据。

(5) 是编制概算阶段招标标底和投标报价的依据。

 特别提示

用概算定额编制概算需各项数据较齐全，结果较准确；设计图纸要能满足工程量计算的需要；因计算工作量较大，时间花费要长一些。

3. 概算定额的编制原则

(1) 概算定额的编制深度要适应设计的要求。概算定额是初步设计阶段计算工程造价的依据，在保证设计概算质量的前提下，概算定额的项目划分应简明和便于计算。要求计算简单和项目齐全，但它只能综合，而不能漏项。在保证一定准确性的前提下，以主体结构分部工程为主，合并相关联的子项。

(2) 概算定额在综合过程中，应使概算定额与预算定额之间产生一定的允许幅度差，一般控制在5%以内，这样才能使设计概算起到控制施工图预算的作用。

4. 概算定额的内容

概算定额的内容与预算定额基本相同。表 4-3 是某地区的概算定额项目表的具体内容。

表 4-3 某地区基础土方概算定额项目表

定额编号			GJ-1-12	
项目			人工挖、人力车运一般土方(运距≤100m)	
基价/元			1262.74	
其中	人工费/元		1219.80	
	材料费/元		2.06	
	机械费/元		40.88	
名称		单位	单价	数量
人工	综合工日(土建)	工日	95.00	12.84
材料	灰土	m³	—	(13.6500)
	钢钎φ22～φ25	kg	3.88	0.2508
	中砂	m³	97.09	0.0077
	烧结煤矸石普通砖 240×115×53mm	千块	368.93	0.0009
	水	m³	4.27	0.0015
机械	轻便钎探器	台班	179.71	0.0246
	电动夯实机 250N·m	台班	27.97	1.3036

4.4.2 概算指标

1. 概算指标的概念

概算指标以统计指标的形式反映工程建设过程中生产单位合格的建设产品所需资源消

耗量的水平。它是以单位工程为对象，以"m²""m³"或"座"等为计量单位，规定了人工、材料、机械台班的消耗量标准和造价指标。

从上述概念中可以看出，概算指标与概算定额的不同之处在于，确定各种消耗量指标的对象不同，概算定额是以单位扩大分项工程或单位扩大结构构件为对象，而概算指标则是以单位工程为对象，所以概算指标比概算定额更加综合与扩大；其次确定各种消耗量指标的依据不同，概算定额以现行的预算定额为基础，通过综合确定出各种消耗量指标，而概算指标中各种消耗量指标的确定主要来自各种预算或结算资料。

概算指标和概算定额、预算定额一样，都是与各个设计阶段相适应的多次性计价的产物，它主要用于设计阶段。

2．概算指标的主要作用

(1) 概算指标是基本建设管理部门编制投资估算和编制基本建设计划，估算主要材料用量计划的依据。

(2) 概算指标是设计单位编制初步设计概算、选择设计方案的依据。

(3) 概算指标是考核基本建设投资效果的依据。

特别提示

首先，用概算指标编制概算需选用与所编概算工程相近的设计概算指标；其次，对所需要的设计图纸要求不高，只需满足符合结构特征、计算建筑面积的需要即可；最后，用概算指标编制概算不如用概算定额编制概算所提供的数据那么准确和全面，但编制速度较快。

3．概算指标的编制原则

(1) 按平均水平确定概算指标的原则。概算指标必须遵照价值规律的客观要求，贯彻平均水平的编制原则，才能使概算指标合理确定和控制工程造价的作用得到充分发挥。

(2) 概算指标的内容和表现形式要贯彻简明适用的原则。概算指标从形式到内容应简明易懂，能在较大范围内满足不同用途的需要。

(3) 概算指标的编制依据必须具有代表性。编制概算指标所依据的工程设计资料是有代表性的，技术上先进的、经济上合理的。

4．概算指标的表现形式

按具体内容和表示方法的不同，概算指标一般有综合指标和单项指标两种形式。

(1) 综合指标是以一种类型的建筑物或构筑物为研究对象，以建筑物或构筑物的体积或面积为计量单位，综合了该类型范围内各种规格的单位工程的造价和消耗量指标而形成的，它反映的不是具体工程的指标，而是一类工程的综合指标，是一种概括性较强的指标，见表4-4。

表 4-4　各类结构工业厂房每 100m² 建筑面积主要材料消耗参考指标

序号	名称	单位	单层工业厂房	多层厂房		钢结构混凝土
				框架 3～5 层	砖混 2～4 层	
1	水泥	t	17～22	22～26	15～20	57～62
2	钢筋	t	2～2.5	3～5	2～3.6	11.5～12.5
3	型钢(含铁件)	t	0.4～1	0.1～0.2	0.1～0.15	19.5～20.5
4	板方材	m³	0.6～1	0.8～1.2	2～2.4	30～32
5	红机砖	千块	20～25	10～20	16～24	2.2～2.4
6	石灰	t	2～2.5	1.5～2	1.6～2.6	
7	砂子	t	40～70	50～80	60～72	170～175
8	石子	t	60～100	70～80	40～50	260～265
9	玻璃	m²	28～30	22～26	24～30	

注：抗震烈度为 7 度。

(2) 单项指标则是一种以典型的建筑物或构筑物为分析对象的概算指标，仅仅反映某一具体工程的消耗情况，见表 4-5。

表 4-5　某 12 层框架结构办公楼技术经济明细指标

项目名称	办公楼			每平方米主要材料及其他指标	水泥		292
檐高/m	46.9	建筑占地面积/m²	2 455		钢材	kg/m²	79
层数/m	12	总建筑面积/m²	14 800		模板	kg/m²	5.20
层高/m	3.6	其中：地上面积/m²	1 595		原木	m³/m²	0.029
开间/m	7	地下面积/m²		混凝土折厚	地上	cm/m²	30
进深/m	6	总造价/万元	1 595		地下	cm/m²	9
间	132	单位造价/(元/m²)	1 078		桩基	cm/m²	102
工程特征	框架结构，独立桩基，桩基(0.4m×0.4m×17m×262 根)，古铜色铝合金茶色玻璃门窗，外墙石屑砂浆面层，局部泰山面砖，内墙乳胶漆，彩色水磨石地面						
设备选型	2 件卫生洁具，局部窗式空调器，400 门自动电话交换机 1 套，3 台 1t 全自动电梯						

项目名称	总值/元	占分部造价%	占总造价%	技术经济指标			
				单位	数量	单价 1	单价 2	单价 3
土建	6 290 330	100	70.2	m²	14 800	425	823	1 440
地上部分	5 145 700	81.8		m²	14 800	348	674	1 180
打桩	1 144 640	18.2		m²	14 800	78	144	252
设备	2 469 710	100	27.6	m¹	14 800	167	242	424
给排水	209 510	8.5		m²	14 800	14	20	35
照明、防雷	284 880	11.5		m²	14 800	19	28	49

续表

项目名称	总值/元	占分部造价%	占总造价%	技术经济指标				
				单位	数量	单价1	单价2	单价3
电力	38 790	1.6		kW	273	142	206	361
空调	190 160	7.7		m²	14 800	13	19	33
弱电	1 359 360	55.0		m²	14 800	91	132	231
动力	9 940	0.4		m²	14 800	0.63	0.91	2
冷冻设备	53 780	2.2		kcal	184 000	0.29	0.42	0.74
电梯	323 210	13.1		台	3	107 360	155 672	272 426
其他费用	194 750		2.2	m²	14 800	13	13	23
合计	8 954 790		100	m²	14 800	605	1078	1 887

特别提示

在实际工作中，用概算指标编制概算时往往选不到工程特征和结构特征完全相同的概算指标，遇到这种情况时可采取调整的方法修正这些差别，如下例所示。

应用案例4-8

拟建工程建筑面积 3 500 m²，按图算出一砖外墙 632.51 m²，塑钢窗 250 m²。原概算指标每 100 m² 建筑面积一砖半外墙 25.71 m²，钢窗 15.36 m²，每平方米概算造价 723.76 元。求修正后的单方造价和概算造价，见表4-6。

表4-6　建筑工程概算指标修正表(每 100 m² 建筑面积)

序号	定额编号	项目名称	单位	工程量	基价/元	合价/元	备注
1		换入部分					
1.1	2-78	混合砂浆砌 1 砖外墙	m²	18.07	123.76	2 236.34	632.51×(100÷3 500)=18.07(m²)
1.2	4-68	塑钢窗	m²	7.14	174.52	1 246.07	250×(100÷3 500)=7.14(m²)
1.3		小计				3 482.41	
2		换出部分					
2.1	2-79	混合砂浆砌 1 砖半外墙	m²	25.71	117.31	3 016.04	
2.2	4-90	单层钢窗	m²	15.36	120.16	1 845.66	
2.3		小计				4 861.70	

每平方米建筑面积概算造价修正指标=723.76+(3 482.41÷100)−(4 861.70÷100)=709.97(元/m²)

拟建工程概算造价=3 500×709.97=2 484 895(元)

4.5 估 算 指 标

4.5.1 估算指标的概念

依据工程建设程序，工程造价的合理确定分为 7 个阶段，这 7 个阶段分别对应着工程造价的不同表现形式。按照建设项目管理程序，项目决策阶段(包括项目建议书、预可行性研究、可行性研究等)应编制投资估算，投资估算是这些文件的重要组成部分。

估算指标是编制建设项目建议书、可行性研究报告等前期工作阶段投资估算的依据，它在固定资产的形成过程中起着投资预测、投资控制、投资效益分析的作用，是合理确定项目投资的基础。估算指标中的主要材料消耗量也是一种扩大材料消耗量的指标，可以作为计算建设项目主要材料消耗量的基础。估算指标的正确制定对于提高投资估算的准确度，对建设项目的合理评估正确决策具有重要意义。

4.5.2 投资估算指标的内容

投资估算指标是确定和控制建设项目全过程各项投资支出的技术经济指标，其范围涉及建设前期、建设实施期和竣工验收交付使用期等各个阶段的费用支出，内容因行业不同各异，一般可分为建设项目综合指标、单项工程指标和单位工程指标 3 个层次。

1．建设项目综合指标

建设项目综合指标指按规定应列入建设项目总投资的从立项筹建开始至竣工验收交付使用的全部投资额，包括单项工程投资、工程建设其他费用和预备费等。

建设项目综合指标一般以项目的综合生产能力单位投资表示，如元/t、元/kW；或以使用功能表示，如医院床位：元/床等。

2．单项工程指标

单项工程指标指按规定应列入能独立发挥生产能力或使用效益的单项工程内的全部投资额，包括建筑工程费、安装工程费、设备及生产器具购置费和其他费用。

单项工程指标一般以单项工程生产能力单位投资表示，如变配电站：元/(kV·A)；锅炉房：元/蒸汽吨；供水站：元/立方米；办公室、仓库、宿舍、住宅等房屋则区别不同结构形式，以元/平方米表示。

3．单位工程指标

单位工程指标主要以单位建筑或安装工程为估算对象，对各类建筑物以建筑面积、建筑体积或万元造价为计量单位，对构筑物以座为计量单位，对安装工程以台、套等为计量单位所整理的造价和人工、主要材料用量等的指标。

4.5.3 投资估算指标的编制方法

投资估算指标的编制工作，涉及建设项目的产品规模、产品方案、工艺流程、设备选型、工程设计和技术经济等各个方面。既要考虑到现阶段技术状况，又要展望近期技术发展趋势和设计动向，从而可以指导以后建设项目的实践。编制一般分为 3 个阶段进行。

1. 收集整理资料阶段

收集整理已建成或正在建设的、符合现行技术政策和技术发展方向、有可能重复采用的、有代表性的工程设计施工图、标准设计以及相应的竣工决算或施工图预算资料等。将整理后的数据资料按项目划分栏目加以归类，按照编制年度的现行定额、费用标准和价格，调整成编制年度的造价水平及相互比例。

2. 平衡调整阶段

由于调查收集的资料来源不同，虽然经过一定的分析整理，但难免会由于设计方案、建设条件和建设时间上的差异带来的某些影响，使数据失准或漏项等。必须对有关资料进行综合平衡调整。

3. 测算审查阶段

测算审查是将新编的指标和选定工程的概预算，在同一价格条件下进行比较，检验其"量差"的偏离程度是否在允许偏差的范围以内，如偏差过大，则要查找原因，进行修正，以保证指标的确切、实用。由于投资估算指标的计算工作量非常大，在现阶段计算机已经广泛普及的条件下，应尽可能应用电子计算机进行投资估算指标的编制工作。

4.6 工 期 定 额

4.6.1 工期定额的概念

工期是指从正式开工，至完成建筑安装工程全部设计内容，并达到国家验收标准之日止的全过程所需的日历天数。

我国建筑安装工程工期定额是依据国家建筑安装工程质量检验评定标准、施工及验收规范等有关规定，按正常施工条件、合理的劳动组织，以施工企业技术装备和管理的平均水平为基础，结合各地区工期定额执行情况，在广泛调查研究的基础上修编而成。

工期定额指在一定的经济和社会条件下，在一定时期内由建设行政主管部门制定并发布的项目建设所消耗的时间标准。工期定额体现了合理建设工期，反映的是在平均建设管理水平、施工装备水平和正常的建设条件下的工期，对确定建设工期有指导意义。

　　合同工期指由承发包双方根据建设项目的具体情况，经过招投标或协商一致后，在合同中确认的工期。合同一经签订，合同工期对双方当事人都有约束力。

　　大多数情况下，合同工期明显较定额工期短，这主要是因为建设单位在招标中是要择优选择承包商的，其时间消耗应比社会平均水平要低。当然，合同工期短也可能是建设单位盲目压缩工期，施工单位在迫于压力的情况下不得不采取非正常的措施以期中标，中标后为赶工期投入大量资源，而在经济上得不到补偿，于是出现了一些工程仓促完工，产生质量和工期方面的许多争议。

4.6.2　工期定额的构成

　　建筑安装工程工期定额主要包括民用建筑、一般通用工业建筑和专业工程施工的工期标准，除定额另有说明外，均指单项工程工期。单项工程工期是指单项工程从基础破土开工(或原桩位打基础桩)起至完成建筑安装工程施工全部内容，并达到国家验收标准之日止的全过程所需的日历天数。表 4-7 是《全国统一建筑安装工程工期定额》定额项目示例。

表 4-7　±0.00 以下工程(无地下室工程)

编　号	基础类型	建筑面积 /m²	工 期 天 数		
			I 类	II 类	III 类
1-1	带形基础	500 以内	30	35	40
1-2		1 000 以内	36	41	46
1-3		2 000 以内	42	47	52
1-4		3 000 以内	49	54	59
1-5		4 000 以内	64	69	74
1-6		5 000 以内	71	76	81
1-7		10 000 以内	90	95	100
1-8		10 000 以外	105	110	115
1-9	筏板基础、满堂基础	500 以内	40	45	50
1-10		1 000 以内	45	50	55
1-11		2 000 以内	51	56	61
1-12		3 000 以内	58	63	68
1-13		4 000 以内	72	77	82
1-14		5 000 以内	76	81	86
1-15		10 000 以内	105	110	115
1-16		10 000 以外	130	135	140

续表

编　号	基础类型	建筑面积/m²	工　期　天　数		
			Ⅰ类	Ⅱ类	Ⅲ类
1-17	框架基础、独立柱基	500 以内	20	25	30
1-18		1 000 以内	29	34	39
1-19		2 000 以内	39	44	49
1-20		3 000 以内	50	55	60
1-21		4 000 以内	59	64	69
1-22		5 000 以内	63	68	73
1-23		10 000 以内	81	86	91
1-24		10 000 以外	100	105	110

1．工期定额的地区类别划分

由于我国幅员辽阔，各地气候条件差别较大，故将全国划分为Ⅰ、Ⅱ、Ⅲ类地区，分别制定工期定额。

Ⅰ类地区：上海、江苏、浙江、安徽、福建、江西、湖北、湖南、广东、广西、四川、贵州、云南、重庆、海南。Ⅰ类地区是指省会所在地最近十年，年平均气温在15℃以上，最冷月份平均气温0℃以上，全年日平均气温等于(或小于)5℃的天数在90天以上的地区。

Ⅱ类地区：北京、天津、河北、山西、山东、河南、陕西、甘肃、宁夏。Ⅱ类地区是指省会所在地最近十年，年平均气温在8～15℃，最冷月份平均气温-10～0℃，全年日平均气温等于(或小于)5℃的天数在90～150天的地区。

Ⅲ类地区：内蒙古、辽宁、吉林、黑龙江、西藏、青海、新疆。Ⅲ类地区是指省会所在地最近十年，年平均气温在8℃以上，最冷月份平均气温-10℃以上，全年日平均气温等于(或小于)5℃的天数在150天以上的地区。

同一省、自治区内由于气候条件不同，也可按工期定额地区类别划分原则，由省、自治区建设行政主管部门在本区域内再划分类区，报住房和城乡建设部批准后执行。

2．工期定额的项目划分

(1) 单项工程按建筑物用途、结构类型、建筑面积、层数划分等划分。

(2) 专业工程按专业施工项目、用途、安装设备的规格、能力、工程量等划分。

表 4-8 是《全国统一建筑安装工程工期定额》住宅工程，现浇剪力墙结构，±0.00 以上工程区分不同层数、建筑面积和Ⅰ、Ⅱ、Ⅲ类地区类别的定额项目示例。

表 4-8　现浇剪力墙结构(±0.00 以上工程)

编号	层数/层	建筑面积/m²	工期/天		
			Ⅰ类	Ⅱ类	Ⅲ类
1-90	3 以下	1 000 以内	105	120	135
1-91		2 000 以内	120	135	150
1-92		4 000 以内	135	150	165

续表

编号	层数/层	建筑面积/m²	工期/天		
			Ⅰ类	Ⅱ类	Ⅲ类
1-93	3 以下	6 000 以内	150	165	180
1-94		6 000 以外	170	185	205
1-95	6 以下	3 000 以内	155	170	185
1-96		6 000 以内	170	185	200
1-97		8 000 以内	185	200	220
1-98		10 000 以内	200	215	235
1-99		10 000 以外	220	235	255
1-100	8 以下	5 000 以内	195	210	230
1-101		8 000 以内	205	220	240
1-102		10 000 以内	220	235	255
1-103		15 000 以内	240	255	275
1-104		15 000 以外	260	275	300
1-105	10 以下	8 000 以内	225	240	260
1-106		10 000 以内	240	255	275
1-107		15 000 以内	265	280	305
1-108		15 000 以外	300	315	340
1-109	12 以下	10 000 以内	255	275	295
1-110		15 000 以内	275	295	320
1-111		20 000 以内	295	315	340
1-112		20 000 以外	345	365	390
1-113	16 以下	15 000 以内	305	325	350
1-114		20 000 以内	325	345	370
1-115		25 000 以内	345	365	390
1-116		30 000 以内	375	395	425
1-117		30 000 以外	410	430	460
1-118	20 以下	20 000 以内	360	380	410
1-119		25 000 以内	385	405	435
1-120		30 000 以内	410	430	460
1-121		35 000 以内	435	455	485
1-122		40 000 以内	460	480	515
1-123		40 000 以外	485	505	540

4.6.3 工期定额的有关规定

(1) 地基与基础处理。基础施工较为复杂，工期定额将±0.00以下工程以及有无地下室情况作了专门的考虑。基础施工遇到障碍物或古墓、文物、流沙、溶洞、暗滨、淤泥、石方、地下水等需要进行基础处理时，由承发包双方确定增加工期。

(2) 气候条件。定额按各地气候差异划分了Ⅰ、Ⅱ、Ⅲ类地区，应按工程所在地确定地区类别。施工技术规范或设计要求冬季不能施工而造成工程主导工序连续停工，经承发包双方确认后，可顺延工期。

(3) 不可抗力。对不可抗力的因素造成工程停工，经承发包双方确认，可顺延工期。

知识链接

不可抗力是指发承包双方在工程合同签订时不能预见的，对其发生的后果不能避免，并且不能克服的自然灾害和社会性突发事件。自然灾害如地震、洪水、海啸、火灾等；社会性突发事件，如罢工、骚乱等。

(4) 重大设计变更。重大设计变更或发包方原因造成停工，经承发包双方确认后，可顺延工期。因承包方原因造成停工，不得增加工期。

(5) 定额水平调整。工期定额是按各类地区情况综合考虑的，由于各地施工条件不同，允许各地有15%以内的定额水平调整幅度，各省、自治区、直辖市建设行政主管部门可按上述规定，制定实施细则，报建设部备案。

4.6.4 定额的比较

不同的定额其编制原则、性质、对象、定额水平以及作用各不相同，它们之间相互制约，又互为补充，详见表4-9。

表4-9 定额之间的区别与联系

名称	施工定额	预算定额	概算定额	概算指标	投资估算指标
定义	建筑安装工人或工人小组在合理的劳动组和正常的施工条件下，为完成单位质量合格产品所需消耗的人工、材料、机械的数量标准	在正常施工条件下生产一定计量单位质量合格的分项工程或结构构件所消耗的人工工日数、各种材料消耗量和机械台班数	在正常施工条件下生产一定计量单位质量合格的扩大的分项工程或扩大的结构构件所消耗的人工工日数、各种材料消耗量和机械台班数	以统计指标的形式反映工程建设过程中生产单位合格的建设产品所需资源消耗量的水平。以"m²""m³"或"座"等为计量单位，规定了人工、材料、机械台班的消耗量标准和造价指标	投资估算指标是确定和控制建设项目全过程各项投资支出的技术经济指标，一般可分为建设项目综合指标、单项工程指标和单位工程指标3个层次

续表

名称	施工定额	预算定额	概算定额	概算指标	投资估算指标
性质	企业定额、计量定额	计价定额	计价定额	计价定额	计价定额(综合性、概括性)
对象	工序	分项工程、结构构件	扩大的分项工程、扩大的结构构件	单位工程	独立完整的建设项目、单项工程或单位工程
定额项目划分程度	最细	细	较粗	粗	最粗
定额水平	平均先进水平	社会平均水平	社会平均水平	社会平均水平	社会平均水平
编制原则	(1) 平均先进原则 (2) 简明适用原则 (3) 以专家为主编制定额的原则 (4) 时效原则 (5) 独立自主 (6) 保密原则	(1) 社会平均水平原则 (2) 简明适用原则 (3) 坚持统一性和差别性相结合的原则	(1) 社会平均水平原则 (2) 简明适用原则	社会平均水平原则	(1) 实事求是的原则 (2) 从实际出发，深入开展调查研究，掌握第一手资料，不能弄虚作假 (3) 合理利用资源，效益最高的原则
主要作用	(1) 是编制施工预算，加强企业成本管理和经济核算的基础 (2) 是组织和指挥施工生产的有效工具 (3) 是计算工人劳动报酬的依据 (4) 有利于推广先进技术 (5) 企业计划管理的依据 (6) 编制预算定额的基础	(1) 编制施工图预算、确定和控制建筑安装工程造价的基础 (2) 施工企业经济核算、考核成本 (3) 确定人材机消耗量，编制施工组织设计 (4) 编制标底、投标报价的基础 (5) 编制概算定额和概算指标的依据 (6) 建设单位拨付工程价款和进行工程竣工结算的依据	(1) 初步设计阶段编制扩大初步设计概算的依据 (2) 设计方案比选的依据 (3) 编制主要材料需要量的计量基础 (4) 编制概算指标和投资估算指标的依据	(1) 编制初步设计概算的依据 (2) 设计方案比选的依据 (3) 建设单位编制基建计划的依据	(1) 是编制建设项目建议书、可行性研究报告等前提工作阶段投资估算的依据 (2) 编制固定资产长远规划投资额的依据

 特别提示

预算定额不同于施工企业定额，它不是企业内部使用的定额，不具有企业定额的性质。预算定额是一种具有广泛用途的计价定额。因此，须按照价值规律的要求，以社会必要劳

动时间来确定预算定额的定额水平。即以本地区、现阶段、社会正常生产条件及社会平均劳动熟练程度和劳动程度，来确定预算定额水平。这样的定额水平，才能使大多数施工企业经过努力，能够用产品的价格收入来补偿生产中的消费，并取得合理的利润。预算定额是以施工定额为基础编制的。施工企业定额给出的是定额的平均先进水平，所以确定预算定额时，水平相对要降低一些。预算定额考虑的是施工中的一般情况，而施工定额考虑的是施工的特殊情况。预算定额实际考虑的因素比施工定额多，要考虑一个幅度差，幅度差是预算定额与施工定额的重要区别。所谓幅度差，就是在正常施工条件下，定额未包括，而在施工过程中又可能发生而增加的附加额。

特别提示

概算定额与预算定额两者相比，预算定额的工程项目划分的较细，每个项目所包括的工程内容较单一；概算定额的工程项目划分的较粗，每个项目所包括的工程内容较多，也就是把预算定额中的多项工程内容合并到一项之中了。因此，概算定额中的工程项目较预算定额中的项目要少得多，精确度要低。

4.7 工程量清单

随着我国改革开放的进一步加快，中国经济日益融入全球市场，国外的企业以及投资的项目越来越多地进入国内市场，我国企业走出国门海外投资和经营的项目也在增加。为了适应这种对外开放建设市场的形式，就必须与国际通行的计价方法相适应，为建设市场主体创造一个与国际管理接轨的市场竞争环境。工程量清单计价是国际通行的计价办法，在我国实行工程量清单计价，有利于提高国内建设各方主体参与国际化竞争的能力。

根据《中华人民共和国建筑法》《中华人民共和国合同法》《中华人民共和国招标投标法》等法律、法规，按照工程造价管理改革的要求，中华人民共和国住房和城乡建设部于2003 年 2 月 17 日颁布了我国第一部工程量清单计价规范《建设工程工程量清单计价规范》(GB 50500—2003)，针对该规范执行中存在的问题，建设部于 2008 年 7 月 9 日颁布了《建设工程工程量清单计价规范》(GB 50500—2008)，又在 2012 年 12 月 25 日颁布了《建设工程工程量清单计价规范》(GB 50500—2013)(简称《2013 清单规范》)和《房屋建筑与装饰工程工程量计算规范》(GB 50854—2013)等 9 本计量规范(简称《2013 计量规范》)，并于2013 年 7 月 1 日起实施。《2013 清单规范》和《2013 计量规范》的实施，提高了工程量清单计价改革的整体效力，有利于我国工程造价管理职能的转变和规范建筑市场的计价行为，建立公开、公平、公正的市场竞争秩序。

知识链接

"13 规范"贯彻落实了近几年各项工程造价管理制度和政策措施, 深化和完善工程量清单计价制度, 形成了以《建设工程工程量清单计价规范》为母规范, 九大专业工程量计量规范与其配套使用的工程量清单计价体系, 俗称"一母九子"。

一母:《建设工程工程量清单计价规范》　　　　　　编号为 GB 50500—2013
九子:《房屋建筑与装饰工程工程量计算规范》　　　编号为 GB 50854—2013
　　　《仿古建筑工程工程量计算规范》　　　　　　编号为 GB 50855—2013
　　　《通用安装工程工程量计算规范》　　　　　　编号为 GB 50856—2013
　　　《市政工程工程量计算规范》　　　　　　　　编号为 GB 50857—2013
　　　《园林绿化工程工程量计算规范》　　　　　　编号为 GB 50858—2013
　　　《矿山工程工程量计算规范》　　　　　　　　编号为 GB 50859—2013
　　　《构筑物工程工程量计算规范》　　　　　　　编号为 GB 50860—2013
　　　《城市轨道交通工程工程量计算规范》　　　　编号为 GB 50861—2013
　　　《爆破工程工程量计算规范》　　　　　　　　编号为 GB 50862—2013

《建设工程工程量清单计价规范》(GB 50500—2013)包括总则、术语、一般规定、工程量清单编制、招标控制价、投标报价、合同价款约定、工程计量、合同价款调整、合同价款期中支付、竣工结算与支付、合同解除的价款结算与支付、合同价款争议的解决、工程造价鉴定、工程计价资料与档案、工程计价表格及 11 个附录。

2013 清单
计价规范

4.7.1 工程量清单的概念

工程量清单是载明建设工程分部分项工程项目、措施项目和其他项目的名称和相应数量以及规费和税金项目等内容的明细清单。又分为招标工程量清单和已标价工程量清单。招标工程量清单由招标人根据国家标准、招标文件、设计文件, 以及施工现场常规施工方法来编制; 而作为投标文件组成部分的已标明价格并经承包人确认的称为已标价工程量清单。招标工程量清单应由具有编制能力的招标人或受其委托, 具有相应资质的工程造价咨询人编制, 其准确性和完整性由招标人负责。招标工程量清单应以单位(项)工程为单位编制, 由分部分项工程量清单、措施项目清单、其他项目清单、规费项目和税金项目清单组成。

特别提示

使用国有资金投资的建设工程发承包, 必须采用工程量清单计价; 非国有资金投资的建设工程, 宜采用工程量清单计价; 不采用工程量清单计价的建设工程, 应执行计价规范中除工程量清单等专门性规定外的其他规定。

1. 分部分项工程量清单的编制

分部分项工程指按现行国家计量规范对各专业工程划分的项目。如房屋建筑与装饰工程划分的土石方工程、地基处理与桩基工程、砌筑工程、钢筋及钢筋混凝土工程等。

特别提示

各类专业工程的分部分项工程划分见现行国家或行业计量规范。

分部分项工程量清单的编制，首先要实行五统一的原则，即统一项目编码、统一项目名称、统一计量单位、统一特征描述、统一工程量计算规则，在五统一的前提下编制清单项目。分部分项工程量清单应包括项目编码、项目名称、项目特征、计量单位和工程量，见表4-10。

表 4-10　分部分项工程量清单

工程名称：　　　　　　　　　　　标段：　　　　　　　　　　　第　　页　共　　页

序号	项目编码	项目名称	项目特征	计量单位	工程量

(1) 清单项目编码以 12 位阿拉伯数字表示。其中 1、2 位是工程分类码，如房屋建筑与装饰工程为 01，仿古建筑工程为 02，通用安装工程为 03，市政工程为 04，园林绿化工程为 05，矿山工程为 06，构筑物工程为 07，城市轨道交通工程为 08，爆破工程为 09；3、4 位是章顺序码；5、6 位是分部工程(节)顺序码；7、8、9 位是分项工程顺序码；10、11、12 位是清单项目名称顺序码。其中前 9 位是《2013 计量规范》给定的全国统一编码，根据九大专业工程量计量规范的规定设置，后 3 位清单项目名称顺序码由清单编制人区分具体工程的清单项目特征而分别编码，如图 4.1 所示。

```
        从一位至九位为统一编码

    01 01 01 001 001
     │  │  │   │   └── 清单项目名称 顺序码（清单编制人设置，从001开始）
     │  │  │   └────── 分项工程项目名称顺序码　001表示平整场地（第一项）
     │  │  └────────── 分部工程顺序码　01表示土方工程（第一节）
     │  └───────────── 附录分类顺序码　01表示土（石）方工程（第一章）
     └──────────────── 专业工程代码　01表示房屋建筑与装饰工程
```

图 4.1　清单项目编码示例

应用案例 4-9

试说明清单项目编码 010401003001 和 010402001001 的含义，进行对比。

解：

010401003001　　　　　　　　　　　　　　010402001001

01——房屋建筑与装饰工程	01——房屋建筑与装饰工程
04——砌筑工程	04——砌筑工程
01——砖砌体	02——砌块砌体
003——实心砖墙	001——砌块墙
001——实心砖墙的第一个清单项目	001——砌块墙的第一个清单项目

注：最后三位编码若为 002 即第二个清单项目，可区分不同墙厚排序。

(2) 分部分项工程量清单的项目名称应按《2013 计量规范》的项目名称结合拟建工程的实际确定。项目名称原则上以形成工程实体而命名，如梁、柱、墙等。项目名称如有缺项，招标人可按相应的原则进行补充。

(3) 分部分项工程量清单的项目特征是构成分部分项工程量清单项目、措施项目自身价值的本质特征(材质、型号、规格、品牌)。分部分项工程量清单项目特征应按《2013 计量规范》中规定的项目特征，结合拟建工程项目的实际予以描述。对项目的准确描述，是影响价格的因素，是设置具体清单项目的依据。项目特征应按不同的工程部位、施工工艺或材料品种、规格等分别列项描述。

(4) 分部分项工程量清单中所列工程量应按《2013 计量规范》中规定的工程量计算规则计算。

(5) 分部分项工程量清单的计量单位应按《2013 计量规范》中规定的计量单位确定。一般采用基本单位，如以重量计算的项目——吨或千克；以体积计算的项目——立方米，以面积计算的项目——平方米 ；以长度计算的项目——米，以自然计量单位计算的项目——个、套、块、组、台等；没有具体数量的项目——系统、项等。

2. 措施项目清单的编制

措施项目是指为完成建设工程施工，发生于该工程施工前和施工过程中的技术、生活、安全、环境保护等方面的非工程实体项目。内容包括以下几个方面。

1) 安全文明施工费

(1) 环境保护费：是指施工现场为达到环保部门要求所需要的各项费用。

(2) 文明施工费：是指施工现场文明施工所需要的各项费用。

(3) 安全施工费：是指施工现场安全施工所需要的各项费用。

(4) 临时设施费：是指施工企业为进行建设工程施工所必须搭设的生活和生产用的临时建筑物、构筑物和其他临时设施费用，包括临时设施的搭设、维修、拆除、清理费或摊销费等。

2) 夜间施工增加费

夜间施工增加费是指因夜间施工所发生的夜班补助费、夜间施工降效、夜间施工照明设备摊销及照明用电等费用。

3) 二次搬运费

二次搬运费是指因施工场地条件限制而发生的材料、构配件、半成品等一次运输不能到达堆放地点，必须进行二次或多次搬运所发生的费用。

4) 冬雨季施工增加费

冬雨季施工增加费是指在冬季或雨季施工需增加的临时设施、防滑、排除雨雪，人工及施工机械效率降低等费用。

5) 已完工程及设备保护费

已完工程及设备保护费是指竣工验收前，对已完工程及设备采取的必要保护措施所发生的费用。

6) 工程定位复测费

工程定位复测费是指工程施工过程中进行全部施工测量放线和复测工作的费用。

7) 特殊地区施工增加费

特殊地区施工增加费是指工程在沙漠或其边缘地区、高海拔、高寒、原始森林等特殊地区施工增加的费用。

8) 大型机械设备进出场及安拆费

大型机械设备进出场及安拆费是指机械整体或分体自停放场地运至施工现场或由一个施工地点运至另一个施工地点，所发生的机械进出场运输及转移费用及机械在施工现场进行安装、拆卸所需的人工费、材料费、机械费、试运转费和安装所需的辅助设施的费用。

9) 脚手架工程费

脚手架工程费是指施工需要的各种脚手架搭、拆、运输费用以及脚手架购置费的摊销(或租赁)费用。

 特别提示

措施项目及其包含的内容详见各类专业工程的现行国家或行业计量规范。

措施项目清单必须根据相关工程现行国家计量规范的规定编制。相关工程的国家计量规范已将能计算工程量的措施项目采用"单价项目"的方式——分部分项工程项目清单的方式进行编制，即有统一的项目编码、项目名称、项目特征、计量单位和工程量计算规则；对不能计算出工程量的措施项目，则采用"总价项目"的方式，以"项"为计量单位进行编制。

由于工程建设施工的特点和承包人组织施工生产的施工装备水平、施工方案及其管理水平的差异，同一工程、不同承包人组织施工采用的施工措施有时并不完全一致，所以在编制措施项目清单时应根据拟建工程的实际情况列出措施项目。若出现清单计价规范中未列的项目，可根据工程实际情况补充。

 特别提示

措施项目工程量的计算参见《河南省建设工程工程量清单综合单价》。措施项目清单与计价表参见《2013 计量规范》。

3. 其他项目清单的编制

其他项目清单是指除分部分项清单项目和措施项目以外，该工程项目施工中可能发生的其他项目。其他项目清单应按照下列内容列项。

1) 暂列金额

暂列金额是指建设单位在工程量清单中暂定并包括在工程合同价款中的一笔款项。用

于施工合同签订时尚未确定或者不可预见的所需材料、工程设备、服务的采购，施工中可能发生的工程变更、合同约定调整因素出现时的工程价款调整以及发生的索赔、现场签证确认等的费用。

 **特别提示**

有一种错误的观念认为，暂列金额列入合同价格就属于承包人(中标人)所有了。事实上，是否属于中标人应得金额取决于具体的合同约定，只有按照合同约定的程序实际发生后，才能成为中标人的应得金额，纳入合同结算价款中。扣除实际发生金额后的暂列金额余额仍属于招标人所有。

暂列金额应根据工程特点按有关计价规定估算。为保证工程施工建设的顺利实施，应针对施工过程中可能出现的各种不确定因素对工程造价的影响，估算一笔暂列金额。暂列金额可根据工程的复杂程度、设计深度、工程环境条件(包括地质、水文、气候条件等)进行估算，一般可按分部分项工程费和措施项目费的 10%～15% 来计算。

 **特别提示**

暂列金额应由招标人计算填写，投标人应将暂列金额照抄计入投标总价中。

2) 暂估价

暂估价包括材料暂估单价、工程设备暂估单价、专业工程暂估价。暂估价是指招标阶段直至签订合同协议时，招标人在招标文件中提供的用于支付必然发生但暂时不能确定价格的材料以及需另行发包的专业工程金额。专业工程暂估价应是综合暂估价，即包括除规费、税金以外的管理费、利润等。

暂估价中的材料、工程设备暂估单价应根据工程造价信息或参照市场价格估算，并列出明细表；专业工程暂估价应分不同专业，按有关计价规定估算，列出明细表。

 **特别提示**

材料(工程设备)暂估单价表和专业工程暂估价表都由招标人填写，投标人应将材料暂估单价计入工程量清单综合单价报价中，将专业工程暂估价计入投标总价中。

3) 计日工

计日工是指在施工过程中，施工企业完成建设单位提出的施工图纸以外的零星项目或工作所需的费用。计日工以完成零星工作所消耗的人工工时、材料数量、机械台班进行计量，并按照计日工表中填报的单价进行计价支付。计日工应列出项目名称、计量单位和暂估数量。

 **特别提示**

计日工表中的项目名称、数量由招标人填写，投标时，单价由投标人自主报价，计入投标总价中。

计日工适用于合同约定之外的或者因变更而产生的、工程量清单中没有相应项目的额外工作，尤其是那些时间不允许事先商定价格的额外工作。计日工为额外工作和变更的计价提供了一个方便快捷的途径。

4）总承包服务费

总承包服务费是指总承包人为配合、协调建设单位进行的专业工程发包，对建设单位自行采购的材料、工程设备等进行保管；总承包人对发包的专业工程提供协调和配合服务，如分包人使用总包人的脚手架等；以及对施工现场进行统一管理；对竣工资料进行统一汇总整理等发生的服务所需的费用。

总承包服务费应列出服务项目及其内容等，招标人应当预计该项费用并按投标人的投标报价向投标人支付该项费用。

 **特别提示**

其他项目清单与计价汇总表以及其他项目清单明细表参见《2013 计量规范》。

4．规费项目清单的编制

规费是指按国家法律、法规规定，由省级政府和省级有关权力部门规定必须缴纳或计取的费用。包括以下几个方面。

(1) 社会保险费。

① 养老保险费：是指企业按照规定标准为职工缴纳的基本养老保险费。

② 失业保险费：是指企业按照规定标准为职工缴纳的失业保险费。

③ 医疗保险费：是指企业按照规定标准为职工缴纳的基本医疗保险费。

④ 生育保险费：是指企业按照规定标准为职工缴纳的生育保险费。

⑤ 工伤保险费：是指企业按照规定标准为职工缴纳的工伤保险费。

(2) 住房公积金：是指企业按规定标准为职工缴纳的住房公积金。

(3) 工程排污费：是指按规定缴纳的施工现场工程排污费。

增值税
小知识

5．税金项目清单的编制

建筑安装工程费用中的税金是指按照国家税法规定的应计入建筑安装工程造价内的增值税税额，按税前造价乘以增值税税率确定，具体内容详见第 2.3 章节。

增值税计算公式为式(4-20)。

$$增值税=税前造价×增值税税率(\%) \qquad (4-20)$$

 特别提示

规费、税金项目清单与计价表参见《2013 计量规范》。

4.7.2 工程量的计算

工程量的计算主要通过工程量计算规则计算得到。工程量计算规则是指对清单项目工程量的计算规定，见表 4-11。除另有说明外，所有招标人提供的工程量清单项目中的工程量应以实体工程量为准，即按照图示尺寸计算并以完成后的净值计算；招标人提供的工程量具有唯一性和不可竞争性。投标人投标报价时，应在单价中考虑施工过程中的各种损耗以及选用相应的施工组织、施工方案、方法所需要增加的工程量，即投标人计算的工程量则是加工量。

工程量的计算规则按主要专业划分，包括房屋建筑与装饰工程、仿古建筑工程、通用安装工程、市政工程、园林绿化工程、矿山工程、构筑物工程、城市轨道交通工程和爆破工程 9 个专业部分。

其中房屋建筑与装饰工程包括土石方工程，地基处理与边坡支护工程，桩基工程，砌筑工程，混凝土及钢筋混凝土工程，金属结构工程，木结构工程，门窗工程，屋面及防水工程，保温、隔热、防腐工程，楼地面装饰工程，墙、柱面装饰与隔断、幕墙工程，天棚工程，油漆、涂料、裱糊工程，其他装饰工程，拆除工程，措施项目。

表 4-11　土方工程

项目编码	项目名称	项目特征	计量单位	工程量计算规则	工作内容
010101001	平整场地	(1) 土壤类别 (2) 弃土运距 (3) 取土运距	m²	按设计图示尺寸以建筑物首层建筑面积计算	(1) 土方挖填 (2) 场地找平 (3) 运输

4.8　工程造价信息

4.8.1　工程造价信息的概念与分类

1. 工程造价信息的概念

在工程造价领域中，工程造价信息是一切有关工程造价的特征、状态及其变动的消息的组合。在工程承发包市场和工程建设过程中，工程造价总是在不停地运动着、变化着，人们对这种变化是通过工程造价信息来认识和掌握的。

在工程承发包市场和工程建设中，无论是政府工程造价主管部门还是工程承发包双方，都需要通过接收工程造价信息并加工、传递、利用，来了解工程建设市场动态，以便决定政府的工程造价政策和工程承发包价。工程造价信息作为一种社会资源在工程建设中的地位日趋明显，特别是随着我国开始推行工程量清单计价制度，工程价格从政府计划的指令性价格向市场定价转化，而在市场定价的过程中，信息起着举足轻重的作用。

特别提示

工程造价信息因地域、专业、季节等不同，具有区域性、多样性、专业性、系统性、动态性和季节性的特点。

2．工程造价信息的分类

为便于对信息的管理，需将各种信息按一定的原则和方法进行区分和归集，具体分类如下。

(1) 从管理组织的角度来分，可以分为系统化工程造价信息和非系统化工程造价信息。

(2) 从形式划分，可以分为文件式工程造价信息和非文件式工程造价信息。

(3) 按信息来源划分，可以分为横向传递的工程造价信息和纵向传递的工程造价信息。

(4) 按反映经济层面划分，分为宏观工程造价信息和微观工程造价信息。

(5) 按动态性划分，可分为过去的工程造价信息、现在的工程造价信息和未来工程造价信息。

(6) 按稳定程度划分，可以分为固定工程造价信息和流动工程造价信息。

4.8.2 工程造价信息的主要内容

其实，所有对工程造价的计价和控制过程起作用的资料都可以称为是工程造价信息。例如，各种定额资料、标准规范、政策文件等，但最能体现信息动态性变化特征的，并且在工程价格的市场机制中起着重要作用的工程造价信息主要包括价格信息、工程造价指数和已完工程信息三类。

1．价格信息

价格信息包括各种建筑材料、装修材料、安装材料、人工工资、施工机械等的最新市场价格。这些信息是比较初级的，一般没有经过系统的加工处理，也可以称其为数据。

(1) 人工价格信息又分为两类：建筑工程实物工程量人工价格信息，其表现形式如表 4-12；建筑工种人工成本信息，其表现形式如表 4-13。

表 4-12 ××省建筑工程实物工程量人工成本信息表

1．土石方工程				
项目编码	项目名称	工程最计算规则	计量单位	人工单价
01	平整场地	按实际平整场地面积计算	m²	3.40
02	人工挖土方	按实际挖方的天然密实体积计算	m²	19.90
03	人工回填土	按实际填方的天然实体积计算		16.19
2.架子工程				
项目编码	项目名称	工程最计算规则	计量单位	人工单价
04	单排脚手架	按实际搭设的垂直投影面积计算	m²	7.62
05	双排脚手架			11.98
06	里架搭拆			4.45
07	满堂架搭拆	按搭设的垂直投影面积计算		9.96

(2) 在材料价格信息的发布中，应披露材料类别、规格、单价、供货地区、供货单位以及发布日期等信息，其表现形式如表 4-14。

表4-13　2018年第四季度××市建筑工种人工成本信息表(元)

项目分类	各工种信息价格	
	工资单价分类	人工单价(元/天)
工种	普工	95
	木工(模板工)	146
	钢筋工	146
	混凝土工	146
	架子工	150
	砌筑工	150
	抹灰工(一般抹灰)	150
	抹灰、镶贴工	192
	装饰木工	192
	防水工	150
	油漆工	150
	管工	156
	电工·	161
	通风工	157
	电焊工	155
	起重工	157
	玻璃工	150
	金属制品安装工	150

表4-14　2019年3月××市即时商品混凝土参考价

序号	材料名称	规格型号	单位	不含税市场价（裸价）	含税市场价	历史价	报价时间	备注
1	复合硅酸盐水泥	袋装 32.5R	t	363.32	420	⤴	2019-03-15	
2	复合硅酸盐水泥	散装 32.5R	t	346.02	400	⤴	2019-03-15	
3	普通硅酸盐水泥	袋装 42.5	t	449.83	520	⤴	2019-03-15	
4	普通硅酸盐水泥	散装 42.5	t	432.53	500	⤴	2019-03-15	
5	普通硅酸盐水泥	袋装 52.5	t	493.08	570	⤴	2019-03-15	
6	普通硅酸盐水泥	散装 52.5	t	475.78	550	⤴	2019-03-15	
7	白色硅酸盐水泥	综合	t	605.54	700	⤴	2019-03-15	
8	C15 商品混凝土（机制砂）	最大粒径 20mm	m³	529.13	545	⤴	2019-03-15	本价格信息发布的为普通商品混凝土，不含防冻、抗渗等特种添加剂，如设计……
9	C20 商品混凝土（机制砂）	最大粒径 15mm	m³	553.4	570	⤴	2019-03-15	本价格信息发布的为普通商品混凝土，不含防冻、抗渗等特种添加剂，如设计……

(3) 机械价格信息包括设备市场价格信息和设备租赁市场价格信息两部分。相对而言，后者对于工程计价更为重要。发布的机械价格信息应包括机械设备名称、规格型号、供货厂商名称、租赁单价、发布日期等内容，其表现形式如表 4-15。

表 4-15　2019 年第二季度××市设备租赁参考价

机械设备名称	规格型号	供应厂商名称	租赁单价(月/元)	发布日期
塔式起重机	QTZ80	河南某建某公司租赁公司	20000	2019-05-22
塔式起重机	QTZ5013	河南某建某公司租赁公司	12000	2019-05-22
塔式起重机	QTZ5513	河南某建某公司租赁公司	14010	2019-05-22
塔式起重机	QTZ6018	河南某建某公司租赁公司	26000	2019-05-22

2．工程造价指数

工程造价指数主要指根据原始价格信息加工整理得到的各种工程造价指数，包括各种单项价格指数、设备工器具价格指数、建筑安装工程造价指数、建设项目或单项工程造价指数等。

3．已完工程信息

已完或在建工程的各种造价信息，可以为拟建工程或在建工程造价提供依据。这种信息也可称为工程造价资料。

4.8.3　工程造价信息的管理

1．工程造价信息管理的基本原则

工程造价的信息管理是指对信息的收集、加工整理、储存、传递与应用等一系列工作的总称。为了达到工程造价信息管理的目的，在工程造价信息管理中应遵循以下基本原则。

(1) 标准化原则。在项目的实施过程中对信息的分类、流程进行规范，做到格式化和标准化。

(2) 有效性原则。工程造价信息应针对不同层次管理者的要求进行适当加工，提供不同要求和程度的信息，保证信息对于决策者的有效性。

(3) 定量化原则。工程造价信息不应是项目实施过程中产生数据的简单记录，应该是采用定量工具对相关数据进行分析和比较。

(4) 时效性原则。考虑到工程造价计价与控制过程的时效性，工程造价信息也应具有相应的时效性，以保证信息能够及时服务于决策者。

(5) 高效处理原则。通过采用高性能的信息处理工具，缩短信息处理过程的时间。

2．我国目前工程造价信息管理的现状

工程造价信息是一种具有共享性的社会资源，我国目前的工程造价信息管理主要以国家和地方政府主管部门为主，进行工程造价信息的搜集、处理和发布，随着我国建设市场

的发展，一些工程咨询公司和工程造价软件公司也加入了工程造价信息管理的行列。

随着工程量清单计价的推广和完善，施工企业迫切需要建立自己的造价资料数据库，但由于大多数施工企业在规模和能力上都达不到这一要求，因此这些工作在很大程度上委托给工程造价咨询公司或工程造价软件公司去完成，这是我国《建设工程工程量清单计价规范》(GB 50500—2013)颁布实施后工程造价信息管理出现的新趋势。

3. 我国工程造价信息管理目前存在的问题

首先，我国工程造价信息网建设有待完善，现有工程造价网多为造价站或咨询公司所建，网站内容主要为定额颁布、价格信息、相关文件转发、招投标信息发布等。网站只是将已有的造价信息在网站上显示出来，缺乏对这些信息的整理与分析，信息更新速度慢，不能满足信息市场的需要。

其次，定额计价方法下积累的信息资料与清单计价方法标准不符，不能完全实现和工程量清单计价方法的接轨。由于目前项目前期造价资料以定额计价方法为主，定额项目的划分与清单项目的划分口径不统一，信息的分类、采集、加工处理等的标准不一致，数据存取方式不一致，造成了前期造价资料不能直接应用于清单计价方法，需要根据要求不断地进行调整。

4. 工程造价信息的管理

(1) 发展造价信息咨询业，建立不同层次的造价信息动态管理体系。

(2) 工程造价管理信息化。针对我国目前正在大力推广工程量清单计价制度，工程造价管理应适应建设市场的新形势，加快信息化建设，形成对工程造价信息的动态管理。

(3) 工程造价信息化建设。加快有关工程造价软件和网络的发展，推进造价信息的标准化工作，培养工程造价管理信息化人才。

 **特别提示**

在市场经济条件下，工程造价信息成为承包商确定成本、编制投标报价的基本依据。

4.8.4　BIM 技术与工程造价

建筑信息模型(Building Information Modeling)，目前已经在全球范围内得到业界的广泛认可，它可以帮助实现建筑信息模型的集成，从建筑的设计、施工、运行直至建筑全生命周期的终结，各种信息始终整合于一个三维模型信息数据库中，设计团队、施工单位、设施运营部门和建设单位等各方人员可以基于 BIM 进行协同工作，提高工作效率、节省资源、降低成本。

BIM 具有信息完备性、信息关联性、信息一致性、可视化、协调性、模拟性、优化性和可出图性等特点。《建筑业发展"十三五"规划》中明确提出了"加快推进建筑信息模型(BIM)技术在规划、工程勘察设计、施工和运营维护全过程的集成应用"。

1. BIM 技术的特点

BIM 技术因使用三维全息信息技术，全过程地反映了建筑施工中的重要要素信息，对于科学实施施工管理是个革命性的技术突破。

(1) 可视化。在 BIM 中，整个施工过程都是可视化的。所以可视化的结果不仅可以用来生成效果图的展示及报表，更重要的是，项目设计、建造、运营过程中的沟通、讨论、决策都在可视化的状态下进行，极大地提升了项目管控的科学化水平。

(2) 协调性。BIM 的协调性服务可以帮助解决项目从勘探设计到环境适应再到具体施工的全过程协调问题，也就是说，BIM 可在建筑物建造前期对各专业的碰撞问题进行协调，生成协调数据，并在模型中生成解决方案，为提升管理效率提供了极大的便利。

(3) 模拟性。模拟性并不是只能模拟设计出建筑物模型，还可以模拟不能够在真实世界中进行操作的事物。在设计阶段，BIM 可以对一些设计上需要进行模拟的东西进行模拟实验，如节能模拟、紧急疏散模拟、日照模拟、热能传导模拟等；在招投标和施工阶段可以进行 4D 模拟(三维模型加项目的发展时间)，也就是根据施工的组织设计模拟实际施工，从而确定合理的施工方案来指导施工。同时还可以进行 5D 模拟(基于 3D 模型的造价控制)，从而实现成本控制等。

(4) 互用性。应用 BIM 可以实现信息的互用性，充分保证了信息经过传输与交换以后，信息前后的一致性。具体来说，实现互用性就是 BIM 模型中所有数据只需要一次性采集或输入，就可以在整个建筑物的全生命周期中实现信息的共享、交换与流动，使 BIM 模型能够自动演化，避免了信息不一致的错误。在建设项目不同阶段免除对数据的重复输入，大大降低成本、节省时间、减少错误、提高效率。

(5) 优化性。事实上，整个设计、施工、运营的过程就是一个不断优化的过程，当然优化和 BIM 也不存在实质性的必然联系，但在 BIM 的基础上可以做更好的优化，包括项目方案优化、特殊项目的设计优化等。

2. BIM 技术对工程造价管理的价值

BIM 在提升工程造价水平，提高工程造价效率，实现工程造价乃至整个工程生命周期信息化的过程中，优势明显，BIM 技术对工程造价管理的价值主要有以下几点：

(1) 提高了工程量计算的准确性和效率。

BIM 是一个富含工程信息的数据库，可以真实地提供工程量计算所需要的物理和空间信息，借助这些信息，计算机可以快速对各种构件进行统计分析，从而大大减少根据图纸统计工程量带来的烦琐人工操作和潜在错误，在效率和准确性上得到显著提高。

(2) 提高了设计效率和质量。

工程量计算效率的提高基于 BIM 的自动化算量方法可以更快地计算工程量，及时地将设计方案的成本反馈给设计师，便于在设计的前期阶段对成本的控制，有利于限额设计。同时，基于 BIM 的设计可以更好地处理设计变更。

(3) 提高工程造价分析能力。

BIM 丰富的参数信息和多维度的业务信息能够辅助工程项目不同阶段和不同业务的成本分析和控制能力。同时，在统一的三维模型数据库的支持下，从工程项目全过程管理的过程中，能够以最少的时间实时实现任意维度的统计、分析和决策，保证了多维度成本分析的高效性和精准性，以及成本控制的有效性和针对性。

(4) BIM 技术真正实现了造价全过程管理。

目前，工程造价管理已经由单点应用阶段逐渐进入工程造价全过程管理阶段。为确保建设工程的投资效益，工程建设从可行性研究开始经初步设计、扩大初步设计、施工图设计、发承包、施工、调试、竣工、投产、决算、后评估等的整个过程，围绕工程造价开展各项业务工作。基于 BIM 的全过程造价管理让各方在各个阶段能够实现协同工作，解决了阶段割裂和专业割裂的问题，避免了设计与造价控制环节脱节、设计与施工脱节、变更频繁等问题。

3. BIM 技术在工程造价管理各阶段的应用

工程建设项目的参与方主要包括建设单位、勘察单位、设计单位、施工单位、项目管理单位、咨询单位、材料供应商、设备供应商等。建筑信息模型作为一个建筑信息的集成体，可以很好地在项目各方之间传递信息，降低成本。同样，分布在工程建设全过程的造价管理也可以基于这样的模型完成协同、交互和精细化管理工作。

(1) BIM 在决策阶段的应用。

基于 BIM 技术辅助投资决策可以带来项目投资分析效率的极大提升。建设单位在决策阶段可以根据不同的项目方案建立初步的建筑信息模型，BIM 数据模型的建立，结合可视化技术、虚拟建造等功能，为项目的模拟决策提供了基础。根据 BIM 模型数据，可以调用与拟建项目相似工程的造价数据，高效准确地估算出规划项目的总投资额，为投资决策提供准确依据。同时，将模型与财务分析工具集成，实时获取各项目方案的投资收益指标信息，提高决策阶段项目预测水平，帮助建设单位进行决策。BIM 技术在投资造价估算和投资方案选择方面大有作为。

(2) BIM 在设计阶段的应用。

设计阶段包括初步设计、扩初设计和施工图设计几个阶段，相应涉及的造价文件是设计方案估算、设计概算和施工图预算。在设计阶段，通过 BIM 技术对设计方案优选或限额设计，设计模型的多专业一致性检查、设计概算、施工图预算的编制管理和审核环节的应用，实现对造价的有效控制。

(3) BIM 在招投标阶段的应用。

我国建设工程已基本实现了工程量清单招投标模式，招标和投标各方都可以利用 BIM 进行工程量自动计算、统计分析，形成准确的工程量清单。有利于招标方控制造价和投标方报价的编制，提高招投标工作的效率和准确性，并为后续的工程造价管理和控制提高基础数据。

(4) BIM 在施工过程中的应用。

BIM 在应用方面为建设项目各方提供了施工计划与造价控制的所有数据。项目各方人员在正式施工之前就可以通过建筑信息模型确定不同时间节点的施工进度与施工成本，可以直观地按月、按周、按日观看到项目的具体实施情况并得到该时间节点的造价数据，方便项目的实时修改调整，实现限额领料施工，最大地体现造价控制的效果。

(5) BIM 在工程竣工结算中的应用。

竣工阶段管理工作的主要内容是确定建设工程项目最终的实际造价，即竣工结算价格和竣工决算价格，编制竣工决算文件，办理项目的资产移交。这也是确定单项工程最终造价、考核承包企业经济效益以及编制竣工决算的依据。基于 BIM 的结算管理不但提高工程量计算的效率和准确性，对于结算资料的完备性和规范性还具有很大的作用。在造价管理过程中，BIM 数据库也不断修改完善，模型相关的合同、设计变更、现场签证、计量支付、材料管理等信息也不断录入与更新，到竣工结算时，其信息量已完全可以表达工程实体。BIM 的准确性和过程记录完备性有助于提高结算效率，同时可以随时查看变更前后的模型进行对比分析，避免结算时描述不清，从而加快结算和审核速度。

本 章 小 结

本章主要介绍了工程造价的计价依据。工程造价的计价依据是指在计算工程造价时所依据的各类基础资料的总称，主要包括建设工程定额、工程量清单和工程造价信息等，其中建设工程定额是工程计价的核心依据，主要包括概算定额、施工定额、企业定额、预算定额、工期定额等内容。

(1) 预算定额中子目单价的组成内容，人工费、材料费、施工机具使用费。

其中人工、材料和机械台班的消耗量指标的确定。人工工日消耗量由基本用工、其他用工以及劳动定额与预算定额的幅度差 3 个部分组成；材料消耗包括原材料、辅助材料、构配件、零件、半成品或成品、工程设备等，材料消耗量由材料净用量和损耗量构成；机械台班消耗量是指在正常施工条件下，生产单位合格产品必须消耗的某类某种施工机械的台班数量，由劳动定额的台班消耗量以及劳动定额与消耗量定额的机械台班幅度差两个部分构成。

人工、材料、机具价格的确定。人工费是指按工资总额构成规定，支付给从事建筑安装工程施工的生产工人和附属生产单位工人的各项费用，即人工费=$\sum$(工日消耗量×日工资单价)；材料费是指施工过程中耗费的原材料、辅助材料、构配件、零件、半成品或成品、工程设备的费用，即材料费=$\sum$(材料消耗量×材料单价)；施工机具使用费是指施工作业所发生的施工机械、仪器仪表使用费或其租赁费。即施工机械使用费=$\sum$(施工机械台班消耗量×施工机械台班单价)。

(2) 工程量清单的概念。工程量清单是表现拟建工程的分部分项工程项目、措施项目、其他项目、规费项目和税金项目的名称和相应数量等的明细清单。2012 年 12 月我国发布了国家标准《建设工程工程量清单计价规范》(GB 50500—2013)(简称《2013 清单规范》)和《房屋建筑与装饰工程工程量计算规范》(GB 50854—2013)等 9 本计量规范(简称《2013 计量规范》)，并于 2013 年 7 月 1 日起实施。

其中分部分项工程量清单实行五统一的原则，即统一项目编码、统一项目名称、统一计量单位、统一特征描述、统一工程量计算规则，在五统一的前提下编制清单项目。

措施项目清单分为能计算工程量的措施项目，即"单价项目"——按分部分项工程项目清单的方式进行编制，即有统一的项目编码、项目名称、项目特征、计量单位和工程量计算规则；和不能计算出工程量的措施项目，即"总价项目"——以"项"为计量单位进行编制。

其他项目清单是指分部分项清单项目和措施项目以外，该工程项目施工中可能发生的其他项目,包括暂列金额、暂估价(包括材料暂估单价、工程设备暂估单价、专业工程暂估价)、计日工和总承包服务费。

规费是指按国家法律、法规规定,由省级政府和省级有关权力部门规定必须缴纳或计取的费用。包括社会保险费(即养老保险费、失业保险费、医疗保险费、生育保险费、工伤保险费)、住房公积金和工程排污费。

税金是指按照国家税法规定的应计入建筑安装工程造价内的增值税税额,按税前造价乘以增值税税率确定。

(3) 工程造价信息是指一切有关工程造价的特征、状态及其变动的消息的组合。工程造价信息主要包括价格信息、工程造价指数和已完工程信息三类。

习 题

一、单选题

1. 在下列各种定额中,不属于计价定额的是( )。
   A. 预算定额　　　　B. 施工定额　　　　C. 概算定额　　　　D. 费用定额

2. 施工定额是按照( )编制的。
   A. 社会平均先进水平　　　　　　　B. 行业平均先进水平
   C. 社会平均水平　　　　　　　　　D. 行业平均水平

3. 根据《建筑安装工程费用项目组成》(建标〔2013〕44号)的规定,大型机械进出场及安拆费中的辅助设施费用应计入( )。
   A. 人工费　　　　　　　　　　　B. 材料费
   C. 施工机具使用费　　　　　　　D. 措施费

4. 根据《建筑安装工程费用项目组成》(建标〔2013〕44号)的规定,下列属于人工费的是( )。
   A. 会计人员的工资　　　　　　　B. 装载机司机工资
   C. 公司安全监督人员工资　　　　D. 电焊工产、婚假期的工资

5. 某工地水泥从两个地方采购,其采购量及有关费用如下表所示,则该工地水泥的基价为( )元/吨。
   A. 244.0　　　　　B. 262.0　　　　　C. 271.1　　　　　D. 271.6

采购处	采购量	原价	运杂费	运输损耗率	采购及保管费费率
来源一	300t	240 元/t	20 元/t	0.5%	3%
来源二	200t	250 元/t	15 元/t	0.4%	

6. 预算定额中的人工幅度差主要是指在劳动定额中未包括而在正常施工情况下不可避免但又很难准确计量的用工和各种( )损失。
   A. 费用　　　　　B. 工时　　　　　C. 材料消耗　　　　D. 摊销

7. ( )是编制建设项目建议书、可行性研究报告等前期工作阶段投资估算的依据。

A. 概算指标　　　　B. 预算定额　　　　C. 估算指标　　　　D. 概算定额

8. 概算定额是在(　　)的基础上,把一些相近的分项工程加以合并,进行综合扩大编制而成的。

A. 估算指标　　　　B. 工程造价指数　　C. 企业定额　　　　D. 预算定额

9. 根据 GB 50500—2013,清单项目编码应以(　　)位阿拉伯数字表示。

A. 10　　　　　　　B. 15　　　　　　　C. 9　　　　　　　D. 12

10. 根据 GB 50500—2013,分部分项工程量清单不包括(　　)。

A. 项目编码　　　　B. 项目名称　　　　C. 综合单价　　　　D. 工程数量

11. 根据 GB 50500—2013,分部分项工程量清单项目编码前两位 04 代表(　　)。

A. 房屋建筑与装饰工程　　　　　　　　B. 市政工程

C. 仿古建筑工程　　　　　　　　　　　D. 通用安装工程

12. 根据 GB 50500—2013,税金项目清单中不包括(　　)。

A. 增值税　　　　　　　　　　　　　　B. 营业税

C. 城乡维护建设税　　　　　　　　　　D. 教育费附加

二、多选题

1. 综合单价子目中材料费是指施工过程中耗费的原材料、辅助材料、构配件、零件、半成品或成品、工程设备的费用,内容包括(　　)和采购及保管费。

A. 材料原价(或供应价)　　　　　　　B. 运输损耗费

C. 运杂费　　　　　　　　　　　　　　D. 材料管理费

E. 利润

2. 根据《建筑安装工程费用项目组成》(建标〔2013〕44 号)的规定,规费包括(　　)。

A. 工程排污费　　B. 社会保险费　　C. 文明施工费

D. 住房公积金　　E. 环境保护费

3. 下列费用项目中,应按国家或省级、行业建设主管部门的规定计价,不得作为竞争费用的是(　　)。

A. 安全文明施工费　　　　　　　　　　B. 夜间施工费

C. 二次搬运费　　　　　　　　　　　　D. 规费

E. 税金

4. 工程量清单是表现建设工程的分部分项工程项目、(　　)的名称和相应数量等的明细清单。

A. 措施项目　　B. 其他项目　　C. 规费项目

D. 利润项目　　E. 税金项目

5. 预算定额中材料消耗量包括(　　)。

A. 净用量　　　　B. 损耗量　　　　C. 预算量

D. 施工量　　　　E. 定额用量

6. 在下列各指标层次中,属于投资估算指标的是(　　)。

A. 建设项目综合指标　　　　　　　　　B. 单项工程指标

C. 分部工程指标　　　　　　　　　　　D. 单位工程指标

E. 分项工程指标

7. 根据使用范围，建设工程定额可以划分为(　　)。

    A. 建筑工程定额　B. 统一定额　　　　C. 预算定额

    D. 企业定额　　　　E. 费用定额

8.(　　)是编制项目设计阶段概算的依据。

    A. 概算定额　　　　B. 费用定额　　　　C. 预算定额

    D. 企业定额　　　　E. 概算指标

9. 施工机具使用费是指施工作业所发生的(　　)。

    A. 施工机械使用费　　　　　　　B. 仪器仪表使用费

    C. 工程设备费　　　　　　　　　D. 施工机械租赁费

    E. 大型机械安拆费

10. 根据 GB 50500—2013，应由招标人填写的部分包括(　　)。

    A. 计日工单价　　　　　　　　　B. 工程设备暂估单价

    C. 暂列金额　　　　　　　　　　D. 材料暂估单价

    E. 专业工程暂估价

11. 根据 GB 50500—2013，措施项目包括(　　)。

    A. 安全文明施工费　　　　　　　B. 已完工程及设备保护费

    C. 二次搬运费　　　　　　　　　D. 夜间施工增加费

    E. 检验试验费

12. 根据 GB 50500—2013，规费包括(　　)。

    A. 住房公积金　　　　　　　　　B. 社会保险费

    C. 文明施工费　　　　　　　　　D. 工伤保险费

    E. 安全施工费

三、简答题

1. 简述预算定额的作用，以及施工定额和预算定额的区别。

2. 简述预算定额中人工、材料和机械台班的消耗量指标是如何确定的。

3. 简述预算定额中对应人、材、机消耗量的人工、材料、机具价格是如何确定的。

4. 简述分部分项工程量清单的编制方法。

5. 简述措施项目清单分哪两种方法编制。

第 4 章
习题测试

第5章 施工图预算的编制

　　本章是学习建筑安装工程计量与计价的基础。通过学习本章内容，应熟悉施工图预算的含义、编制依据、编制原则等基础知识，掌握施工图预算的两种计价方法，并能按照一定的计价程序，计算相应工程的施工图预算价。

教学要求

能力目标	知识要点	权　重
知道施工图预算的基础知识	施工图预算的含义、作用、内容等	20%
能用定额计价法编制施工图预算	施工图预算书的组成、编制依据、编制原则、编制方法、编制步骤等	30%
能用清单计价法编制施工图预算	清单计价的计价特点、编制依据、编制原则、编制步骤等	30%
深刻理解两种计价方法的特点与区别	两种计价方法的特点、区别	20%

问题引领

在今天的建筑市场上，经常能够听到"每平方米造价多少钱？""建筑工程造价几千万元？""电气工程造价几百万元？""通风工程造价几百万元？"等相关工程造价的问题，如果在前面的章节中，懂得了什么是"工程造价"，那么在本章中，我们将了解到工程造价的计价过程，即"建筑工程造价几千万元"是如何得出来的。

5.1 施工图预算概述

通过学习我们知道，在项目建设全过程的各个阶段，我们可以依据不同的资料计算出不同的工程造价文件，比如在投资决策阶段可以依据投资估算指标计算项目投资估算，在初步设计阶段依据初步设计图纸和概算指标、概算定额可以计算初步设计概算，在施工图设计阶段可以依据施工图图纸和预算定额编制施工图预算，在招投标阶段可以依据招标文件等资料编制招标控制价、投标报价及合同价，在施工阶段依据合同和实际情况进行工程结算，在竣工验收阶段可以依据项目建设期所有资料编制决算。我们这里重点讨论的是施工图预算的编制。

5.1.1 施工图预算的含义

施工图预算是以施工图设计文件为依据，按照规定的程序、方法和依据，在工程施工前对工程项目的工程费用进行的预测与计算。施工图预算的成果文件成为施工图预算书，它是在施工图设计阶段对工程建设所需资金做出的比较精确的计算文件。

施工图预算价格既可以是按照政府统一规定的预算定额中预算单价、取费标准、计价程序计算得到的属于计划或预期性质的施工图预算价格(定额计价法)，也可以是通过招标投标法定程序后施工企业根据自身的实力即企业定额、资源市场单价以及市场供求及竞争状况计算得到的反映市场性质的施工图预算价格(清单计价法)。

特别提示

定额计价方法是采用统一的定额、统一的费率、统一的费用计算程序确定工程造价的方法。包括依据估算指标编制投资估算、依据概算指标或概算定额编制概算、依据预算定额编制施工图预算、依据施工定额编制施工预算等，都属于定额计价法的范畴。我们本章主要介绍的是依据预算定额编制施工图预算。

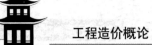 知识链接

要注意施工预算与施工图预算虽然仅一字之差，但却是完全不同的预算文件。施工预算是施工企业为了适应内部管理的需要，按照项目核算的要求，根据施工图纸、施工定额(企业定额)、施工组织设计，考虑挖掘企业内部潜力，由施工单位编制的预算技术经济文件。是施工企业加强经济核算、控制工程成本的重要手段，是施工企业内部的经济文件。

5.1.2 施工图预算的作用

施工图预算作为工程建设程序中一个重要的技术经济文件，在工程建设实施过程中具有十分重要的作用，可以归纳为以下几个方面。

1. 施工图预算对设计方的作用

对设计单位而言，施工图预算价可以检验工程设计在经济上的合理性。其作用主要有以下几个方面。

(1) 根据预算进行投资控制。根据工程造价的控制要求，施工图预算不得超过设计概算，设计单位完成施工图设计后一般要将施工图预算与设计概算进行对比，突破概算时要决定该设计方案是否实施或需要修正。

(2) 根据施工图预算可以进行设计优化，确定最终设计方案。

2. 施工图预算对投资单位的作用

对业主而言，施工图预算是控制工程投资、编制标底和控制合同价格的依据。其主要作用有以下几个方面。

(1) 根据施工图预算修正建设投资。根据初步设计图纸所做的设计概算具有控制施工图预算的作用，但设计概算中反映不出各分部分项工程的造价。而施工图预算依据施工图编制，确定的工程造价是该工程实际的计划成本，投资方按工程预算修正筹集建设资金，并控制资金的合理使用，才更具有实际意义。

(2) 施工图预算是确定工程招标控制价的依据。在设置招标控制价的情况下，可按照施工图预算来确定招标工程的招标控制价，作为本次投标的最高限价。对招标人控制投资具有重要意义。

(3) 施工图预算可以作为确定合同价款、拨付工程进度款及办理工程价款结算的基础。

3. 施工图预算对承包商的作用

对承包商而言，施工图预算价是进行工程投标和控制分包工程合同价格的依据。其作用有以下几个方面。

(1) 施工图预算是承包商投标报价的基础。在激烈的建筑市场竞争中，承包商如果没有自己的企业定额，需要根据施工图预算，结合企业的投标策略，灵活确定投标报价。

(2) 施工图预算是承包商确定施工合同价款和控制分包工程合同价款的依据。

(3) 施工图预算是承包商进行施工准备、安排调配施工力量、组织材料供应等的依据。

(4) 施工图预算是承包商控制工程成本的依据。根据施工图预算确定的合同价格是承包商收取工程款的依据，企业只有合理利用各项资源，采取先进技术和管理方法，将成本控制在施工图预算价格以内，才能获得良好的经济效益。

(5) 施工图预算是进行"两算"对比的依据。承包商可以通过施工图预算和施工预算的对比分析，找出差距，采取必要的措施控制成本。

4．施工图预算对工程造价管理部门的作用

对于工程造价管理部门而言，它是监督、检查执行定额标准、合理确定工程造价、测算造价指数及审查招标工程招标控制价的重要依据。

5.1.3 施工图预算的内容

按照预算文件的不同，施工图预算的内容有所不同。

建设项目总预算是反映施工图设计阶段建设项目投资总额的造价文件，是施工图预算文件的主要组成部分，由组成该建设项目的各个单项工程综合预算和相关费用组成。具体包括建筑安装工程费、设备及工器具购置费、工程建设其他费、预备费、建设期利息及铺底流动资金。施工图总预算应控制在已批准的设计总概算范围以内。

单项工程综合预算是反映施工图设计阶段一个单项工程造价的文件，是总施工图预算的组成部分，由构成该单项工程的各个单位工程施工图预算组成。其编制的费用项目是各单项工程的建筑安装工程费、设备及工器具购置费和工程建设其他费用总和。

单位工程预算是依据单位工程施工图设计文件、现行预算定额以及人工、材料和施工机械台班价格等，按照规定的计价方法编制的工程造价文件。包括单位建筑工程预算和设备及安装工程预算两大类。根据单位工程和设备的性质、用途的不同，建筑工程预算可分为一般土建工程预算、卫生工程预算、工业管道工程预算、特殊构筑物工程预算和电气照明工程预算等；设备安装工程预算又可分为机械设备安装工程预算、电气设备安装工程预算等。

施工图预算根据建设项目实际情况可采用三级预算编制或二级预算编制形式。当建设项目有多个单项工程时，应采用三级预算编制形式，三级预算编制形式由建设项目总预算、单项工程预算、单位工程预算组成。当建设项目只有一个单项工程时，应采用二级预算编制形式，二级预算编制形式由建设项目总预算和单位工程预算组成。单位工程预算的编制具体见 5.2 节内容。

特别提示

由此可见，施工图预算的编制是以单位工程为基本编制对象的。单位工程施工图预算包括建筑工程预算和设备及安装工程预算两大类，由于设备购置费的计算方法在本书 2.2 节中已经介绍过，所以，在这里我们将要学习的是单位工程建筑安装工程预算的编制。

5.2 定额计价法

在我国，长期以来在工程价格形成中采用定额计价法。需要指出的是，即使根据同一套施工图纸，各单位进行预算的结果，都不可能完全一样。这是因为，尽管施工图一样，按工程量计算规则计算的工程数量一样，采用的定额一样，按照建设主管部门规定的费用计算程序和其他取费规定也相同；但是，编制者编制的目的不同，采用的施工方案或方法不可能全部相同，材料预算价格也因工程所处的不同时间、地点或材料来源不同等而有所差异。

采用定额计价法编制单位工程建筑安装工程预算主要有两种方法：单价法和实物法。

5.2.1 单价法

1. 单价的表现形式

1) 工料单价

我国传统定额计价模式下长期以来采用的都是工料单价，即定额单价中包括人工费、材料费和机械费。比如砌 $1m^3$ 砖厚的标准砖墙需要 380 元，代表砌这样的 $1m^3$ 砖墙需要的人工费、材料费和施工机具使用费合计 380 元。

采用工料单价时，依据施工图图纸计算出来的工程量乘以工料单价得到的仅是包含人工费、材料费、机械费在内的直接工程费，其他费用还需要在一定的计算基础上进行取费来计算。对于建筑工程，一般选用以直接工程费为计算基础乘以规定的取费费率来计算间接费、利润等费用。

2) 清单综合单价

为了简化计价程序，实现与国际惯例接轨，我国从 2003 年开始实行工程量清单计价。工程量清单计价采用综合单价，考虑我国的现实情况，我国现行的工程量清单计价规范中的综合单价包括除规费、税金以外的全部费用，即综合单价是指完成一个规定计量单位的清单项目所需要的人工费、材料费、施工机具使用费和企业管理费、利润以及一定范围内的风险费用。

采用综合单价时，依据施工图图纸计算出来的工程量乘以综合单价得到的是除规费、税金以外的全部费用，只需要按照规定再计取规费和税金即可。可按下列算式(5-1)～(5-3)计算：

$$分部分项工程费=\sum 分部分项工程量×相应综合单价 \tag{5-1}$$
$$措施项目费=\sum 单价措施项目工程量×相应综合单价+总价措施项目费 \tag{5-2}$$
$$单位工程施工图预算=分部分项工程费+措施项目费+其他项目费+规费+税金 \tag{5-3}$$

3) 全费用单价

全费用单价是指构成工程造价的全部费用均包括在单价中。采用全费用单价时，工程造价的计算直接就表现为工程量乘以全费用单价求和的简捷情况。比如，我们去商场买部手机要价 2 000 元，这个 2 000 元就是全费用单价的形式，包括卖家的进货价、商场租赁费、水电费、管理费等一切成本，以及卖家需要挣得的利润和上缴国家的税金。全费用综合单价即单价中综合了分项工程人工费、材料费、施工机具使用费、企业管理费、利润、规费、税金以及一定范围的风险等全部费用。可按下列算式(5-4)～(5-6)计算：

$$分部分项工程费=\sum 分部分项工程量 \times 相应全费用单价 \tag{5-4}$$
$$措施项目费=\sum 单价措施项目工程量 \times 相应全费用单价+总价措施项目费 \tag{5-5}$$
$$单位工程施工图预算=分部分项工程费+措施项目费+其他项目费 \tag{5-6}$$

下面我们主要介绍一下采用传统的工料单价法如何编制单位工程施工图预算。

2. 施工图预算文件的组成内容

根据工程造价的组合性计价特征，施工图预算由建设项目总预算、单项工程综合预算和单位工程预算组成。建设项目总预算由单项工程综合预算汇总而成，单项工程综合预算由单位工程预算汇总而成，单位工程预算包括建筑工程预算和设备及安装工程预算。

下面以单位工程预算为例，具体来说明工程预算文件的组成。

1) 封面

预算书的封面内容包括以下几个方面。

(1) 工程名称和建筑面积。

(2) 工程造价和单位造价。

(3) 建设单位和施工单位。

(4) 审核者和编制者。

(5) 审核时间和编制时间。

2) 编制说明

编制说明给审核者和竣工结(决)算提供补充依据。有以下几方面内容。

(1) 编制依据。

① 本预算的设计图纸全称、设计单位。

② 本预算所依据的定额名称。

③ 在计算中所依据的其他文件名称和文号。

④ 施工方案主要内容。

(2) 图纸变更情况。

① 施工图中变更部位和名称。

② 因某种原因待行处理的构部件名称。

③ 因涉及图纸会审或施工现场所需要说明的有关问题。

(3) 执行定额的有关问题。

① 按定额要求本预算已考虑和未考虑的有关问题。

② 因定额缺项，本预算所作补充或借用定额情况说明。

③ 甲乙双方协商的有关问题。

3) 分部分项工程预算表

4) 施工措施费用表

5) 费用计算表

6) 材料价差调整表

7) 工、料、机分析表

8) 补充单位估价表

9) 主要设备材料数量及价格汇总表

3．施工图预算的编制原则和编制依据

1) 施工图预算的编制原则

(1) 严格执行规定的设计和建设标准。

(2) 完整、准确地反映设计内容的原则。

(3) 坚持结合拟建工程的实际，反映工程所在地当时价格水平的原则。

2) 施工图预算的编制依据

一般情况下，施工图预算的编制依据主要有以下几点。

(1) 国家、行业、地方政府发布的计价依据、有关法律法规或规定；如《建筑安装工程费用项目组成》(建标〔2013〕44 号)文件。

(2) 建设项目有关文件、合同、协议等。

(3) 批准的设计概算。

(4) 批准的施工图设计文件及相关标准图集和规范。

特别提示

这里的施工图设计文件包括设计说明书、标准图、施工图会审纪要、设计变更通知单等。

(5) 相应预算定额、预算价格、工程造价信息、调价通知等；例如《××省房屋建筑与装饰工程预算定额(2016)》。

(6) 合理的施工组织设计和施工方案等文件。

特别提示

在进行招标控制价的编制时一般没有具体的施工方案或施工组织设计，其编制单位一般按国家标准或通用的施工方案来考虑。

(7) 项目有关的设备、材料供应合同、价格及相关说明书。

(8) 项目所在地区有关的气候、水文、地质地貌等的自然条件。

(9) 项目的技术复杂程度，以及新技术、专利使用情况等。

(10) 项目所在地区有关的经济、人文等社会条件。

4．施工图预算的编制步骤(工料单价)

工料单价法编制施工图预算的计算公式为式(5-7)。

$$单位工程施工图预算直接工程费 = \sum (工程量 \times 预算定额单价) \qquad (5\text{-}7)$$

工料单价法编制单位工程施工图预算的具体步骤如下。

1) 熟悉施工图纸

施工图纸是编制预算的基本依据。只有对设计图纸较全面详细地了解之后，才能结合预算定额项目划分，正确而全面地分析该工程中各分部分项的工程项目，才可能有步骤地按照既定的工程项目计算其工程量并正确地计算出工程造价。

2) 了解现场情况和施工组织设计资料及有关技术规范

应全面了解现场的地质条件、施工条件、施工方法、技术规范要求、技术组织措施、施工设备、材料供应等情况，并通过踏勘施工现场补充有关资料。

3) 熟悉预算定额

预算定额是编制工程预算的主要依据。只有对预算定额的形式、使用方法和包括的工作内容有了较明确的了解，才能结合施工图纸，迅速而准确地确定其相应的工程项目和工程量计算。

4) 列出工程项目

在熟悉图纸和预算定额的基础上，根据定额的项目划分，列出所需计算的分部分项工程项目名称。

分部分项工程项目名称的确定方法有两种：①定额法，即自定额的第一个子目开始遂项核对施工图纸中是否发生，直至定额的全部内容核对完毕；②施工图法，即按照施工过程的顺序自准备施工开始逐项在定额中查找应该套用的定额子目，直至工程完工。虽然施工图法比定额法的工作量小，但是要求预算编制人员对定额的内容应该比较熟悉。建议初学者先从定额法开始并逐步加深对定额的了解。

5) 计算工程量

工程量计算是编制工程预算的原始计算数据，要求"不重不漏"，即不重项不漏项、不重算不漏算。计算工程量要严格按照工程量计算规则的规定进行计算，特别注意应该扣除和不应该扣除、应该增加和不应该增加的相关规定。同时要按照一定的计算顺序进行，即"先基础、后主体、再装饰；装饰工程先外后内；同一项目内容自下而上顺序计算；同一张图纸先上后下、先左后右顺序计算；需要重复利用的数据先行计算；先整体、后扣除、再增加"等，从而避免和防止"重""漏"现象的产生，同时也便于校对和审核。

6) 套定额单价

当分项工程量计算完成并经自检无误后，就可按照定额分项工程的排列顺序，在表格中逐项填写分项工程项目名称、工程量、计量单位、定额编号及预算单价等。

应当注意的是，在选用预算单价时，分项工程的名称、材料品种、规格、配合比及做法必须与定额中所列的内容相符合。在编制预算应用定额时，通常会遇到定额的套用、换算和补充 3 种情况，定额应用正确与否直接影响工程造价。

将预算表内每一分项工程的工程量乘以相应预算单价，得到该项目的合价，即为分项工程费；再将预算表内某一个分部工程中各个分项工程的合价相加得到该分部工程的小计，即为分部工程的费用；最后将各分部工程的小计汇总合计，即得到该单位工程费用合计。

7) 工料分析

工料分析是计算人工、机具和材料差价的重要准备工作。在计算工程量和编制预算表之后，对单位工程所需用工的人工工日数、机械台班及各种材料需要量进行的分析计算，称为"工料分析"。由于定额中的人工、机具、材料的单价是按照某一特定时期的价格取定的，具体工程预算编制期的价格必然与其存在单价差异(简称价差)，价差乘以"工料分析"出来的数量就得到所需要的差价(简称差价调整)。鉴于此，必须进行工料分析。

8) 工料差价调整

需要工料差价调整的人工、材料、机具，有两类调整方法：一种是按照工程造价管理

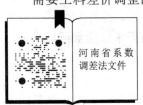

河南省系数调差法文件

部门公布的调整系数及其计算方法进行差价调整；另一类是按照实际价差进行差价调整。对于第二种调整，其调整金额为单位工程工料分析的数量(包括允许按实调整数量的材料调整量)乘以市场价与定额取定价的差额(正增、负减)。在编制预算时，材料的市场价一般多按照工程造价管理部门公布的信息价计算。

9) 材料数量按实调整

对于工程造价管理部门允许按实进行材料数量调整的材料，还需要进行材料的数量调整。调整方法为：先按照工程造价管理部门规定的计算方法进行该种材料的"预算用量"计算；再按照工料分析的方法进行该种材料的"定额用量"计算；然后计算该种材料的量差(即"预算用量"与"定额用量"的差额)；最后按照规定套用有关定额子目进行量差调整。如钢筋混凝土楼梯的混凝土量，定额用量是按楼梯的水平投影面积计算出来的，这与施工图用量存在差异。

需要注意，"预算用量"是"施工图净用量"与"损耗量"之和，而"损耗量"大多是按照定额或工程造价管理部门规定的损耗率计算的。

10) 计算单位工程预算造价

(1) 计算措施项目费、企业管理费、规费等各种费用和利润、税金。

(2) 单位工程预算造价为人工费、材料费、施工机具使用费，人材机差价，措施项目费，企业管理费，规费，利润和税金之和。

(3) 单方造价(元/m^2)为单位工程预算造价除以建筑面积所得到的数值。

11) 复核

工程预算编制出来之后，由预算编制人所在单位的其他预算专业人员进行检查核对。复核的内容主要是查该分项工程项目有无漏项或重项；工程量有无少算、多算或错算；预算单价、换算单价或补充单价是否选用合适；各项费用及取费标准是否符合规定等。

12) 编写工程预算编制说明

预算编制完成后，还应填写编制说明。其目的是使有关单位了解该工程预算的编制依据、施工方法、材料差价以及其他编制时特殊情况的处理方法等内容。

13) 装订签章

将单位工程的预算书封面、预算编制说明、工程预算表、工料分析表、补充单价编制表等，按顺序编排并装订成册。工程量计算书单独装订，以备查用。

在已经装订成册的工程预算书上，预算编制人应填写封面有关内容并签字，加盖有资格证号的印章，经有关负责人审阅签字后，最后加盖公章，至此完成了施工图预算的编制工作。

特别提示

单价法是目前国内编制施工图预算的主要方法，具有计算简单、工作量小和编制速度快，便于工程造价管理部门集中统一管理的优点。但由于是采用事先编制好的统一定额单价，其价格水平只能反映定额编制年份的价格水平。在市场经济价格波动较大的情况下，单价法的计算结果会偏离实际价格水平，必须进行调价。

5.2.2 实物法

实物法是首先根据施工图纸分别计算出分项工程量；然后套用相应预算人工、材料、机械台班的定额用量，再分别乘以工程所在地当时的人工、材料、机械台班的实际单价，求出单位工程的人工费、材料费和施工机械使用费；汇总求和进而求得直接工程费；然后按规定计取其他各项费用；最后汇总就可得出单位工程施工图预算造价。实物法编制施工图预算中直接费的计算公式为式(5-8)。

$$单位工程施工图预算直接费 = \sum(工程量×人工预算定额用量×当时当地人工单价)+$$
$$\sum(工程量×材料预算定额用量×当时当地材料单价)+$$
$$\sum(工程量×机械预算定额台班用量×$$
$$当时当地机械台班单价) \tag{5-8}$$

可见，采用实物法与单价法编制施工图预算，其首尾部分的步骤是相同的，所不同的主要是中间的定额套用部分，如下为实物法与单价法不同的 3 个步骤。

(1) 工程量计算后，套用相应预算定额人工、材料、机械台班的定额用量。

(2) 求出各分项工程人工、材料、机械台班消耗数量并汇总单位工程所需各类人工工日、材料和机械台班的消耗量。

(3) 用当时当地的人工、材料和机械台班的实际单价分别乘以相应的人工、材料和机械台班的消耗量，汇总便得出单位工程的人工费、材料费和施工机具使用费。

特别提示

在市场经济条件下，人工、材料和机械台班单价是随市场而变化的，而且它们是影响工程造价最活跃、最主要的因素。用实物法编制施工图预算是采用工程所在地的当时人工、材料、机械台班价格(市场价)，较好地反映实际价格水平，工程造价的准确性高。因此，实物法是与市场经济体制相适应的预算编制方法。

5.2.3 定额计价法编制施工图预算综合应用案例(河南省)

某工程砌多孔砖墙，多孔砖为 240mm×115mm×90mm，墙厚 240mm，墙高 3.6m，干混砌筑砂浆 DM M10，已知工程量为 830.6m³，主要材料市场价格见表 5-1，按照实际价差进行差价调整。

表 5-1　材料市场价格表

序号	名称	规格、型号	单位	单价/元
1	多孔砖	240mm×115mm×90mm	千块	440

已知安全文明施工费、其他措施费、规费均需计取，按一般纳税人计取增值税，税率为9%，假设没有人工费、机械费、管理费调差，且无单价类措施项目，请根据《河南省房屋建筑与装饰工程预算定额(2016)》，确定该砌体工程的施工图预算价。

解： 第一步：根据题目将已知工程量套用预算定额，填写工程预算表(表 5-2)。

表 5-2　工程预算表

工程名称：砌体工程　　　　　　　　　　　　　　　　　　　　第 1 页 共 1 页

序号	编号	定额项目	单位	工程量	基价/元	合价/元	人工合价	材料合价	机械合价	其他措施费合价	安文费合价	管理费合价	利润合价	规费合价	含量	合计
1	4-14	多孔砖墙1砖	10m³	83.06	3970.28	329771.46	103297.57	166676.50	3098.97	4228.58	9190.59	18943.49	12939.92	11395.83	9.79	813.16
2		合计				329771.46	103297.57	166676.50	3098.97	4228.58	9190.59	18943.49	12939.92	11395.83	9.79	813.16

编制人：　　　　　　　　　　　　　　　　　　　　编制日期：

计算过程如下：

定额基价=人工费单价+材料费单价+机械费单价+其他措施费+安文费
　　　　+管理费+利润+规费

$$=1\,243.65+2\,006.7+37.31+50.91+110.65+228.07+155.79+137.2$$

$$=3\,970.28(元/10m^3)$$

分项工程合价=$\sum$[工程量(分项工程)×单位价格]

$$=83.06×3\,970.28$$

$$=329\,771.46(元)$$

其中：

人工费合价=[工程量(分项工程)×人工单位价格]

$$=83.06×1\,243.65$$

$$=103\,297.57(元)$$

材料费合价=[工程量(分项工程)×材料单位价格]

$$=83.06×2\,006.70$$

$$=166\,676.50(元)$$

机械费合价=[工程量(分项工程)×机械单位价格]

$$=83.06×37.31$$

$$=3\,098.97(元)$$

其他措施费合价=[工程量(分项工程)×其他措施费单位价格]

　　　　　　=83.06×50.91

　　　　　　=4 228.58(元)

安文费合价=[工程量(分项工程)×安文费单位价格]

　　　　　=83.06×110.65

　　　　　=9 190.59(元)

管理费合价=[工程量(分项工程)×管理费单位价格]

　　　　　=83.06×228.07

　　　　　=18 943.49(元)

利润合价=[工程量(分项工程)×利润单位价格]

　　　　=83.06×155.79

　　　　=12 939.92(元)

规费合价=[工程量(分项工程)×规费单位价格]

　　　　=83.06×137.20

　　　　=11 395.83(元)

综合工日合计=[工程量(分项工程)×定额中综合工日含量]

　　　　　　=83.06×9.79

　　　　　　=813.16(工日)

编制施工措施费用表，见表5-3。

表 5-3　施工措施费用表

工程名称：砌体工程　　　　　　　　　　　　　　　　　　第 1 页 共 1 页

序号	名称	单位	工程量	单价/元	合价/元
1	措施费 1				13 419.17
1.1	安全文明措施费	项	1	9 190.59	9 190.59
1.2	材料二次搬运费	项	1	2 114.29	2 114.29
1.3	夜间施工增加费	项	1	1 057.145	1 057.145
1.4	冬雨季施工增加费	项	1	1 057.145	1 057.145
2	措施费 2				
2.1	YA.12.1 施工排水、降水费				
2.2	……				
	措施项目合计				13 419.17

编制人：　　　　　　　　　　　　编制日期：

注：《河南省房屋建筑与装饰工程预算定额(2016)》规定，定额基价中的其他措施费内容包括夜间施工增加费、二次搬运费和冬雨季施工增加费，且所占比例分别为25%、50%、25%。

计算过程如下:

安全文明措施费:定额基价分析等于9 190.59元

材料二次搬运费=其他措施费×50%

$$=4\ 228.58×50\%$$

$$=2114.29(元)$$

夜间施工增加费=其他措施费×25%

$$=4\ 228.58×25\%$$

$$=1057.145(元)$$

冬雨季施工增加费=其他措施费×25%

$$=4\ 228.58×25\%$$

$$=1\ 057.145(元)$$

第二步:工料分析(根据定额材料消耗用量计算)。

多孔砖用量=3.397×83.06=282.15482(千块)

第三步:工料差价调整(表5-4)。

表5-4　材料价差表

工程名称:砌体工程　　　　　　　　　　　　　　　　　　　　　　第1页 共1页

序号	材料名	单位	材料量	定额价/元	市场价/元	价差/元	价差合计/元
1	多孔砖 240mm×115mm×90mm	千块	282.15482	488	440	-48	-13543.43

价差合计:-13543.43

编制人:　　　　　　　　　　　审核人:　　　　　　　　　　　编制日期:

第四步:计算单位工程施工图预算造价(表5-5)。

表5-5　工程费用汇总表

工程名称:砌体工程　　　　　　　　　　　　　　　　　　　　　　第1页 共1页

序号	费用项目	计算公式	费率	金额/元
1	分部分项工程费:	1.1+1.2+1.3+1.4+1.5+1.7		291 413.02
1.1	(1) 定额人工费	定额基价分析		103 297.57
1.2	(2) 定额材料费	定额基价分析		166 676.50
1.3	(3) 定额机械费	定额基价分析		3 098.97
1.4	(4) 定额管理费	定额基价分析		18 943.49
1.5	(5) 定额利润	定额基价分析		12 939.92
1.6	其中:综合工日	定额基价分析		813.16
1.7	调差:	1.7.1+1.7.2+1.7.3+1.7.4		-13 543.43

序号	费用项目	计算公式	费率	金额(元)
1.7.1	人工费差价	人工费差价合计		
1.7.2	材料费差价	材料费差价合计		−13 543.43
1.7.3	机械费差价	机械费差价合计		
1.7.4	管理费差价	管理费差价合计		
2	措施项目费:	2.1+2.2+2.3		13 419.17
2.1	安全文明施工费	定额基价分析		9 190.59
2.2	单价类措施费			
2.3	其他措施费(费率类)	定额基价分析		4 228.58
2.3.1	(1)二次搬运费	其他措施费×50%	50%	2 114.29
2.3.2	(2)夜间施工措施费	其他措施费×25%	25%	1 057.145
2.3.3	(3)冬雨季施工措施费	其他措施费×25%	25%	1 057.145
3	其他项目费	3.1+3.2+3.3+3.4+3.5		
3.1	暂列金额			
3.2	专业工程暂估价			
3.3	计日工			
3.4	总承包服务费			
3.5	其他			
4	规费	定额基价分析		11 395.83
5	不含税工程造价	1+2+3+4		316 228.02
6	增值税	5×9%	9%	28 460.52
7	含税工程造价	5+6		344 688.54

表中:

增值税=不含税工程造价×增值税税率(9%)

  =316 228.02×9%

  =28 460.52(元)

第五步:编写施工图预算编制总说明及封面。

特别提示

采用定额计价法计算单位工程施工图预算,套用地区预算定额,并依据当地市场价格信息进行价差调整,计算得出的施工图预算价反映的是该地区的社会平均水平,适合做招标控制价,而不适宜做投标报价。

总 说 明

1. 工程概况

(1) 工程概况：由××投资兴建的××工程，坐落于××，建筑面积：××平方米，占地面积：××平方米；建筑高度：××米，层高××米，层数××层；结构形式：××；基础类型：××；装饰标准：××等。本期工程范围包括：××。

(2) 编制依据：本工程依据《河南省房屋建筑与装饰工程预算定额(2016)》中的计价办法，根据××设计××的××工程施工设计图计算实物工程量。

(3) 材料价格按照本地市场价计入。

(4) 管理费。

(5) 利润。

(6) 特殊材料、设备情况说明。

(7) 其他需特殊说明的问题。

2．现场条件

3．编制施工图预算的依据及有关资料

4．对施工工艺、材料的特殊要求

5．其他

施工图预算价

工程名称：　　××工程砌体工程

招标控制价(小写)：　　344 688.54 元

(大写)：　　叁拾肆万肆仟陆佰捌拾捌元伍角肆分

招标人：　　　　　　　　　　　(单位盖章)

法定代表人

或其授权人：　　　　　　　　　　　(签字或盖章)

编制人：　　　　　　　　　　　(造价人员签字盖专用章)

编制时间：　　　　年　　　　月　　　　日

复核人：　　　　　　　　　(造价人员签字盖专用章)

复核时间：　　　　年　　　　月　　　　日

(封面)

5.3 清单计价法

5.3.1 工程量清单计价的基本程序

工程量清单计价的过程可以分为两个阶段，即工程量清单的编制和工程量清单计价两个阶段。工程量清单编制程序如图 5.1 所示，工程量清单计价的编制程序如图 5.2 所示。

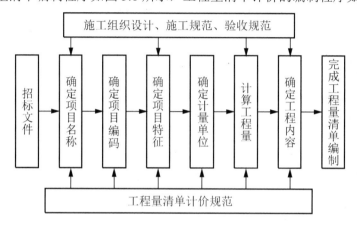

图 5.1 工程量清单编制程序

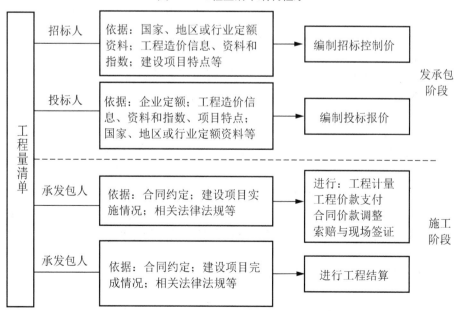

图 5.2 工程量清单计价编制程序

5.3.2 工程量清单计价的基本原理

工程量清单计价是指投标人完成由招标人提供的工程量清单所需的全部费用，包括分部分项工程费、措施项目费、其他项目费、规费和税金。工程量清单计价根据清单计价规范，按综合单价法计价，工程量乘以综合单价就可得到分部分项工程费用，再将各个分部分项工程费用，与措施项目费、其他项目费和规费、税金加以汇总，就可得到单位工程的造价；将单位工程的造价加以汇总就得到了单项工程造价；将单项工程造价汇总即得整个建设项目的总造价。公式分别为式(5-9)～(5-11)。

$$单位工程造价=分部分项工程费+措施项目费+其他项目费+规费+税金 \qquad (5-9)$$
$$单项工程造价=\sum 单位工程造价 \qquad (5-10)$$
$$建设项目总造价=\sum 单项工程造价 \qquad (5-11)$$

上述各项费用的计算方法如下，计算公式为式(5-12)～(5-18)。

1) 分部分项工程费

$$分部分项工程费=\sum 分部分项工程量×分部分项工程项目综合单价 \qquad (5-12)$$

其中，分部分项工程项目综合单价由人工费、材料费、施工机具使用费、企业管理费和利润以及一定范围的风险费用组成。

2) 措施项目费

$$措施项目费=\sum 措施项目工程量×措施项目综合单价 \qquad (5-13)$$

其中，可以计量的措施项目单价措施项目的综合单价的构成与分部分项工程项目综合单价构成一样都采用综合单价。国家计量规范规定不宜计量的措施项目总价措施项目计算方法如下。

(1) 安全文明施工费。

$$安全文明施工费=计算基数×安全文明施工费费率(\%) \qquad (5-14)$$

计算基数应为定额基价(定额分部分项工程费+定额中可以计量的措施项目)、定额人工费或(定额人工费+定额机械费)，其费率由工程造价管理机构根据各专业工程的特点综合确定。

(2) 夜间施工增加费。

$$夜间施工增加费=计算基数×夜间施工增加费费率(\%) \qquad (5-15)$$

(3) 二次搬运费。

$$二次搬运费=计算基数×二次搬运费费率(\%) \qquad (5-16)$$

(4) 冬雨季施工增加费。

$$冬雨季施工增加费=计算基数×冬雨季施工增加费费率(\%) \qquad (5-17)$$

(5) 已完工程及设备保护费。

$$已完工程及设备保护费=计算基数×已完工程及设备保护费费率(\%) \qquad (5-18)$$

上述(2)～(5)项措施项目的计费基数应为定额人工费或(定额人工费+定额机械费)，其费率由工程造价管理机构根据各专业工程特点和调查资料综合分析后确定。

3) 其他项目费

(1) 暂列金额由建设单位根据工程特点，按有关计价规定估算，施工过程中由建设单位掌握使用、扣除合同价款调整后如有余额，归建设单位。

(2) 暂估价是招标人在工程量清单中提供的用于支付必然发生但暂时不能确定价格的材料、工程设备的单价以及专业工程金额。材料(工程设备)暂估单价表和专业工程暂估价表都由招标人填写，投标人应将材料暂估单价计入工程量清单综合单价报价中，将专业工程暂估价计入投标总价中。

(3) 计日工由建设单位和施工企业按施工过程中的签证计价。

(4) 总承包服务费由建设单位在招标控制价中根据总包服务范围和有关计价规定编制，施工企业投标时自主报价，施工过程中按签约合同价执行。

4) 规费

(1) 社会保险费和住房公积金。

社会保险费和住房公积金应以定额人工费为计算基础，根据工程所在地省、自治区、直辖市或行业建设主管部门规定费率计算，计算公式为式(5-19)。

社会保险费和住房公积金=$\sum$(工程定额人工费×社会保险费和住房公积金费率) (5-19)

(2) 工程排污费。

工程排污费是指按规定缴纳的施工现场工程排污费，自 2018 年 1 月起停止征收。

工程排污费等其他应列而未列入的规费应按工程所在地环境保护等部门规定的标准缴纳，按实计取列入。

5) 税金

建筑安装工程费用中的税金是指按照国家税法规定的应计入建筑安装工程造价内的增值税税额，按税前造价乘以增值税税率确定，具体内容详见第 2.3 章节。

增值税税金计算公式为式(5-20)。

$$增值税税金=税前造价×增值税税率(\%) \tag{5-20}$$

5.3.3 工程量清单计价的特点

采用工程量清单计价方法具有如下特点。

1. 满足竞争的需要

招投标过程本身就是一个竞争的过程，招标人给出工程量清单，投标人去填单价(综合单价)，填高了中不了标，填低了又要赔本，这时候就体现出了企业技术、管理水平的重要性，形成了企业整体实力的竞争。

2. 提供了一个平等的竞争条件

采用定额计价方法投标报价，由于设计图纸的缺陷，不同投标企业的人员理解不一，计算出的工程量也不同，报价相去甚远，容易产生纠纷。而工程量清单报价就为投标者提供一个平等竞争的条件，相同的工程量，由企业根据自身的实力来填不同的单价，符合商品交换的一般性原则。

3. 有利于工程款的拨付和工程造价的最终确定

中标后，业主要与中标施工企业签订施工合同，工程量清单报价基础上的中标价就成了合同价的基础。投标清单上的单价也就成了拨付工程款的依据。业主根据施工企业完成的工程量，可以很容易地确定进度款的拨付额。工程竣工后，再根据设计变更、工程量的增减乘以相应单价，业主也很容易确定工程的最终造价。

4．有利于实现风险的合理分担

采用工程量清单报价方式后，投标单位只对自己所报的成本、单价等负责，而对工程量的变更或计算错误等不负责任，相应的，对于这一部分风险则应由业主承担，这种格局符合风险合理分担与责权利关系对等的原则。

5．有利于业主对投资的控制

采用定额计价法，业主对因设计变更、工程量的增减所引起的工程造价变化不敏感，往往等竣工结算时才知道这些对项目投资的影响有多大，但此时常常是为时已晚，而采用工程量清单计价的方式则一目了然，在要进行设计变更时，能马上知道它对工程造价的影响，这样业主就能根据投资情况来决定是否变更或进行方案比较，以决定最恰当的处理方法。

5.3.4 工程量清单计价编制的依据

由前可知，工程量清单计价的过程可以分为工程量清单的编制和工程量清单计价的编制两个阶段，同时编制者不同，编制的计价文件也不同，如站在招标人立场上可编制招标控制价，作为投标的最高限价；站在投标人立场上，可以编制投标报价，通过竞争谋取中标。所以其编制依据也大致可以分为以下三类。

1．工程量清单的编制依据

(1)《建设工程工程量清单计价规范》(GB 50500—2013)和相关工程的国家计量规范。
(2) 国家或省级、行业建设主管部门颁发的计价定额和办法。
(3) 建设工程设计文件及相关资料。
(4) 与建设工程有关的标准、规范、技术资料。
(5) 拟定的招标文件。
(6) 施工现场情况、地勘水文资料、工程特点及常规施工方案。
(7) 其他相关资料。

2．招标控制价的编制依据

(1)《建设工程工程量清单计价规范》(GB 50500—2013)。
(2) 国家或省级、行业建设主管部门颁发的计价定额和计价办法。
(3) 建设工程设计文件及相关资料。
(4) 拟定的招标文件及招标工程量清单。
(5) 与建设项目相关的标准、规范、技术资料。
(6) 工程造价管理机构发布的工程造价信息(无发布信息的参考市场价)。
(7) 其他的相关资料。

3．投标报价的编制依据

(1)《建设工程工程量清单计价规范》(GB 50500—2013)。
(2) 国家或省级、行业建设主管部门颁发的计价定额和计价办法。
(3) 企业定额、国家或省级、行业建设主管部门颁发的计价定额。
(4) 招标文件、工程量清单及其补充通知、答疑纪要。
(5) 建设工程设计文件及相关资料。

(6) 施工现场情况、工程特点及拟定的投标施工组织设计或施工方案。

(7) 与建设项目相关的标准、规范、技术资料。

(8) 市场价格信息或工程造价管理机构发布的工程造价信息。

(9) 其他的相关资料。

特别提示

通过对比，可以发现工程量清单和招标控制价的编制依据的都是统一发布的计价定额或造价信息以及常规施工方案，体现的是社会平均水平；而投标报价的编制依据的是企业定额和拟定的投标施工组织设计或施工方案，体现的是投标企业自己的水平，即平均先进水平。

5.3.5 工程量清单计价格式的组成

通常工程量清单计价格式一般由以下几个内容组成。

(1) 封面。包括工程量清单的封面、招标控制价的封面、投标总价的封面、竣工结算总价的封面，应按规定内容填写、签字、盖章。

(2) 工程计价总说明。包括工程概况、工程招标范围、工程量清单编制的依据和其他需要说明的问题等。

(3) 建设项目招标控制价/投标报价汇总表。应按各单项工程招标控制价/投标报价汇总表的合计金额填写。

(4) 单项工程招标控制价/投标报价汇总表。应按各单位工程招标控制价/投标报价汇总表的合计金额填写。

(5) 单位工程招标控制价/投标报价汇总表。由分部分项工程、措施项目、其他项目、规费、税金构成。

(6) 分部分项工程量清单与计价表。根据招标人提供的工程量清单填写单价与合价得到。

(7) 工程量清单综合单价分析表。

(8) 措施项目清单与计价表。

① 单价措施项目清单与计价表。适用于以综合单价形式计价的措施项目。

② 总价措施项目清单与计价表。适用于以"项"计价的措施项目。

(9) 其他项目清单与计价汇总表。应按各其他项目清单明细表的报价汇总填写。

① 暂列金额明细表。

② 材料(工程设备)暂估单价及调整表。

③ 专业工程暂估价表。

④ 计日工表。

⑤ 总承包服务费计价表。

(10) 规费、税金项目计价表。

5.3.6 工程量清单计价的编制步骤

工程量清单计价法与定额计价法编制工程预算造价的步骤基本一致，但也有所不同。具体如下。

(1) 熟悉施工图纸。

(2) 了解现场情况和施工组织设计资料及有关技术规范。

(3) 熟悉工程量清单计价规范和工程量清单计算规则，并研究招标文件。

(4) 熟悉加工订货的有关情况，明确主材和设备的来源情况。

(5) 列出工程项目，在熟悉图纸和工程量清单计价规范的基础上，根据工程量清单的项目划分，列出所需计算的分部分项工程项目、措施项目、其他项目、规费和税金项目清单。

(6) 计算各清单工程量，按照清单工程量计算规则计算工程实体数量。

以上(1)～(6)由招标人完成。

(7) 工程量清单项目组价，计算分部分项工程综合单价及费用。

(8) 分析综合单价，一个工程量清单项目由一个或几个定额子目组成，将各定额子目的综合单价汇总累加，再除以该清单项目的工程数量，即可求得该清单项目的综合单价。

(9) 确定措施项目清单费用。

(10) 确定其他项目清单费用。

(11) 计算规费及税金。

(12) 汇总各项费用计算工程造价。

以上(7)～(12)由投标人完成。

(13) 复核(同定额计价模式)。

(14) 编写工程计价总说明(同定额计价模式)。

(15) 装订签章(同定额计价模式)。

5.3.7 清单计价法编制施工图预算综合应用案例(河南省)

某工程砌多孔砖墙，招标人提供的工程量清单见表 5-6，主要材料市场价格见表 5-7。

表 5-6　工程量清单表

序号	项目编码	项目名称	项目特征描述	计量单位	工程量	综合单价	合价
1	010304001001	多孔砖墙	多孔砖 240mm×115mm×90mm (混水墙) 墙厚 240mm 墙高 3.6m 干混砌筑砂浆 DM M10	m³	830.6		

表 5-7　主要材料市场价格

序号	名称	规格、型号	单位	单价/元
1	多孔砖	240mm×115mm×90mm	千块	440
2	干混砌筑砂浆	DM M10	m³	200

已知安全文明施工费、其他措施费、规费均需计取，施工机械按租赁计算，租赁单价是河南省预算定额中定额台班单价的 1.2 倍，按一般纳税人计取增值税，税率为 9%，假设没有单价类措施项目，请根据《建设工程工程量清单计价规范》(GB 50500—2013)、《河南省房屋建筑与装饰工程预算定额(2016)》和郑州市 2018 年 7～12 月价格指数信息，确定该砌砖工程的施工图预算价。

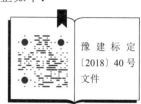

解：第一步：计算分部分项工程综合单价及费用。

人工费单价$=\sum$(工日消耗量×日工资单价)

$\qquad$ =2.373×87.1+6.192×134+1.031×201=1243.65(元)

根据河南省豫建标定〔2016〕40 号文件规定，对河南省预算定额中人工费、机械费、管理费实行指数法动态调整，已知 2018 年 7～12 月人工费指数是 1.082，基期指数是 1.37，管理费指数是 1.282，基期指数是 1，调整如下：

人工费单价=1243.65+1243.65×(1.082/1.37−1)

$\qquad$ =982.21(元)

材料费单价$=\sum$(材料消耗量×材料单价)

$\qquad$ =3.397×440+1.892×200+1.17×5.13+2006.7×0.0012

$\qquad$ =1881.49(元)

施工机械使用费单价$=\sum$(施工机械台班消耗量×机械台班单价)

$\qquad$ =0.189×197.4×1.2=44.77(元)

管理费和利润=228.07+228.07×(1.282/1−1)×6%+155.79=387.72(元)

分部分项工程综合单价计算：

人工费=[工程量(分项工程)×人工单位价格]=83.06×982.21=81582.36(元)

材料费=[工程量(分项工程)×材料单位价格]=1881.49×83.06=156276.56(元)

机械费=[工程量(分项工程)×机械单位价格]=44.77×83.06=3718.59(元)

管理费和利润=387.72×83.06=32204.02(元)

综合单价合计=人工费+材料费+机械费+管理费+利润=273781.53(元)

综合单价=273781.53÷830.6=329.62(元)

编制分部分项工程量清单计价表，见表 5-8。

表 5-8　分部分项工程量清单计价表

序号	项目编码	项目名称	项目特征描述	计量单位	工程量	金额/元		
						综合单价	合价	其中暂估价
1	010304001001	多孔砖墙	多孔砖 240mm×115mm×90mm(混水墙) 墙厚：240mm 墙高：3.6m 干混砌筑砂浆 DM M10	m³	830.6	329.62	273781.53	
合　计							273781.53	

第二步：分析综合单价(表 5-9)。

工程造价概论

工程名称:某工程

表 5-9 工程量清单综合单价分析表

第　页　共　页

| 项目编码 | 010304001001 | 项目名称 | 多孔砖墙 | 计量单位 | m³ | 工程量 | 830.6 |

清单综合单价组成明细

定额编号	定额名称	定额单位	数量	单价				合价			
				人工费	材料费	机械费	管理费和利润	人工费	材料费	机械费	管理费和利润
4-14 换	多孔砖墙 1 砖(干混砌筑砂浆 DM M10)	10m³	83.06	982.21	1 881.49	44.77	387.72	81 582.36	156276.56	3 718.59	32 204.02
人工单价			小计					81 582.36	156276.56	3 718.59	32 204.02
普工 87.1 元/工日			未计价材料						0		
清单项目综合单价							329.62				

材料费明细	主要材料名称、规格、型号	单位	数量	单价	合价	暂估单价	暂估合价
	干混砌筑砂浆 DM M10	m³	157.149	200.00	31429.8	0.00	0.00
	多孔砖 240×115×90	千块	282.154	440.00	124147.76	0.00	0.00

138

其中:

干混砌筑砂浆 DM M10 用量

=83.06×1.892=157.149m³ 合价=157.149×200=31429.8 元

多孔砖用量=83.06×3.397=282.154 千块 合价=282.154×440=124147.76 元

第三步:确定措施项目清单费用(表 5-10)。

表 5-10 总价措施项目清单计价表

工程名称:砌体工程 标段: 第 1 页 共 1 页

序号	项目编码	项目名称	费率	金额/元	调整费率	调整后金额/元	备注
1	011707001001	安全文明施工		9 190.59			
2	011707002001	夜间施工	25%	1 057.145			
3	011707004001	二次搬运	50%	2 114.29			
4	011707005001	冬雨季施工	25%	1 057.145			
		合计		13 419.17			

第四步:确定其他项目清单费用(表 5-11)。

表 5-11 其他项目清单与计价汇总表

工程名称:砌体工程 标段: 第 1 页 共 1 页

序号	项目名称	金额/元	结算金额/元	备注
1	暂列金额			
2	暂估价			
2.1	材料(工程设备)暂估价			
2.2	专业工程暂估价			
3	计日工			
4	总承包服务费			
	合 计			0

注:材料(工程设备)暂估单价进入清单项目综合单价,此处不汇总。

第五步:计算规费及增值税(表 5-12)。

第六步:汇总各项费用计算工程造价(汇总计算单位工程投标报价),见表 5-13。

第七步:编写工程计价总说明与封面。

表 5-12　规费、税金项目计价表

工程名称：砌体工程　　　　　　　　标段：　　　　　　　　第 1 页　共 1 页

序号	项目名称	计算基础	计算费率	金额/元
1	规费	1.1+1.2		11 395.83
1.1	定额规费	分部分项规费		11 395.83
1.2	其他			
2	增值税	分部分项工程费+措施项目费+其他项目费+规费−按规定不计税的工程设备金额	9%	26 873.69
	合　　计			38 269.52

表 5-13　单位工程投标报价汇总表

工程名称：砌体工程　　　　　　　　标段：　　　　　　　　第 1 页　共 1 页

序号	汇总内容	金额/元	其中：暂估价/元
1	分部分项工程	273 781.53	0.00
2	措施项目	13 419.17	
2.1	其中：安全文明施工费	9 190.59	
2.2	其他措施项目(费率类)	4 228.58	
2.3	单价措施项目	0.00	
3	其他项目	0.00	
3.1	其中：暂列金额	0.00	
3.2	其中：专业工程暂估价	0.00	
3.3	其中：计日工	0.00	
3.4	其中：总承包服务费	0.00	
3.5	其他		
4	规费	11 395.83	
5	不含税工程造价合计	298 596.53	
6	增值税	26 873.69	
7	含税工程造价合计	325 470.22	
投标报价合计=1+2+3+4+6		325 470.22	

 特别提示

　　市场经济条件下，采用工程量清单计价方法进行工程招投标活动，意在择优选择承包商。投标企业应按照自己的企业定额编制反映自己水平的投标报价。如果没有企业定额，依据地区预算定额和相关价格信息进行投标报价的编制，应考虑竞争择优的因素进行适当的调整，否则没有竞争优势。

总 说 明

工程名称：××工程砌体工程   第 1 页 共 1 页

1. 工程概况

(1) 由××投资兴建的××工程，坐落于××，建筑面积：××平方米，占地面积：××平方米；建筑高度：××米，层高××米，层数××层；结构形式：××；基础类型：××；装饰标准：××等。本期工程范围包括：××。

(2) 编制依据：本工程依据《建设工程工程量清单计价规范》(GB 50500—2013)，参考《河南省房屋建筑与装饰工程预算定额(2016)》和郑州市 2018 年 7～12 月价格指数信息，根据××设计的××工程施工设计图计算实物工程量。

(3) 材料价格按照本地市场价计入。

(4) 管理费。

(5) 利润。

(6) 特殊材料、设备情况说明。

(7) 其他需特殊说明的问题。

2. 现场条件

3. 编制施工图预算的依据及有关资料

4. 对施工工艺、材料的特殊要求

5. 其他

施工图预算价

招标人：
工程名称：　　××工程砌体工程
投标总价(小写)：　　325 470.22 元
(大写)：　　叁拾贰万伍仟肆佰柒拾元贰角贰分
投标人：　　　　　　　　　　(单位盖章)
或其授权人：　　　　　　　　(签字或盖章)
编制人：　　　　　　　　(造价人员签字盖专用章)
时　间：　　　　年　　　　月　　　　日

(封面)

5.4 定额计价与清单计价的对比

　　长期以来，我国的工程造价管理实行的是与高度集中的计划经济相适应的概预算定额管理制度，这种带有明显计划经济痕迹的模式无法体现出招投标竞争的核心——价格竞争，其最大的弊端是遏制了竞争全面性，投标竞争往往是预算人员水平的较量。同时，传统定额计价方法反映社会平均水平的预算定额与市场脱节，不能真实地反映出工程建设或建筑产品的市场价格，也反映不出企业的实际消耗和技术管理水平，这在一定程度上限制企业的技术进步和管理水平的提高，也无法体现出招投标活动中"公平、公开、公正"的原则，影响了招投标竞争机制的充分发挥，很容易导致招标人和投标人之间采取不正当手段泄露标底、串通投标、围标、行贿受贿等不正当竞争行为和腐败现象的滋生。因此，对工程计价方式和工程预算定额进行深入改革势在必行。

　　由于这种计划经济色彩浓厚的计价方法与瞬息万变的市场不相吻合，必然与我国确立的社会主义市场经济体制相矛盾。在这种来自市场的压力下，以广东及深圳首先放开材料价格为开端，工程造价管理部门不得不相继放开其他价格。由于为了适应快速报价的要求，一些沿海省、市开始编制工程综合单价，这种综合单价仍是一种"量价合一"的定额，虽然定额管理部门明确指出：第一，这种单价是指导性的，第二，各种价格是有基期的基期价格，而即时价格，可以从工程造价管理机构发布的信息或网络上查定。但是由于这种定额采用的价格是一种综合单价，是将各种工料和价格从市场上采集后编制成直接费，然后参照费用定额把各项间接费(包括管理费、利润等)分解到各分部分项工程合成为综合单价，这仍然是一种计划的综合单价，而不是通过市场竞争而成的，所以我们称这种计价方法为"过渡时期计价方法"，相应的这种综合单价即为过渡时期计价依据。

　　过渡时期计价方法是一种历史的必然产物，首先是因为在固定资产投资领域，虽然投资主体已经多元化，但政府性投资或国有企业投资(含国有企业控股投资)主体仍是最大的主体。出于对国有投资实施控制的考虑，工程造价管理机构的这种融合了计划与市场两种色彩的折中方案迎合了政府中计划部门的需要。其次是因为出于保护国有大中型施工企业的需要，出于社会稳定的政治需要，地方政府不得不保护国有大中型施工企业。而这种折中方案——过渡时期的计价依据，在编制标底时，通过评标时所谓上下不许越过某一限度，就使竞争压力大大降低。因此，过渡时期的计价方法和计价依据在内陆省市肯定是会有一定的生存基础和空间的。但是，由于我国改革开放的目标是建立社会主义市场经济，同时我国加入 WTO 后，就将迫使我国纳入全球经济一体化轨道，而全球经济的主体是市场经济，所以这两方面的压力，将使我国工程造价管理改革最终目标是建立市场经济的计价方法，即在招标时，由招标方提供工程量清单，各投标单位(承包商)根据自己的实力，按照竞争策略的要求自主报价，业主择优定标，以工程合同使报价法定化，施工中出现与招标文件或合同规定不符合的情况或工程量发生变化时据实索赔，调整支付。这种计价方法即为工程量清单计价法，它实现了："控制量，放开价，由企业自主报价，最终由市场形成价格"的格局。

5.4.1 定额计价与工程量清单计价的特点

1. 定额计价的特点

(1) 定额计价必须按预算制度的规定来计算工程造价。预算制度包括内容如下。第一，计价时必须按计价基础的规定计价，如计价定额、生产要素价格和取费标准的选用，计费程序和有关费率的规定等。第二，动态调整依据和方法的制定，如工、料、机市场信息价格，必须由工程造价管理部门按照社会平均水平的原则发布。第三，定额编制和生产要素价格的确定，如预算定额(或消耗量定额)、材料预算价格(含定额取定价)必须由工程造价管理部门按社会平均水平的原则编制。第四，人工幅度差、机械幅度差、各种材料的损耗率(包括施工损耗、运输损耗、仓储损耗等)按国家有关部门的统一规定执行。

(2) 按照定额计价方法确定的工程造价，除了利润和税金外，剩下的就是预算成本。这里，预算成本不等于企业施工时发生的实际成本。假设预算成本减去实际成本等于 F，当 F 大于零时，增加企业利润；反之，冲减企业利润。因此，该工程造价不反映企业的实际情况。

2. 清单计价的特点

(1) 工程量清单计价方法是一个平台。在这个平台上，招标人提供工程量清单，承担着计算工程量义务和工程量误差及漏项的风险；投标人则承担着根据清单项目工程量，确定组价内容自主报价的义务和报价高低的风险，报价高了就不能中标，报价低于成本就会亏损。

(2) 以招标人提供的工程量清单作为平台。在这个平台上，各个投标人能够在同一起点上开展竞争，即在相同的清单项目和相同的清单项目工程量的基础上，自主报价。这时，清单项目及其工程量是一致的，投标人之间只存在报价的竞争。报价的高低，显示了企业综合生产能力的高低。

5.4.2 定额计价与工程量清单计价的区别

1. 工程造价构成不同

按定额计价时，单位工程造价由人工费、材料(包含工程设备，下同)费、施工机具使用费、企业管理费、利润、规费和税金组成。计价时先计算人、材、机具费，再以人、材、机具费(或其中的人工费或人工费与机械费合计)为基数计算各项费用、利润和税金，最后汇总为单位工程造价；工程量清单计价时，单位工程造价由分部分项工程费、措施项目费、其他项目费和规费、税金组成。

2. 分项工程单价构成不同

按定额计价时分项工程的单价是工料单价，即只包括人工、材料、机具费；工程量清单计价时分项工程单价一般为综合单价。清单计价的综合单价，从工程内容角度讲不仅包括组成清单项目的主体工程项目，还包括与主体项目有关的辅助项目。也就是说，一个清单项目可能包括多个分项工程，例如，砖基础这个清单项目，砖基础就是主体项目，而垫层、防潮层等就是辅助项目；从费用内容角度讲综合单价除了人工、材料、机具费，还包括企业管理费、利润和必要的风险费。采用综合单价便于工程款支付、工程造价的调整和工程结算，也避免了因为"取费"产生的一些无谓纠纷。

3. 计价依据不同

这是清单计价和定额计价的最根本区别。按定额计价时唯一的依据就是定额，所报的工程造价实际上是社会平均价，反映的是社会平均成本，其本质还是政府定价；而工程量清单计价的主要依据是企业定额，包括企业生产要素消耗量标准、材料价格、施工机械配备及管理状况、各项管理费支出标准等，反映的是个别成本。目前可能多数企业没有企业定额，但随着工程量清单计价形式的推广和报价实践的增加，企业将逐步建立起自身的定额和相应的项目单价，当企业都能根据自身状况和市场供求关系报出综合单价时，企业自主报价、市场竞争定价的计价格局也将形成。

4. 采用的生产要素价格不同

定额计价的建设工程，工、料、机价格一律采用取定价，对于材料的动态调整，其调整的依据也是平均的市场信息价格。不同的施工企业，均采用同一标准调价。生产要素价格不反映企业的管理技术能力。清单计价的建设工程，编制招标控制价时，生产要素价格采用定额取定价，动态调整时，采用同一标准的、平均市场信息价调价；投标报价时，可以采用或参照定额取定价，也可采用企业自己的工、料、机价格报价，生产要素价格应反映企业实际的管理水平。

5. 风险承担不同

传统定额计价方式下，量价合一，量、价风险都由投标人承担；工程量清单计价方式下，实行的是量价分离，工程量上的风险由招标人承担，单价上的风险由投标人承担，这样对合同双方更加公平合理。

6. 项目的划分不同

定额计价，项目划分按施工工序列项、实体和措施相结合，施工方法、手段单独列项，人工、材料、机械消耗量已在定额中规定，不能发挥市场竞争的作用；工程量清单计价，项目划分以实体列项，实体和措施项目相分离，施工方法、手段不列项，不设人工、材料、机械消耗量。这样加大了承包企业的竞争力度，鼓励企业尽量采用合理的技术措施，提高技术水平和生产效率，市场竞争机制可以充分发挥。

7. 工程量来源不同

定额计价的建设工程，其工程量计算由承包商负责计算。计算规则采用的是计价定额(预算定额或消耗量定额)所规定的。清单计价的建设工程，其工程量来源于两个方面，第一，工程量清单上的工程数量，由招标人计算，计算规则是国家标准《建设工程工程量清单计价规范》(GB 50500—2013)规定的；第二，清单项目组价内容工程量，由投标人计算，计算规则是投标使用的计价定额所规定的。例如，砖基础清单项目工程量 A，由招标方计算并提供；砖基础清单项目的组价内容(砖基础工程量 a、垫层工程量 b、防潮层工程量 c)，由投标人计算并提供。

除上述不同外，工程量清单计价与定额计价还有计量单位不同、计价表格不同等其他差异之处。

综上所述，工程量清单计价方法的实行是我国建筑市场发展的必然趋势，是多年来我国市场经济发展的必然结果，也是我国与国际工程造价计价方法进行接轨的唯一选择，它对我国健全招标投标机制和改善建筑市场公平的竞争环境将起到非常大的作用。

清单计价法在招投标阶段中的应用案例详见本书附录。

本 章 小 结

本章主要介绍了施工图预算的含义、编制依据、编制原则等基础知识，施工图预算的两种编制方法，即定额计价法和清单计价法。

定额计价采用统一的定额、统一的费率、统一的费用计算程序确定工程造价的方法，称为定额计价方法。定额计价法分为单价法和实物法。单价法又可按照其包含内容分为工料单价、综合单价和全费用单价。

清单计价法采用综合单价，是先计算出单位工程的各分项工程量，然后再乘以对应的综合单价，求出各分项工程的综合费用，将各分部分项工程的综合费用汇总为单位工程的综合费用，单位工程的综合费用汇总后另加措施费、其他项目费、规费和税金生成单位工程施工图预算造价。

工程量清单计价是投标人完成由招标人提供的工程量清单所需的全部费用，包括分部分项工程费、措施项目费、其他项目费和规费、税金。

两种计价方法在工程造价的构成、编制依据、计价程序等方面有着显著区别。

习 题

一、单选题

1. 在用工料单价法编制工程造价的过程中，单价是指(   )。

  A. 人工日工资单价   B. 材料单价

  C. 施工机械台班单价   D. 人、材、机单价

2. 目前建筑安装工程费用中的增值税税率是(   )。

  A. 10%   B. 11%   C. 9%   D. 13%

3. 建筑安装工程费计价过程中，采用的工程单价形式主要有工料单价、( )和全费用单价。

    A. 概算单价　　　B. 清单综合单价　C. 实际单价　　　D. 费用单价

4. 北京市某单位拟建职工住宅楼，其税前造价为150万元，承包人为北京市郊区某县建筑公司，则该建筑公司应交纳的增值税税金是( )元。

    A. 165 000　　　B. 135 000　　　C. 150 000　　　D. 195 000

5. 定额计价法编制施工图预算采用的是( )。

    A. 工料单价　　　B. 全费用单价　　　C. 综合单价　　　D. 投标报价的平均价

6. 住房公积金应以( )为计算基础，根据工程所在地省、自治区、直辖市或行业建设主管部门规定费率计算。

    A. 材料费　　　　　　　　　B. 定额人工费

    C. 施工机具使用费　　　　　D. 综合费用

二、多选题

1. 采用工程量清单计价，下列计算公式正确的是( )。

    A. 分部分项工程费=∑分部分项工程量×分部分项工程综合单价

    B. 措施项目费=∑措施项目工程量×措施项目综合单价

    C. 单位工程报价=∑分部分项工程费

    D. 单项工程报价=∑单位工程报价

    E. 建设项目总报价=∑单项工程报价

2. 施工图预算价格的编制方法主要采用( )。

    A. 工程量清单计价法　　　　B. 实物量法

    C. 定额计价法　　　　　　　D. 单位估价法

    E. 综合单价法

3. 采用定额计价法编制单位工程建筑安装工程预算的方法包括( )。

    A. 单价法　　　　　　　　　B. 单位估价法

    C. 实物法　　　　　　　　　D. 清单计价法

    E. 综合单价法

4. 工程量清单的编写过程中应满足下列原则( )。

    A. 遵守有关法律法规　　　　B. 按照国家规范进行清单编制

    C. 遵守招标文件相关要求　　D. 编制依据齐全

    E. 考虑投标人的技术水平

5. 定额计价与工程量清单计价的主要区别有( )。

    A. 工程造价构成不同　　　　B. 计价依据不同

    C. 分项工程单价构成不同　　D. 编制单位不同

    E. 风险承担不同

6. 安全文明施工费的计算基数可以为(　　)。

 A. 定额基价   B. 定额人工费

 C. 定额机械费   D. 定额材料费

 E. 定额人工费+定额机械费

三、简答题

1. 简述我国目前施工图预算的编制方法有哪几种，并说明它们之间的主要区别。

2. 简述工程预算文件的组成。

3. 简述工程量清单计价格式的组成内容。

4. 简述定额计价方法下施工图预算的编制步骤。

5. 简述工程量清单计价方法下施工图预算的编制步骤。

四、案例分析

某市区内 6 层住宅楼，总建筑面积 4 519.53m²，预算分析表明，分部分项工程费 3 605 378.60 元，总价措施费 231 303 元，其中其他措施费 33 425 元，安全文明施工费 197 878 元，无单价措施项目，其他项目费为 12 000 元，规费为 300 828 元，增值税税率 9%，试按工程量清单计价方法计算该住宅楼工程造价。

第 5 章
习题测试

第**6**章 工程造价咨询业与业务活动

教学目标

通过学习本章内容，理解工程造价咨询和工程造价咨询企业的含义，熟悉工程造价咨询企业和工程造价咨询从业人员的管理办法以及工程造价咨询企业所从事的业务活动。

教学要求

能力目标	知识要点	权重
理解工程造价咨询和工程造价咨询企业的含义	咨询、工程造价咨询、智力服务活动	10%
查阅并熟悉工程造价咨询企业的相关管理办法	资质管理、执业范围、行为准则、法律责任	30%
查阅并熟悉工程造价咨询从业人员的相关管理办法	资格考试、执业、资格管理、继续教育、自律法律责任	30%
熟悉工程造价咨询业务活动	造价文件的编制和审查、工程审计、招标代理	30%

 问题引领

通过前面第1~5章的学习，我们知道了工程造价的含义和构成，以及工程造价的计算程序等，那么相关计价工作都由什么单位、什么专业技术人员来完成的呢？他们还可以做什么工作、对造价文件要承担什么责任？目前，又有哪些相关的管理办法需要我们去了解呢？要想获得更大的发展，这些单位今后的工作重点又应该放在哪里？

6.1 工程造价咨询业

6.1.1 工程造价咨询的含义

咨询，是指利用科学技术和管理人才的专业技能，根据委托方的要求，为有关决策、技术和管理等方面的问题提供优化方案的智力服务活动。它以智力劳动为特点，以特定问题为目标，以委托人为服务对象，按合同规定条件进行有偿经营活动。

工程造价咨询，是指面向社会接受委托，承担建设工程项目的可行性研究、投资估算、项目经济评价、工程概预算、工程结算、竣工决算、工程招标控制价、投标报价的编制和审核，对工程造价进行监控以及提供有关工程造价信息资料等业务工作。

6.1.2 工程造价咨询企业

工程造价咨询企业，是指接受委托，对建设项目投资、工程造价的确定与控制提供专业咨询服务的企业。工程造价咨询企业应当依法取得工程造价咨询企业资质，并在其资质等级许可的范围内从事工程造价咨询活动。

工程造价咨询企业可以为政府部门、建设单位、施工单位、设计单位提供相关专业技术服务，这种以造价咨询业务为核心的服务有时是单项或分阶段的，有时覆盖工程建设全过程。

工程造价咨询企业从事工程造价咨询活动，应当遵循独立、客观、公正、诚实信用的原则，不得损害社会公共利益和他人的合法权益。同时，任何单位和个人不得非法干预依法进行的工程造价咨询活动。

 知识链接

住建部令
第24号

2006年2月22日发布，并自2006年7月1日起施行的《工程造价咨询企业管理办法》(中华人民共和国建设部令第149号)中对工程造价咨询企业及其管理制度做出明确规定。截至目前，该管理办法先后根据2015年5月4日中华人民共和国住房和城乡建设部令第24号《住房和城乡建设部关于修改〈房地产开发企业

资质管理规定》等部门规章的决定》和 2016 年 9 月 13 日中华人民共和国住房和城乡建设部令第 32 号《住房城乡建设部关于修改〈勘察设计注册工程师管理规定〉等 11 个部门规章的决定》进行了两次修订。

住建部令
第 32 号

1. 工程造价咨询企业资质管理

根据《工程造价咨询企业管理办法》，工程造价咨询企业依法从事工程造价咨询活动，不受行政区域限制。资质等级分为甲级、乙级两类。甲级工程造价咨询企业可以从事各类建设工程项目的工程造价咨询业务。乙级工程造价咨询企业可以从事工程造价 5 000 万元人民币以下的各类建设工程项目的工程造价咨询业务。

申请甲级工程造价咨询企业资质的，应当向申请人工商注册所在地省、自治区、直辖市人民政府住房和城乡建设主管部门或者国务院有关专业部门提出申请。省、自治区、直辖市人民政府住房和城乡建设主管部门或者国务院有关专业部门收到申请材料后，应当在 5 日内将全部申请材料报国务院住房和城乡建设主管部门，国务院住房和城乡建设主管部门应当自受理之日起 20 日内作出决定。

申请乙级工程造价咨询企业资质的，由省、自治区、直辖市人民政府住房和城乡建设主管部门审查决定。其中，申请有关专业乙级工程造价咨询企业资质的，由省、自治区、直辖市人民政府住房和城乡建设主管部门商同级有关专业部门审查决定。乙级工程造价咨询企业资质许可的实施程序由省、自治区、直辖市人民政府住房和城乡建设主管部门依法确定。省、自治区、直辖市人民政府住房和城乡建设主管部门应当自做出决定之日起 30 日内，将准予资质许可的决定报国务院住房和城乡建设主管部门备案。

工程造价咨询企业资质有效期为 3 年。资质有效期届满，需要继续从事工程造价咨询活动的，应当在资质有效期届满 30 日前向资质许可机关提出资质延续申请。资质许可机关应当根据申请做出是否准予延续的决定。准予延续的，资质有效期延续 3 年。

知识链接

新申请工程造价咨询企业资质的，其资质等级按照《工程造价咨询企业管理办法》第十条第(一)项至第(九)项所列资质标准核定为乙级，设暂定期一年。暂定期届满需继续从事工程造价咨询活动的，应当在暂定期届满 30 日前，向资质许可机关申请换发资质证书。符合乙级资质条件的，由资质许可机关换发乙级资质证书。

工程造价咨询企业的名称、住所、组织形式、法定代表人、技术负责人、注册资本等事项发生变更的，应当自变更确立之日起 30 日内，到资质许可机关办理资质证书变更手续。

工程造价咨询企业合并的，合并后存续或者新设立的工程造价咨询企业可以承继合并前各方中较高的资质等级，但应当符合相应的资质等级条件。

工程造价咨询企业分立的，只能由分立后的一方承继原工程造价咨询企业资质，但应当符合原工程造价咨询企业资质等级条件。

2. 工程造价咨询企业执业范围

(1) 建设项目建议书及可行性研究投资估算、项目经济评价报告的编制和审核。

(2) 建设项目概预算的编制与审核，并配合设计方案比选、优化设计、限额设计等工作进行工程造价分析与控制。

(3) 建设项目合同价款的确定(包括招标工程工程量清单和标底、投标报价的编制和审核)；合同价款的签订与调整(包括工程变更、工程洽商和索赔费用的计算)及工程款支付，工程结算及竣工结(决)算报告的编制与审核等。

(4) 工程造价经济纠纷的鉴定和仲裁的咨询。

(5) 提供工程造价信息服务等。

工程造价咨询企业可以对建设项目的组织实施进行全过程或者若干阶段的管理和服务。

3. 工程造价咨询企业行为准则

为了保障国家与公共利益，维护公平竞争的良好秩序以及各方的合法权益，具有造价咨询资质的企业在执业活动中均应遵循行业行为准则。

(1) 执行国家的宏观经济政策和产业政策，遵守国家和地方的法律、法规及有关规定，维护国家和人民的利益。

(2) 接受工程造价咨询行业自律组织业务指导，自觉遵守本行业的规定和各项制度，积极参加本行业组织的业务活动。

(3) 按照工程造价咨询企业资质证书规定的资质等级和服务范围开展业务。

(4) 具有独立执业能力和工作条件，以精湛的专业技能和良好的职业操守，竭诚为客户服务。

(5) 按照公平、公正和诚信的原则开展业务，认真履行合同，依法独立自主开展经营活动，努力提高经济效益。

(6) 靠质量、靠信誉参加市场竞争，杜绝无序和恶性竞争；不得利用与行政机关、社会团体以及其他经济组织的特殊关系搞业务垄断。

(7) 以人为本，鼓励员工更新知识，掌握先进的技术手段和业务知识，采取有效措施组织、督促员工接受继续教育。

(8) 不得在解决经济纠纷的鉴证咨询业务中分别接受双方当事人的委托。

(9) 不得阻挠委托人委托其他工程造价咨询单位参与咨询服务；共同提供服务的工程造价咨询单位之间应分工明确，密切协作，不得损害其他单位的利益和名誉。

(10) 有义务保守客户的技术和商务秘密，客户事先允许和国家另有规定的除外。

4. 工程造价咨询企业信用制度

工程造价咨询企业应当按照有关规定，向资质许可机关提供真实、准确、完整的工程造价咨询企业信用档案信息。工程造价咨询企业信用档案应当包括工程造价咨询企业的基本情况、业绩、良好行为、不良行为等内容。违法行为、被投诉举报处理、行政处罚等情况应当作为工程造价咨询企业的不良记录记入其信用档案。任何单位和个人均有权查阅信用档案。

5. 工程造价咨询企业法律责任

申请人隐瞒有关情况或者提供虚假材料申请工程造价咨询企业资质的，不予受理或者不予资质许可，并给予警告，申请人在 1 年内不得再次申请工程造价咨询企业资质。

以欺骗、贿赂等不正当手段取得工程造价咨询企业资质的，由县级以上地方人民政府住房和城乡建设主管部门或者有关专业部门给予警告，并处 1 万元以上 3 万元以下的罚款，申请人 3 年内不得再次申请工程造价咨询企业资质。

未取得工程造价咨询企业资质从事工程造价咨询活动或者超越资质等级承接工程造价咨询业务的，出具的工程造价成果文件无效，由县级以上地方人民政府住房和城乡建设主管部门或者有关专业部门给予警告，责令限期改正，并处以 1 万元以上 3 万元以下的罚款。

工程造价咨询企业不及时办理资质证书变更手续的，由资质许可机关责令限期办理；逾期不办理的，可处以 1 万元以下的罚款。

工程造价咨询企业有下列行为之一的，由县级以上地方人民政府住房和城乡建设主管部门或者有关专业部门给予警告，责令限期改正，并处以 1 万元以上 3 万元以下的罚款。

(1) 涂改、倒卖、出租、出借资质证书，或者以其他形式非法转让资质证书。

(2) 超越资质等级业务范围承接工程造价咨询业务。

(3) 同时接受招标人和投标人或两个以上投标人对同一工程项目的工程造价咨询业务。

(4) 以给予回扣、恶意压低收费等方式进行不正当竞争。

(5) 转包承接的工程造价咨询业务。

(6) 法律、法规禁止的其他行为。

6.1.3 工程造价咨询企业的转型升级

2017 年 2 月 24 日，国务院办公厅发布《国务院办公厅关于促进建筑业持续健康发展的意见》(国办发〔2017〕19 号)，在完善工程建设组织模式中提出"培育全过程工程咨询"，这是在建筑工程项目的全产业链中首次明确"全过程工程咨询"这一理念。

2017 年 5 月 2 日，住建部发布了《关于开展全过程工程咨询试点工作的通知》(建市〔2017〕101 号)，选择 8 省市和 40 家企业开展为期两年的全过程工程咨询试点工作。

2019 年 3 月 15 日，国家发展和改革委、住房和城乡建设部联合发文《关于推进全过程工程造价咨询服务发展的指导意见》(发改投资规〔2019〕515 号)，提出要大力发展以市场需要为导向、满足委托方多样化需求的全过程工程咨询服务模式。特别是要遵循项目周期规律和建设程序的客观要求，在项目决策和建设实施两个阶段，着力破除制度性障碍，重点培养发展投资决策综合性咨询和工程全过程咨询，为固定资产投资及建设活动提供高质量智力技术服务，全面提升投资效益、工程建设质量和运营效率，推动高质量发展。

国家发展改革委联合住房城乡建设部印发《关于推进全过程工程咨询服务发展的指导意见》(发改投资规〔2019〕515 号)

全过程工程咨询，涉及建设工程全生命周期内的策划咨询、前期可研、工程设计、招标代理、造价咨询、工程监理、施工前期准备、施工过程管理、竣工验收及运营保修等各个阶段的管理服务。

全过程工程咨询鼓励投资咨询、勘察、设计、监理、招标代理、造价等企业采取联合经营、并购重组等方式发展全过程工程咨询，培育一批具有国际水平的全过程工程咨询企业。

实行全过程工程咨询，其高度整合的服务内容在节约投资成本的同时也有助于缩短项目工期，提高服务质量和项目品质，有效规避风险，这是政策导向也是行业进步的体现。

工程造价咨询企业应积极响应政府号召，从单一的工程造价咨询走向全过程的咨询管理，将企业原来单一的部门变成多个综合性部门，逐步提高企业自身能力，适应工程咨询市场的迅猛发展。

6.2 工程造价咨询从业人员

在我国建设工程造价管理活动中，从事建设工程造价管理的从业人员主要可以分为两大类：取得执业资格证书并经注册的专业人员，即一级造价工程师和二级造价工程师；未取得资格证书的工程造价专业以及相近专业的大学毕业生。

6.2.1 造价工程师

造价工程师是指通过全国造价工程师执业资格统一考试，或者资格认定、资格互认，取得中华人民共和国造价工程师执业资格(以下简称执业资格)，并按有关规定进行注册，取得中华人民共和国造价工程师注册证书(以下简称注册证书)和执业印章，从事工程造价活动的专业人员。

🏘 知识链接

2006 年 12 月 25 日中华人民共和国建设部令第 150 号《注册造价工程师管理办法》发布，依据 2016 年 9 月 13 日中华人民共和国住房和城乡建设部令第 32 号《住房城乡建设部关于修改〈勘察设计注册工程师管理规定〉等 11 个部门规章的决定》进行了修订。

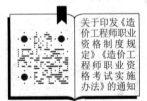

为统一和规范造价工程师职业资格设置和管理，提高工程造价专业人员素质，提升建设工程造价管理水平，2018 年 7 月 20 日，中华人民共和国住房和城乡建设部、中华人民共和国交通运输部、中华人民共和国水利部、中华人民共和国人力资源和社会保障部等部门联合发布了《造价工程师职业资格制度规定》和《造价工程师职业资格考试实施办法》。

造价工程师分为一级造价工程师和二级造价工程师。未取得注册证书和执业印章的人员，不得以注册造价工程师的名义从事工程造价活动。

一级造价工程师职业资格考试全国统一大纲、统一命题、统一组织。二级造价工程师职业资格考试全国统一大纲，各省、自治区、直辖市自主命题并组织实施。

住房和城乡建设部组织拟定一级造价工程师和二级造价工程师职业资格考试基础科目和专业科目的考试大纲，组织一级造价工程师基础科目和专业科目命审题工作。

一级造价工程师职业资格考试设《建设工程造价管理》《建设工程计价》《建设工程技术与计量》《建设工程造价案例分析》4 个科目。其中，《建设工程造价管理》和《建设工程计价》为基础科目，《建设工程技术与计量》和《建设工程造价案例分析》为专业科目。

二级造价工程师职业资格考试设《建设工程造价管理基础知识》《建设工程计量与计价实务》2 个科目。其中，《建设工程造价管理基础知识》为基础科目，《建设工程计量与计价实务》为专业科目。

 **知识链接**

造价工程师职业资格考试专业科目分为土木建筑工程、交通运输工程、水利工程和安装工程4 个专业类别，考生在报名时可根据实际工作需要选择其一。

1. 申请条件

(1) 一级造价工程师申请条件

凡遵守中华人民共和国宪法、法律、法规，具有良好的业务素质和道德品行，具备下列条件之一者，可以申请参加一级造价工程师职业资格考试：

① 具有工程造价专业大学专科(或高等职业教育)学历，从事工程造价业务工作满 5 年；具有土木建筑、水利、装备制造、交通运输、电子信息、财经商贸大类大学专科(或高等职业教育)学历，从事工程造价业务工作满 6 年。

② 具有通过工程教育专业评估(认证)的工程管理、工程造价专业大学本科学历或学位，从事工程造价业务工作满 4 年；具有工学、管理学、经济学门类大学本科学历或学位，从事工程造价业务工作满 5 年。

③ 具有工学、管理学、经济学门类硕士学位或者第二学士学位，从事工程造价业务工作满 3 年。

④ 具有工学、管理学、经济学门类博士学位，从事工程造价业务工作满 1 年。

⑤ 具有其他专业相应学历或者学位的人员，从事工程造价业务工作年限相应增加 1 年。

一级造价工程师职业资格考试合格者，由各省、自治区、直辖市人力资源社会保障行政主管部门颁发中华人民共和国一级造价工程师职业资格证书。该证书由人力资源社会保障部统一印制，住房和城乡建设部分别与人力资源社会保障部用印，在全国范围内有效。

(2) 二级造价师申请条件

凡遵守中华人民共和国宪法、法律、法规，具有良好的业务素质和道德品行，具备下列条件之一者，可以申请参加二级造价工程师职业资格考试：

① 具有工程造价专业大学专科(或高等职业教育)学历，从事工程造价业务工作满 2 年；

具有土木建筑、水利、装备制造、交通运输、电子信息、财经商贸大类大学专科(或高等职业教育)学历,从事工程造价业务工作满3年。

② 具有工程管理、工程造价专业大学本科及以上学历或学位,从事工程造价业务工作满1年;具有工学、管理学、经济学门类大学本科及以上学历或学位,从事工程造价业务工作满2年。

③ 具有其他专业相应学历或学位的人员,从事工程造价业务工作年限相应增加1年。

二级造价工程师职业资格考试合格者,由各省、自治区、直辖市人力资源社会保障行政主管部门颁发中华人民共和国二级造价工程师职业资格证书。该证书由各省、自治区、直辖市住房和城乡建设行政主管部门分别与人力资源社会保障行政主管部门用印,原则上在所在行政区域内有效。

2. 注册

注册造价工程师实行注册执业管理制度。取得执业资格的人员,经过注册方能以注册造价工程师的名义执业。

注册造价工程师的注册条件为:

(1) 取得执业资格。

(2) 受聘于一个工程造价咨询企业或者工程建设领域的建设、勘察设计、施工、招标代理、工程监理、工程造价管理等单位。

(3) 无《注册造价工程师管理办法》第十二条不予注册的情形。

知识链接

根据《注册造价工程师管理办法》第十二条的规定,有下列情形之一的,不予注册:(1)不具有完全民事行为能力的;(2)申请在两个或者两个以上单位注册的;(3)未达到造价工程师继续教育合格标准的;(4)前一个注册期内工作业绩达不到规定标准或未办理暂停执业手续而脱离工程造价业务岗位的;(5)受刑事处罚,刑事处罚尚未执行完毕;(6)因工程造价业务活动受刑事处罚,自刑事处罚执行完毕之日起至申请注册之日止不满5年的;(7)因前项规定以外原因受刑事处罚,自处罚决定之日起至申请注册之日止不满3年的;(8)被吊销注册证书,自被处罚决定之日起至申请注册之日止不满3年的;(9)以欺骗、贿赂等不正当手段获准注册被撤销,自被撤销注册之日起至申请注册之日止不满3年的;(10)法律、法规规定不予注册的其他情形。

取得执业资格的人员申请注册的,可以向聘用单位工商注册所在地的省、自治区、直辖市人民政府住房和城乡建设主管部门或者国务院有关专业部门提交申请材料。

国务院住房和城乡建设主管部门在收到申请材料后,应当依法作出是否受理的决定,并出具凭证;申请材料不齐全或者不符合法定形式的,应当在5日内一次性告知申请人需要补正的全部内容。逾期不告知的,自收到申请材料之日起即为受理。

准予注册的,由注册机关核发注册证书和执业印章。注册证书和执业印章是注册造价工程师的执业凭证,应当由注册造价工程师本人保管、使用。

3. 执业

注册造价工程师应当在本人承担的工程造价成果文件上签字并盖章。修改经注册造价工程师签字盖章的工程造价成果文件，应当由签字盖章的注册造价工程师本人进行。注册造价工程师本人因特殊情况不能进行修改的，应当由其他注册造价工程师修改，并签字盖章；修改工程造价成果文件的注册造价工程师对修改部分承担相应的法律责任。

造价工程师不得同时受聘于两个或两个以上单位执业，不得允许他人以本人名义执业，严禁"证书挂靠"。出租出借注册证书的，依据相关法律法规进行处罚；构成犯罪的，依法追究刑事责任。

 **特别提示**

造价工程师是注册执业资格，造价工程师的执业必须依托所注册的工作单位，为了保护其所注册单位的合法权益并加强对造价工程师执业行为的监督和管理，我国规定，造价工程师只能在一个单位注册和执业。

(1) 一级造价工程师的执业范围

包括建设项目全过程的工程造价管理与咨询等，具体工作内容如下：

① 项目建议书、可行性研究投资估算与审核，项目评价造价分析。

② 建设工程设计概算、施工预算编制和审核。

③ 建设工程招标投标文件工程量和造价的编制与审核。

④ 建设工程合同价款、结算价款、竣工决算价款的编制与管理。

⑤ 建设工程审计、仲裁、诉讼、保险中的造价鉴定，工程造价纠纷调解。

⑥ 建设工程计价依据、造价指标的编制与管理。

⑦ 与工程造价管理有关的其他事项。

(2) 二级造价工程师的执业范围

二级造价工程师主要协助一级造价工程师开展相关工作，可独立开展以下具体工作：

① 建设工程工料分析、计划、组织与成本管理，施工图预算、设计概算编制。

② 建设工程量清单、最高投标限价、投标报价编制。

③ 建设工程合同价款、结算价款和竣工决算价款的编制。

4. 继续教育

注册造价工程师在每一注册期内应当达到注册机关规定的继续教育要求。注册造价工程师继续教育分为必修课和选修课，每一注册有效期各为 60 学时。经继续教育达到合格标准的，颁发继续教育合格证明。注册造价工程师继续教育，由中国建设工程造价管理协会负责组织。

5. 法律责任

(1) 对擅自从事工程造价业务的处罚。未经注册，以注册造价工程师的名义从事工程造价业务活动的，所签署的工程造价成果文件无效，由县级以上地方人民政府住房和城乡建设行政主管部门或者其他有关专业部门给予警告，责令停止违法活动，并可处以 1 万元以上、3 万元以下的罚款。

(2) 对注册违规的处罚。隐瞒有关情况或者提供虚假材料申请造价工程师注册的，不予受理或者不予注册，并给予警告，申请人在 1 年内不得再次申请造价工程师注册。聘用单位为申请人提供虚假注册材料的，由县级以上地方人民政府住房和城乡建设行政主管部门或者其他有关专业部门给予警告，并可处以 1 万元以上、3 万元以下的罚款。以欺骗、贿赂等不正当手段取得造价工程师注册的，由注册机关撤销其注册，3 年内不得再次申请注册，并由县级以上地方人民政府住房和城乡建设主管部门处以罚款。其中，没有违法所得的，处以 1 万元以下罚款；有违法所得的，处以违法所得 3 倍以下且不超过 3 万元的罚款。未按照规定办理变更注册仍继续执业的，由县级以上地方人民政府住房和城乡建设主管部门或者有关专业部门责令限期改正；逾期不改的，可处以 5 000 元以下的罚款。

(3) 对执业活动违规的处罚。注册造价工程师有下列行为之一的，由县级以上地方人民政府住房和城乡建设主管部门或者有关专业部门给予警告，责令改正。没有违法所得的，处以 1 万元以下罚款；有违法所得的，处以违法所得 3 倍以下且不超过 3 万元的罚款。

① 不履行注册造价工程师义务。

② 在执业过程中索贿、受贿或者谋取合同约定费用外的其他利益。

③ 在执业过程中实施商业贿赂。

④ 签署有虚假记载、误导性陈述的工程造价成果文件。

⑤ 以个人名义承接工程造价业务。

⑥ 允许他人以自己名义从事工程造价业务。

⑦ 同时在两个或者两个以上单位执业。

⑧ 涂改、倒卖、出租、出借或以其他形式非法转让注册证书或执业印章。

⑨ 法律、法规、规章禁止的其他行为。

(4) 对未提供信用档案信息的处罚。注册造价工程师或者其聘用单位未按照要求提供造价工程师信用档案信息的，由县级以上地方人民政府住房和城乡建设主管部门或者其他有关专业部门责令限期改正；逾期不改的，可处以 1 000 元以上、1 万元以下的罚款。

应用案例 6-1

赵××、李××、许××等 3 名注册造价工程师，2017 年初始注册在苏州某工程造价咨询有限公司。经核实，该 3 名造价工程师在申报初始注册时，弄虚作假，提供了虚假的证明材料，以欺骗手段获准注册，违反了《注册造价工程师管理办法》的有关规定。根据《浙江省建设市场不良行为记录和公示办法》，决定对赵××、李××、许××等 3 人全省通报批评，责令停止使用注册造价工程师证书和执业注册章，记入注册执业人员个人不良行为记录档案，从发文之日起在全省公示 1 年。

【点评】

我国对造价工程师的考试、注册和执业等都有严格的管理制度，一旦违反就要承担法律责任。本案例中的赵××、李××、许××等 3 人初始注册时弄虚作假，提供虚假证明材料，按照规定应该"不予受理或者不予注册，并给予警告，申请人在 1 年内不得再次申请造价工程师注册"。

6.2.2　工程造价专业毕业生

工程造价专业是教育部根据国民经济和社会发展的需要而增设的专业，培养的是适应社会主义市场经济需要，德智体美全面发展，面向建设单位、施工企业、工程造价咨询、招标代理、工程项目管理等中介机构，从事工程造价的编制、审核、管理，建筑工程招投标的策划与实施及工程资料管理等工程造价及相关岗位工作，能吃苦耐劳、具有较强的实际分析问题能力和解决问题能力的高素质技能型人才。

目前，随着建筑市场的快速发展和造价咨询、项目管理等相关市场的不断扩大，社会各行业如房地产公司、建筑安装企业、工程咨询公司和工程管理公司等对造价专业毕业生人才的需求不断增加，且有增长趋势。这有两方面原因：一方面，建筑业发展对全国经济的增长起着至关重要的作用，而每一个工程项目又都离不开造价人员的参与，因此整个建筑业的发展给工程造价管理人员提供了广阔的就业市场，并且随着经济的持续、稳定增长，从业人员的需求量有增长的趋势；另一方面，由于全国建筑市场逐步开放和规范，一系列相关政策相继出台，各地的会计师事务所、审计师事务所、不同体制的设计院(所)、工程咨询公司等纷纷成立，增加了对工程造价从业人员的总量需求。

同时，用人单位对工程造价从业人员的综合素质要求有所提高。一方面，从业人员要具备良好的专业素质如专业知识，同时需具备良好的基本素质如道德素质、心理素质、交际能力、表达能力。另一方面，目前"复合型"人才稀缺。所谓"复合型"人才就是指既懂预算又懂施工，既懂专业又懂管理，既懂造价又懂经济和相关法律法规，既能搞土建预算又能搞安装预算、装饰预算等。

另外，在市场经济体制下，企业效益具有至关重要的作用。用人单位往往要求毕业生最好能一到单位就马上上岗，或者经过短暂的培训后马上投入工作，这就需要学生在校期间最好能进行一些实际工程的计价训练，比如说学会用计算机计价软件进行施工图预算，能结合施工图纸、施工合同、设计变更等文件资料进行工程结算和竣工结算的计价工作，初步具备一定的动手能力，能解决一些实际问题，这样，毕业后就能很快适应工作岗位，也更受用人单位的欢迎。

所以，工程造价专业的学生，在校期间，除了学习建筑工程制图与识图、房屋构造与识图等专业基础课外，主要学习工程造价概论、建筑装饰工程计量与计价、安装工程计量与计价、建筑施工组织、建筑工程资料管理、建筑工程招投标与合同管理等核心课程和其他专业课程。同时，还要进行建筑工程计量与计价、安装工程计量与计价、建筑施工组织和建筑工程资料管理等主要课程实训、招投标文件编制的毕业综合实训。毕业顶岗实习期间，学生以造价员、招标代理员、资料员等身份，参加施工现场的工程预算、工程结算、技术管理、施工管理、资料管理等工作，独立完成毕业顶岗实习报告，履行造价员、招标代理员及资料员的工作职责。这样，通过 3 年的学习和实践实训，毕业时工程造价专业学生将初步具备工程造价咨询专业人员的职业技能。

知识链接

工程造价专业是以经济学、管理学、土木工程为理论基础，从建筑工程管理专业上发展起来的学科。目前，国家正在大力推进工程项目的全过程工程造价咨询和全方位的工程造价控制，不管是业主、施工单位，还是第三方造价咨询管理机构，都必须具备自己的核心造价咨询人员，因此，工程造价专业人才的需求量非常大，发展前景广阔。

6.3　工程造价咨询业务活动

6.3.1　全过程造价咨询

1. 全过程造价咨询的含义

全过程造价咨询，是指工程造价咨询企业接受委托，依据国家有关法律、法规和建设行政主管部门的有关规定，运用现代项目管理的方法，以工程造价管理为核心、合同管理为手段，对建设项目各个阶段、各个环节进行计价，协助建设单位进行建设投资的合理筹措与投入，控制投资风险，实现造价控制目标的智力服务活动。

《建设项目全过程造价咨询规程》(CECA/GC 4—2017)

2. 全过程造价咨询的范围和要求

根据《建设项目全过程造价咨询规程》(CECA/GC 4—2017)的规定，建设项目全过程造价咨询可划分为决策、设计、发承包、实施与竣工五个阶段。因此，承担建设项目全过程造价咨询业务的企业应按照合同的要求，对合同中涉及的投资估算、设计概算、施工图预算、合同价、竣工结算等服务内容实施全过程和全方位造价控制。

知识链接

建设项目全过程造价咨询可涵盖建设项目的全部五个阶段或至少包含施工阶段在内的某一阶段或多个阶段。

工程造价咨询企业承担全过程造价咨询业务时应关注各阶段工程造价的关系，以设计概算不突破投资估算，施工图预算和结算不突破设计概算为原则对工程造价实施全方位控制。若发生偏离，工程造价咨询企业应及时向委托人反馈并建议采取相应的控制措施。工程造价审计作为工程造价控制和管理的一个重要手段和监督机制，参与到项目建设的全过程监督是十分必要的。

工程造价咨询企业承担建设项目全过程造价咨询业务时，应树立以工程成本动态控制、价值创造为核心的咨询服务理念，发挥造价管控在项目管理中的核心作用。在建设项目决策、设计、发承包、实施、竣工的不同阶段，应依据相关标准规范和项目具体要求编制工程造价咨询成果文件。

工程造价咨询企业需按委托咨询合同要求出具成果文件，并应在成果文件或需其确认的相关文件上签章，承担合同主体责任。工程造价专业人员应在其完成的相应成果文件上签章，承担相应责任。

工程造价咨询企业以及承担工程造价咨询业务的工程造价专业人员，不得同时接受具有利害关系的双方或多方委托进行同一项目、同一阶段的工程造价咨询业务。

3. 全过程造价咨询的业务管理

(1) 对于大型或复杂建设项目，工程造价咨询企业应根据合同约定和项目情况，编制全过程造价咨询工作大纲。

(2) 工程造价咨询企业应针对全过程造价咨询业务特点，建立完善的内部质量管理体系，并通过流程控制、企业标准等措施保证咨询成果文件质量。

(3) 工程造价咨询企业应依据自身资质等级、技术能力、人员配置情况，对拟承接的全过程造价咨询业务的服务周期、质量要求、市场状况及收费标准等风险因素进行综合评估，以判断是否承接相关业务。

(4) 工程造价咨询企业信息管理对象包括工程造价数据库管理和工程计量与计价工具软件管理。工程造价咨询企业应利用计算机及互联网通信技术将信息管理贯穿造价咨询服务全过程。

(5) 工程造价咨询企业应按国家现行有关卡当案管理及标准的规定，建立档案收集制度、统计制度、保密制度、借阅制度、库房管理制度及档案管理人员守则。

(6) 工程造价咨询企业应协助委托人采用适当的管理方式，建立健全的合同管理体系以实施全面合同管理，确保建设项目有序进行。

4. 完善全过程造价服务

(1) 建立健全工程造价全过程管理制度，实现工程项目投资估算、概算与最高投标限价、合同价、结算价政策衔接。注重工程造价与招投标、合同的管理制度协调，形成制度合力，保障工程造价的合理确定和有效控制。

(2) 完善建设工程价款结算办法，转变结算方式，推行过程结算，简化竣工结算。

(3) 推行工程全过程造价咨询服务，更注重工程项目前期和设计的造价确定。充分发挥工程造价师的作用，从工程立项、设计、发包、施工到竣工全过程，实现对造价的动态控制。发挥造价管理机构专业作用，加强对工程计价活动及参与计价活动的工程建设各方主体、从业人员的监督检查，规范计价行为。

应用案例 6-2

上海××大学新校区建设是一个典型的大型群体项目全过程投资控制的成功案例。上海××大学占地 3 000 亩，规划建设五十多万平方米的建筑面积，分为三期建设，国家批准的投资总额为 24.68 亿元，涉及各类单体建筑近五十个，施工建设期为 2005—2008 年历时 3 年多时间，由上海申元工程投资咨询有限公司承担全过程造价咨询任务。在上海××大学新校建设办公室的领导和××大学项目管理公司的支持配合下，上海××大学新校区建设工程投资控制任务圆满完成，经决算审价后的投资总额严格控制在国家批准的投资总目标之内。

【点评】

全过程工程造价咨询涵盖从投资估算开始到工程竣工验收的整个工程建设全过程，工程造价咨询企业需要协助建设单位在项目实施的各个阶段、各个环节对项目各专业造价采用预测、统筹、平衡、确定等手段实现工程造价动态控制的管理活动。

应用案例6-3

国家大剧院最初确定的总造价为26.88亿元，后经追加投资，建设预算为30亿元左右。建设期间，严格按照预算进行建设，工程造价咨询管理单位纳入建设项目业主机构，作为职能部门，实行投资、造价、合同统一管理，由业主主要领导直接负责，有效形成以造价管理为核心的投资控制。最终，国家大剧院结算价为30.67亿元。

【点评】

建设工程项目从可行性研究、立项、勘察设计到组织实施，都离不开建设单位。建设单位的认知水平、管理水平、视野格局的高低直接关系到工程造价目标的设定、控制和实现。

6.3.2 工程造价文件的编制和审查

工程造价咨询贯穿于工程项目决策和实施全过程，在不同的建设阶段，工程造价成果文件具有不同的形式，包括投资估算、设计概算、修正设计概算、施工图预算、工程价款结算、竣工结算和竣工决算等。

知识链接

《建设工程造价咨询规范》(GB/T 51095—2015)

为规范工程造价咨询业务活动，提高建设项目工程造价咨询成果文件的质量，2015年11月1日，《建设工程造价咨询规范》(GB/T 51095—2015)开始实施。

1. 工程造价文件的编制

1) 投资估算

投资估算是一个项目决策阶段的主要造价文件，是项目可行性研究报告和项目建议书的组成部分，对于项目的决策和投资的成败十分重要。编制工程项目的投资估算时，应根据项目的具体内容和国家有关规定和投资估算指标等，以估算编制时的价格进行编制，并应按照有关规定，合理地预测估算编制后至竣工期间的价格、利率、汇率等动态因素的变化对投资的影响，准备足够的建设投资，确保投资估算的编制质量。

知识链接

投资估算的编制依据、编制方法、成果文件的格式和质量要求应符合现行的中国建设工程造价管理协会标准《建设项目投资估算编审规程》CECA/GC 1—2015的要求。

2) 设计概算

设计概算是设计文件的重要组成部分，是在投资估算的控制下由设计单位根据初步设计图纸、概算定额(或概算指标)、各项费用定额或取费标准(指标)、建设地区自然、技术经济条件和设备、材料预算价格等资料，编制和确定的建设工程项目从筹建至竣工交付使用所需全部费用的文件。采用两阶段设计的建设工程项目，初步设计阶段必须编制设计概算；采用三阶段设计的建设工程项目，技术设计阶段必须编制修正概算。

知识链接

设计概算的编制依据、编制方法、成果文件的格式和质量要求应符合现行的中国建设工程造价管理协会标准《建设项目设计概算编审规程》CECA/GC 2—2015 的要求。

3) 施工图预算

施工图预算是指在当前计价模式下，根据设计图纸、预算定额、工程量清单计价规范、各项取费标准、建设地区的自然及技术经济条件等资料编制的建筑安装工程预算造价文件。招投标阶段，对发包方来说，施工图预算是确定标底、招标控制价的依据。对承包方来说，是投标报价的基础。主要编制方法包括工料单价法和综合单价法。

知识链接

施工图预算的编制依据、编制方法、成果文件的格式和质量要求应符合现行的中国建设工程造价管理协会标准《建设项目施工图预算编审规程》CECA/GC 5—2010 的要求。

4) 工程价款结算

工程价款结算是指施工企业按照承包合同和已完工程量向建设单位(业主)收取工程价款的一项经济活动。工程建设周期长，耗用资金数大，为使建筑安装企业在施工中耗用的资金及时得到补偿，需要对工程价款进行中间结算(进度款结算)、年终结算，全部工程竣工验收后应进行竣工结算。工程结算是工程项目承包中的一项十分重要的工作。

5) 竣工结算

竣工结算是指施工企业按照合同规定的内容全部完成所承包的工程，经验收质量合格，并符合合同要求之后，甲乙双方按照约定的合同价款、合同价款调整内容以及索赔事项，由施工企业编制，进行最终工程价款结算的经济活动。竣工结算分为单位工程竣工结算、单项工程竣工结算和建设项目竣工结算。

知识链接

工程竣工结算的编制依据、编制方法、成果文件的格式和质量要求应符合现行的中国建设工程造价管理协会标准《建设项目结算编审规程》CECA/GC 3—2010 的要求。

6) 竣工决算

竣工决算是指所有建设工程项目竣工后，按照国家有关规定，由建设单位报告建设项目建设成果和财务状况的总结性文件，是考核其投资效果的依据，也是办理交付、动用、验收的依据。竣工决算综合反映建设项目从筹建开始到项目竣工交付使用为止的全部建设费用、建设成果和财务状况下的总结文件，是竣工验收报告的重要组成部分，是正确核定新增固定资产价值，考核分析投资效果，建立健全经济责任制的依据，是反映建设工程项目实际造价和投资效果的依据。

2. 工程造价文件的审核

工程造价文件的审核有利于合理确定工程造价，提高投资效益，有利于促进建筑市场的合理竞争，也有利于促进施工企业提高经营管理水平。具体的审核方法如下。

1) 全面审核法

全面审核法就是对送审的工程造价逐项进行审核的一种方法。这种审核方法与编制工程造价的方法与过程基本相同。全面审查法的优点是全面细致，审查质量高，效果好。缺点是工作量大，花费时间长，适用于工程规模小、工艺比较简单的工程和经重点抽查和分解对比审查发现差错率较大的工程。

2) 重点审核法

重点审核法就是抓住对工程造价影响比较大的项目和容易发生差错的项目重点进行审查。审查的重点一般是工程量大或造价较高、工程结构复杂的分项工程的工程量以及单价，补充定额单价、各项费用的计取、市场采购材料的价差也是审查的重点。

3) 分解对比审核法

分解对比审核法是将一个单位工程造价分解为分部分项工程费、措施项目费和其他项目费，然后将分部分项工程费、措施项目费按照分部工程和分项工程进行分解，计算出这些工程每平方米的分部分项工程费和措施项目费，然后将所得指标与历年积累的各种工程造价指标和有关的技术经济指标进行比较，来判定拟审查工程造价编制的质量水平。

4) 经验审核法

经验审核法是根据以往审核类似工程的经验，只审核容易出现错误的费用项目，采用经验指标进行类比。这种方法的特点是速度快，但准确度一般。

5) 统筹审核法

统筹审核法是指在长期工程造价文件审核工作中总结出来的造价文件编审规律基础上，运用统筹法进行审核的方法。统筹审核法适用于所有工程造价文件的审查，审查效率相对要比全面审查法高。

6) 筛选审核法

筛选审核法实质上是对比审核法的一种，一般适用于住宅工程或不具备全面审核条件的工程。建筑工程虽有建筑面积和高度的不同，但它们各个分部分项工程的工程量、造价、用工量在单位面积上的数值变化不大，将这些数据加以汇总、优选、归纳为工程量、造价、用功 3 个单方基本指标，并注明其适用的建筑标准。用这 3 个已有的基本值或基本值调整值来筛选各分部分项工程，筛下去的就不用审查，筛不下去的则应对该分部分项工程详细审查。

🏠 应用案例 6-4

某玻璃幕墙工程进行竣工结算审核。工程造价审核人员注意到，围绕建筑物一圈，在每层窗台位置安装的一条装饰条，在竣工图上注明是不锈钢材料，并盖有建设、设计和监理单位的公章。不锈钢材料在工艺制作和安装方面都存在较大难度，如果使用铝合金材料，就能较好地与玻璃幕墙的铝合金框架配合，而且造价便宜很多。根据上述分析，审核人员对装饰条的材料产生怀疑，经过现场踏勘，证实装饰条的确采用的是铝合金材料，仅此一项核减金额达数百万元。

【点评】

针对目前普遍存在竣工图与实际做法不符的情况，有必要在工程造价审核中增加审查竣工图的程序。同时，竣工图是竣工验收的重要组成部分，保证竣工图的真实性也应该是设计单位和监理单位的职责。

6.3.3　工程造价审计

1．审计概述

审计是指由专职机构和人员，对被审计单位的财政、财务收支及其他经济活动的真实性、合法性和效益性进行审查和评价的独立性经济活动。

工程造价审计是指独立的审计机构和审计人员，依据国家的方针政策、法律法规和相关的技术经济标准，对工程建设全过程的技术经济活动以及与之相联系的各项工作进行的审查、监督和评价。

2．审计主体

工程造价审计的主体由政府审计机关、社会审计组织和内部审计机构三大部分构成。

国务院审计署及派出机构和地方各级人民政府审计厅(局)都属于政府审计机关，政府审计机关重点审计以国家投资或融资为主的基础性项目和公益性项目。

社会审计组织是指经政府有关部门批准和注册的社会中介组织，如会计师事务所、造价咨询机构。它们以接受被审计单位或审计机关委托的方式对委托审计的项目实施审计。

内部审计机构是指部门或单位内设的审计机构。内部审计机构则重点审计在本单位或本系统内投资建设的所有建设项目。

3．审计客体

工程造价审计的客体是指项目造价形成过程中的经济活动及相关资料，包括投资估算、设计概算、施工图预算和竣工决算中的所有工作以及涉及的资料。外延上在工程造价审计中，被审计单位主要是指项目的建设单位、设计单位、施工单位、金融机构、监理单位以及参与项目建设与管理的所有部门或单位。

4．审计范围

(1) 基础性项目造价审计：基础性项目是指以中央投资为主的建设项目，主要是一些关系到国计民生的大中型建设项目，由国家审计署、审计署驻各地特派员办事处负责完成审计，个别项目可委托当地审计局代审或与当地审计局合作审计。对基础性项目造价审计的重点是投资估算与设计概算的编制及设计概算的执行情况。

(2) 公益性项目造价审计：公益性项目是指以地方投资为主建设的项目，原则上交由当地审计局审计。公益性项目造价审计的重点是概算审计和决算审计。

(3) 竞争性项目造价审计：竞争性项目是指以企事业单位及实行独立经济核算的经济实体投资为主的项目，往往是一些中小型项目或盈利项目。对竞争性项目造价审计的目的是帮助企业、事业单位减少投资浪费，提高投资效益。此类项目造价审计多由社会审计与内部审计协作完成，审计重点是工程结算。

5. 建设项目投资估算审计

投资估算是项目决策的重要依据之一，是国家审批项目建议书和项目设计任务书的重要依据，也是项目决策的一项重要经济性指标。投资估算审计主要是审计估算材料的科学性及合理性，保证项目科学决策、减少投资损失、提高投资效益。投资估算的审计工作是在项目主管部门或国家及地方的有关单位审批项目建议书、设计任务书和可行性研究报告文件时一次完成，从而进一步保证投资决策的科学性。

6. 建设项目设计概算审计

建设项目设计概算是国家对基本建设实现科学管理和科学监督的重要措施。建设项目设计概算审计就是对概算编制过程和执行过程进行监督检查，有利于投资资金的合理分配，加强投资的计划管理，减少投资缺口。设计概算在投资决策完成之后项目正式开工之前编制，但对设计概算的审计工作却反映在项目建设全过程之中。按审计要求，审计部门应在项目建设概算编制完成之后，立即进行审计，这属于开工前的审计内容之一。

7. 建设项目施工图预算审计

施工图预算是确定招标标底、招标控制价、投标报价以及签订施工承发包合同的依据。在开工前或建设过程中，审计人员应进行施工图预算审计。相对而言，施工图预算审计比设计概算审计更为具体，更为细致，主要审计施工图纸及设计方案、单位建筑工程造价指标、工程量、套用的取费标准是否合理、施工方案和施工进度计划的可操作性以及施工合同。审计工作量大，审计方法灵活，主要为控制工程造价、保证工程质量服务。

8. 建设项目竣工决算审计

建设项目经竣工验收通过后，即应着手编制竣工决算，一旦决算完成，则尽快进行审计。竣工决算审计是一种事后行为，直接关系到甲乙双方的经济利益。审计竣工决算，一要注重工程施工过程与竣工决算反映内容的一致性；二要看施工图预算与竣工决算的前后呼应性；三要看竣工决算本身的合理性与准确性。竣工决算审计的完成，标志着对一个建设项目投资建设阶段的监督告一段落，也标志着对项目建设造价体系审核的结束。只有具备了有关部门(政府审计、社会审计或内部审计)审核后签字认可的竣工决算，才可以进行甲乙方的工程款结算。竣工决算审计的实际意义就表现在这里。

竣工决算审计是建设工程项目审计的重要环节，它对于提高竣工决算本身质量，考核投资及概预算执行情况，正确评价投资效益，总结经验教训，改善和加强对建设项目的管理有重要意义。

 **知识链接**

工程造价审计方法很多，常用的方法包括现场观察法，测量观察法，计算法，分析法，

复核法，询价比价法，全面审计法，标准图审计法，分组计算审计法，重点抽查审计法，相关项目、相关数据审计法。

应用案例 6-5

某商住楼建设项目审计过程中，造价审计人员利用复核法，通过核对被审计单位所提供的隐蔽工程签证单与施工单位所提供的施工日志，查出该项目工程结算存在重复签证与乱签证，多计隐蔽工程造价 23.8 万元。

【点评】

审计是对被审计单位的财政、财务收支及其他经济活动的真实性、合法性和效益性进行审查和评价的独立性经济活动，而不是简单地对照签证单进行加减，还要核实签证单的合理性，这就要求发包人或监理人在施工过程中要慎重对待每一次签证活动。

应用案例 6-6

在对某一多层办公楼项目的审计过程中，造价审计人员通过利用分析法发现该项目土方工程量是该项目建筑面积的 29 倍，对此找建设单位与施工单位有关人员了解情况，并将隐蔽工程签证与施工日记相查对，最终核减土方工程量 5 500m^3，核减工程造价 16.7 万元。

【点评】

目前市场上存在的审计事务所主要承担两种工作，即财务审计和工程审计，作为工程造价专业的学生来说，掌握扎实的工程造价专业知识，必将为未来从事工程审计工作奠定坚实基础。

6.3.4 工程造价鉴定

1. 工程造价鉴定的含义与鉴定工作委托

鉴定是鉴定人运用科学技术或者专门知识对涉及专门性问题进行检验鉴别和判断并提供鉴定结论的活动。工程质量和工程造价是建设工程承包合同纠纷的两大焦点，也是解决建设工程承包合同纠纷的难点，由于一般工程实务从业人员不具备独立判断质量和造价的相应专业知识，只能依赖专业鉴定工作。

工程造价鉴定是指鉴定机构接受人民法院或仲裁机构委托，在诉讼或仲裁案件中，鉴定人运用工程造价方面的科学技术和专业知识，对工程造价争议中涉及的专门性问题进行鉴别、判断并提供鉴定意见的活动。鉴定机构指接受委托从事工程造价鉴定的工程造价咨询企业。

知识链接

目前，我国需要进行工程造价鉴定的案件主要在诉讼或仲裁中出现。随着法治社会的构建，鉴定意见作为一种证据，通过对社会纠纷和矛盾中的专门性问题进行鉴别和判断，能在平息化解社会矛盾方面发挥其技术保障和技术服务的积极作用。

工程造价咨询企业接受鉴定业务的依据是鉴定委托人出具的鉴定委托书。鉴定委托书应载明委托的鉴定机构名称、委托鉴定的目的、范围、事项和鉴定要求、委托人的名称等。

鉴定机构及鉴定人员收到鉴定委托书并排除疑问后，对鉴定委托人要求或同意鉴定受托人向当事人了解情况或交流情况的，应及时通过鉴定委托人或按鉴定委托人的要求，与该项目的当事人取得联系。如果当事人对鉴定委托人在其委托书中提出的鉴定范围、内容和要求等有异议时，鉴定机构应及时向鉴定委托人反映，协助当事人排除疑问。对鉴定委托人要求鉴定受托人不与当事人发生联系的，鉴定受托人应按照鉴定委托人的相关要求开展工作。

 特别提示

工程造价鉴定活动应当遵循合法性、独立性、公正性和客观性原则。

2. 鉴定组织

工程造价咨询企业接受了鉴定委托人的委托后，应指派本机构中满足鉴定项目专业要求，具有项目鉴定经验的鉴定人进行鉴定。根据鉴定工作需要，鉴定机构可安排非注册造价工程师的专业人员作为鉴定人的辅助人员，参与鉴定的辅助性工作。

鉴定机构对同一鉴定事项，应指定两名及以上鉴定人共同进行鉴定。对争议标的较大或涉及工程专业较多的鉴定项目，应成立由三名及以上鉴定人组成的鉴定项目组。

鉴定机构应按照工程造价执业规定对鉴定工作实行审核制。

知识链接

不同单位工程的鉴定经办人与鉴定审核人可以互相交叉，但同一鉴定人不得兼任同一单位工程的经办、审核工作。

鉴定机构应建立科学、严密的管理制度，严格监控证据材料的接收、传递、鉴别、保存和处置。

鉴定机构应按照委托书确定的鉴定范围、事项、要求和期限，根据本机构质量管理体系、鉴定方案等督促鉴定人完成鉴定工作。

3. 鉴定方法

鉴定项目可以划分为分部分项工程、单位工程、单项工程的，鉴定人应分别进行鉴定后汇总。

鉴定人应根据合同约定的计价原则和方法进行鉴定。如因证据所限，无法采用合同约定的计价原则和方法的，应按照与合同约定相近的原则，选择施工图预算或工程量清单计价方法或概算、估算的方法进行鉴定。

根据案情需要，鉴定人应当按照委托人的要求，根据当事人的争议事项列出鉴定意见，便于委托人判断使用。

鉴定过程中，鉴定人可从专业的角度，促使当事人对一些争议事项达成妥协性意见，并告知委托人。鉴定人应将妥协性意见制作成书面文件由当事人各方签字(盖章)确认，并在鉴定意见书中予以说明。

鉴定过程中，当事人之间的争议通过鉴定逐步减少，有和解意向时，鉴定人应以专业的角度促使当事人和解，并将此及时报告委托人，便于争议的顺利解决。

4. 鉴定步骤

鉴定过程中，鉴定人、当事人对鉴定范围、事项、要求等有疑问和分歧的，鉴定人应及时提请委托人处理，并将结果告知当事人。

鉴定人宜采取先自行按照鉴定依据计算再与当事人核对等方式逐步完成鉴定。

鉴定机构应在核对工作前向当事人发出《邀请当事人参加核对工作函》，当事人不参加核对工作的，不影响鉴定工作的进行。

在鉴定核对过程中，鉴定人应对每一个鉴定工作程序的阶段性成果提请所有当事人提出书面意见或签字确认。当事人既不提出书面意见又不签字确认的，不影响鉴定工作的进行。

鉴定机构在出具正式鉴定意见书之前，应提请委托人向各方当事人发出鉴定意见书征求意见稿和征求意见函，征求意见函应明确当事人的答复期限及其不答复行为将承担的法律后果，即视为对鉴定意见书无意见。

知识链接

工程鉴定的最终鉴定目的是尽可能将当事人之间的分歧缩小直至化解，为调解、裁决或判决提供科学合理的依据。

鉴定机构收到当事人对鉴定意见书征求意见稿的复函后，鉴定人应根据复函中的异议及其相应证据对征求意见稿逐一进行复核、修改完善，直到对未解决的异议都能答复时，鉴定机构再向委托人出具正式鉴定意见书。

当事人对鉴定意见书征求意见稿仅提出不认可的异议，未提出具体修改意见，无法复核的，鉴定机构应在正式鉴定意见书中加以说明，鉴定人应做好出庭作证的准备。

当事人逾期未对鉴定意见书征求意见稿提出修改意见，不影响正式鉴定意见书的出具，鉴定机构应对此在鉴定意见书中予以说明。

鉴定项目组实行合议制，在充分讨论的基础上用表决方式确定鉴定意见，合议会应做详细记录，鉴定意见按多数人的意见作出，少数人的意见也应如实记录。

5. 鉴定成果文件及其鉴定结论

鉴定成果文件包括鉴定意见书、补充鉴定意见书、补充说明等。鉴定意见书应包括鉴定意见书封面、声明、基本情况、案情摘要、鉴定过程、鉴定结论意见、附注、附件目录、落款、附件等部分组成。

补充鉴定意见书在鉴定意见书格式的基础上，应说明补充鉴定说明、补充资料摘要、补充鉴定过程、补充鉴定意见等事项。

鉴定结论意见可同时包括可确定的造价结论意见和无法确定部分项目的造价结论意见。当整个鉴定项目事实清楚、依据有力、证据充足时，鉴定机构可以出具造价明确的造价鉴定结论意见。对当事人在鉴定过程中达成一致的书面妥协性意见而形成的鉴定结果也可以纳入造价鉴定结论意见或"可确定的部分造价结论意见"。当鉴定项目中有一部分事实不清、证据不力或依据不足，且当事人争议较大无法达成妥协，鉴定机构依据现有条件无法做出准确判断时，鉴定机构可以提交无法确定部分项目的造价结论意见。对鉴定中无法确定的项目、部分项目及其造价，凡依据鉴定条件可以计算造价的，鉴定意见书中均宜逐项提交明确的计算结果，并提出不能做出可确定结论意见的原因或当事人双方的分歧理由。凡依据鉴定条件无法计算造价的，鉴定意见书中宜提交估算结果或估价范围；提交估算结果或估价范围的条件也不具备时，鉴定机构可不提交估算结果或估价范围并说明理由；对鉴定委托人要求提交鉴别和判断性结论的，鉴定机构可提交鉴别和判断性结论。

知识链接

为规范工程造价咨询企业及其咨询人员的建设工程造价鉴定活动，严格鉴定程序，提高工程造价鉴定成果质量，中国工程造价管理协会于 2012 年颁布了《建设工程造价鉴定规程》(CECA/GC 8－2012)，住建部于 2017 年 8 月 31 号发布，2018 年 3 月 1 日实施了《建设工程造价鉴定规范》(GB/T 51262—2017)。

知识链接

近年来，因建设工程纠纷而引起的民事诉讼案件逐年增多，这类案件争议标的额大、专业性强、审理周期长，服判息诉率低，日益成为法院审判工作的重点和难点，随之引发的工程造价司法鉴定问题也越来越突出。所以，工程造价鉴定不仅是工程造价专业技术问题，也是法律适用问题，需要审判人员和工程造价专业鉴定人员相互沟通协调，严格遵循各项程序规定，积极推进鉴定进程，切实缩短造价纠纷案件的审理期限。同时也需要立法的不断完善，才能够客观、公正、科学地处理工程造价纠纷，维护当事人合法权益，化解社会矛盾，实现建设工程纠纷案件良好的法律效果和社会效果。

6.3.5 工程招标代理

1. 工程招标代理的含义

招标投标是一种普遍应用的、有组织的市场交易行为，是进行大宗货物的买卖、工程建设项目的发包与承包以及服务项目的采购与提供时所采用的一种交易方式。在实际工作中，由于有一些招标人缺乏懂得建设项目技术经济管理的专业人才，缺乏编制招标文件和组织评标能力，为保证工程项目的顺利实施和建设目标实现，将招标工作委托给一些专业机构实施，而这些机构被称为招标代理机构。

在建设工程领域中的招投代理工作被称为工程招标代理，是指招标代理机构接受招标人的委托，从事工程的勘察、设计、施工、监理以及与工程建设有关的重要设备(进口机电设备除外)、材料采购招标的代理业务，其中"工程"为"工程建设项目"的简称，是指土木工程、建筑工程、线路管道和设备安装工程及装修工程项目。工程招标代理业务是工程造价咨询企业最常见的业务活动之一。工程招标代理机构在接受工程建设招标人的授权委托后一般从事工程招标方案拟订、招标文件编制、工程标底或拦标价的编制和工程合同草拟等业务工作。

 **知识链接**

1984 年成立的中国技术进出口总公司国际金融组织和外国政府贷款项目招标公司(后改为中技国际招标公司)是中国第一家招标代理机构。

2. 工程招标代理机构应具备的条件

招标代理机构是依法设立、从事招标代理业务并提供相关服务的社会中介组织。

招标代理机构应当具备下列条件：

(1) 有从事招标代理业务的营业场所和相应资金。

(2) 有能够编制招标文件和组织评标的相应专业力量。

知识链接

第十二届全国人民代表大会常务委员会第三十一次会议决定，对《中华人民共和国招标投标法》作出修改，取消了对工程招标代理机构资格认定的规定，自 2017 年 12 月 28 日起施行。

2017 年 12 月 28 日，住建部下发《住房城乡建设部办公厅关于取消工程建设项目招标代理机构资格认定加强事中事后监管的通知》。

2018 年 3 月 22 日，住建部下发废止《工程建设项目招标代理机构资格认定办法实施意见》的通知。

全国人民代表大会常务委员会关于修改《中华人民共和国招标投标法》的决定

住房城乡建设部办公厅关于取消工程建设项目招标代理机构资格的通知

3. 工程招标代理业务开展的规定

招标代理机构与行政机关和其他国家机关不得存在隶属关系或者其他利益关系。

泄露应当保密的与招标投标活动有关的情况和资料的，或者与招标人、投标人串通损害国家利益、社会公共利益或者他人合法权益的，处五万元以上二十五万元以下的罚款，对单位直接负责的主管人员和其他直接责任人员处单位罚款数额百分之五以上百分之十以下的罚款；有违法所得的，并处没收违法所得；情节严重的，禁止其一年至二年内代理依法必须进行招标的项目并予以公告，直至由工商行政管理机关吊销营业执照。构成犯罪的，依法追究刑事责任。给他人造成损失的，依法承担赔偿责任。上述行为影响中标结果的，中标无效。

2017 年 12 月 28 日，住房和城乡建设部办公厅下发《关于取消工程建设项目招标代理机构资格认定加强事中事后监管的通知》(建办市〔2017〕77 号)。自当日起,各级住房和城乡建设部门不再受理招标代理机构资格认定申请,停止招标代理机构资格审批。

2018 年 3 月 8 日住建部发文,正式废止《工程建设项目招标代理机构资格认定办法》。招标人可自主选择招标代理机构。今后主要通过市场竞争、信用约束、行业自律来规范招标代理行为。

招标代理机构可按照自愿原则向工商注册所在地省级建筑市场监管一体化工作平台报送基本信息。信息内容包括:营业执照相关信息、注册执业人员、具有工程建设类职称的专职人员、近 3 年代表性业绩、联系方式。上述信息统一在住建部全国建筑市场监管公共服务平台(以下简称公共服务平台)对外公开,供招标人根据工程项目实际情况选择参考。

招标代理机构对报送信息的真实性和准确性负责,并及时核实其在公共服务平台的信息内容。信息内容发生变化的,应当及时更新。任何单位和个人如发现招标代理机构报送虚假信息,可向招标代理机构工商注册所在地省级住房和城乡建设主管部门举报。工商注册所在地省级住房和城乡建设主管部门应当及时组织核实,对涉及非本省市工程业绩的,可商请工程所在地省级住房和城乡建设主管部门协助核查,工程所在地省级住房和城乡建设主管部门应当给予配合。对存在报送虚假信息行为的招标代理机构,工商注册所在地省级住房和城乡建设主管部门应当将其弄虚作假行为信息推送至公共服务平台对外公布。

招标代理机构应当与招标人签订工程招标代理书面委托合同,在合同约定的范围内依法开展工程招标代理活动。招标代理机构及其从业人员应当严格按照《中华人民共和国招标投标法》《中华人民共和国招标投标法实施条例》等相关法律法规开展工程招标代理活动,并对工程招标代理业务承担相应责任。

知识链接

工程招标代理机构资质认定与管理的政策已成过去式,开始施行对招标代理机构进行事中管理、事后监督的新机制。以后将由行业组织开展对机构的资信评价。

《本 章 小 结》

本章主要阐述了工程造价咨询企业、工程造价咨询从业人员和相关管理办法以及工程造价咨询业务活动。通过本章的学习,应掌握以下内容。

(1) 理解工程造价咨询、工程造价咨询企业的概念,会查阅和工程造价咨询企业以及工程造价咨询从业人员相关的管理办法,比如《工程造价咨询企业管理办法》(中华人民共和国建设部令第 149 号)、《建设项目全过程造价咨询规程》《注册造价工程师管理办法》(建设部令第 150 号)及《造价工程师继续教育实施办法》《造价工程师职业资格制度规定》《造价工程师职业资格考试实施办法》等,进一步扩充知识面,提高自主学习的能力。

(2) 了解工程造价咨询机构所开展得比较典型业务活动,包括工程造价文件的编制和审查、工程造价审计、工程造价鉴定和工程招投标代理等，并理解这些业务活动的范围、工作内容、工作原则、工作方法和行业主管部门的相关行政管理要求。

习　题

一、单选题

1. 根据《工程造价咨询企业管理办法》，下列属于工程造价咨询企业业务范围的是（　　）。

　　A. 工程竣工结算报告的审核　　　　B. 工程项目经济评价报告的审批

　　C. 工程项目设计方案的比选　　　　D. 工程造价经济纠纷的仲裁

2. 工程造价咨询企业资质有效期为（　　）年。

　　A. 2　　　　　　B. 3　　　　　　C. 4　　　　　　D. 5

3. 下列关于造价工程师执业的有关表述正确的是（　　）。

　　A. 造价工程师只能在一个项目上执业

　　B. 造价工程师可以不依托任何单位独立执行业务

　　C. 工程经济纠纷鉴定是造价工程师的执业范围之一

　　D. 工程造价的计价依据的审批是造价工程师的执业范围之一

4. 取得资格证书的人员，经过（　　）取得注册证书和执业印章后，方能以造价工程师的名义从业。

　　A. 申请　　　　B. 注册　　　　C. 报名　　　　D. 聘用

5. 项目审计机构和审计人员在审计中应独立于项目的建设与管理过程之外，即审计机构和审计人员在经济上、业务上和行政关系上不与被审的项目发生任何关系，这是（　　）。

　　A. 审计的广泛性　B. 审计的复杂性　C. 审计的独立性　D. 审计的过程性

二、多选题

1. 造价工程师资格考试专业科目分为（　　）专业类别。

　　A. 土木建筑工程　　　　　　　　B. 安装工程

　　C. 交通运输工程　　　　　　　　D. 水利工程

　　E. 市政工程

2. （　　）是造价工程师从事工程造价活动的资格证明。

　　A. 毕业证书　　　B. 单位证明　　　C. 安装工程

　　D. 资格证书　　　E. 从业印章

3. 工程造价咨询企业面向社会接受委托，可以承担的业务工作包括（　　）的编制和审核，对工程造价进行监控以及提供有关工程造价信息资料等。

　　A. 施工预算　　　B. 投资估算　　　C. 工程概预算

　　D. 工程结算　　　E. 竣工决算

4. 根据《工程造价咨询企业管理办法》，工程造价咨询企业资质等级分为（　　）。

　　A. 甲级　　　　　B. 乙级　　　　　C. 丙级

　　D. 一级　　　　　E. 二级

5. 工程造价咨询企业执业范围包括(   )。

    A. 项目建议书及可行性研究投资估算的编制和审核

    B. 项目概预算的编制与审核

    C. 工程结算及竣工结(决)算报告的编制与审核

    D. 工程造价经济纠纷的鉴定和仲裁的咨询

    E. 工程设计方案的优化

三、简答题

1. 简述工程造价咨询的含义。

2. 简述工程造价企业的执业范围。

3. 简述造价工程师的执业范围。

4. 请阐述常见的工程造价咨询业务活动(工程造价文件的编制和审查、工程造价审计、工程造价鉴定和工程招投标代理)的内涵、工作范围和核心工作内容。

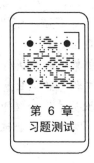

第 6 章
习题测试

附录 ××公寓工程招标工程量清单和招标控制价编制实例

　　本案例是以××公寓工程为例(建筑施工图和结构施工图如附图 1～附图 16 所示)，进行建筑工程与装饰装修工程招标工程量清单的编制(见附表 1～附表 27)和招标控制价的编制(见附表 28～附表 55)。据此例说明工程招投标过程中工程量清单、已标价工程量清单、工程量清单综合单价分析表及相应工程造价文件的编制格式和组成内容，让大家对招投标阶段的工程造价文件有个比较全面的初步认识，为以后建筑装饰工程计量与计价课程的学习奠定基础。

　　注：招标控制价中综合单价分析表选取了部分项目综合单价进行分析。

附表 1　建筑工程招标工程量清单封面

　　　　　　　　　　××公寓建筑　　　　　工程

招标工程量清单

招　标　人：　　　**××职业技术学院**

　　　　　　　　　　　　（单位盖章）

造价咨询人：　　　**××造价咨询公司**

　　　　　　　　　　　　（单位盖章）

年　　月　　日

附表 2 建筑工程招标工程量清单扉页

＿＿＿××公寓建筑＿＿＿ 工程

招标工程量清单

招　标　人：　＿＿××职业技术学院＿＿　　　造价咨询人：　＿＿××造价咨询公司＿＿
　　　　　　　　　（单位盖章）　　　　　　　　　　　　　　　　（单位资质专用章）

法定代表人　　　　　　　　　　　　　　　　法定代表人
或其授权人：　＿＿＿＿＿＿＿＿＿＿＿　　　或其授权人：　＿＿＿＿＿＿＿＿＿＿＿
　　　　　　　　　（签字或盖章）　　　　　　　　　　　　　　（签字或盖章）

编　制　人：　＿＿＿＿＿＿＿＿＿＿＿　　　复　核　人：　＿＿＿＿＿＿＿＿＿＿＿
　　　　　　　（造价人员签字盖　　　　　　　　　　　（造价工程师签字
　　　　　　　　专用章）　　　　　　　　　　　　　　盖专用章）

编 制 时 间：　　　年　月　日　　　复 核 时 间：　　　年　月　日

工程造价概论

附表 3-1　分部分项工程和单价措施项目清单与计价表

工程名称：××公寓建筑工程　　　　　　　标段：　　　　　　　第 1 页 共 2 页

序号	项目编码	项目名称	项目特征描述	计量单位	工程量	综合单价	合价	其中：暂估价
						金额(元)		
1	010101001001	平整场地	1. 土壤类别：综合 2. 弃土运距：自行考虑 3. 取土运距：自行考虑	m²	167			
2	010101002001	挖一般土方	1. 土壤类别：综合 2. 挖土深度：见图纸 3. 弃土运距：综合考虑	m³	55.2			
3	010103001001	回填方	1. 密实度要求：按设计及规范夯填 2. 填方材料品种：按设计及规范 3. 填方粒径要求：按设计及规范 4. 填方来源、运距：自行考虑	m³	26.86			
4	010401003001	实心砖墙	1. 砖品种、规格、强度等级：烧结砖 240 厚 2. 砂浆强度等级、配合比：M5.0 水泥砂浆	m³	16.19			
5	010401012001	零星砌砖	1. 零星砌砖名称、部位：集水坑侧壁 2. 砂浆强度等级、配合比：M5.0 水泥砂浆	m³	4.46			
6	010401008001	填充墙	1. 砖品种、规格、强度等级：见设计 2. 墙体类型：加气砼块 3. 填充材料类种及厚度：200 厚 4. 砂浆强度等级、配合比：M5.0 混合砂浆	m³	86.53			
7	010401008002	填充墙	1. 砖品种、规格、强度等级：见设计 2. 墙体类型：加气砼块 3. 填充材料类种及厚度：100 厚 4. 砂浆强度等级、配合比：M5.0 混合砂浆	m³	1.94			
8	010401008003	填充墙	1. 砖品种、规格、强度等级：见设计 2. 墙体类型：加气砼块 3. 填充材料类种及厚度：150 厚 4. 砂浆强度等级、配合比：M5.0 混合砂浆	m³	0.71			
9	010501001001	垫层	混凝土强度等级：C15 商品砼	m³	5.52			
10	010501002001	带形基础	1. 混凝土强度等级：C15 商品砼 2. 部位：墙基础	m³	8.79			
11	010501003001	独立基础	混凝土强度等级：C30 商品砼	m³	17.95			
12	010502001001	矩形柱	混凝土强度等级：C30 商品砼	m³	24.16			
13	010502003001	异形柱	混凝土强度等级：C30 商品砼	m³	10.04			
14	010503002001	矩形梁	混凝土强度等级：C30 商品砼	m³	22.37			
15	010503005001	过梁	混凝土强度等级：C20 商品砼	m³	0.68			
本页小计								

附表 3-2　分部分项工程和单价措施项目清单与计价表

工程名称：××公寓建筑工程　　　　　　标段：　　　　　　　第 2 页 共 2 页

序号	项目编码	项目名称	项目特征描述	计量单位	工程量	综合单价	合价	其中：暂估价
						金额(元)		
16	010505003001	平板	混凝土强度等级：C30 商品砼	m³	41.97			
17	010506001001	直形楼梯	混凝土强度等级：C30 商品砼	m²	10.3			
18	010507005001	扶手、压顶	混凝土强度等级：C20 商品砼	m³	0.88			
19	010507001001	散水、坡道	1. 50 厚 C15 商品砼随打随抹光(根据规范设置沥青砂浆伸缩缝) 2. 300 厚 3：7 灰土 3. 素土夯实	m²	46.36			
20	010507004001	台阶	混凝土强度等级：60 厚 C15 商品砼	m²	7.98			
21	010515001001	现浇构件钢筋	钢筋种类、规格：HPB300 10 以内	t	1.26			
22	010515001002	现浇构件钢筋	钢筋种类、规格：HRB335 20 以内	t	0.8			
23	010515001003	现浇构件钢筋	钢筋种类、规格：HRB400 10 以内	t	6.26			
24	010515001004	现浇构件钢筋	钢筋种类、规格：HRB400 20 以内	t	6.32			
25	010515001005	现浇构件钢筋	钢筋种类、规格：HRB400 20 以外	t	1.96			
26	010516003001	机械连接	1. 连接方式：直螺纹 2. 使用部位：柱 3. 规格：$\phi16$-$\phi22$	个	316			
27	010901001001	瓦屋面	瓦屋面(见设计屋面 3、屋面 4)做法： 1. 找平层：15 厚 1：3 水泥砂浆，内掺聚丙烯或锦纶 6 纤维，0.75～0.90kg/m³。 2. 防水层：聚酯胎 SBS 改性沥青防水卷材。 3. 85 厚的挤塑板保温 4. 找平层：35 厚 C20 细石砼，内配直径为 6 的一级钢筋网片，500*500。 5. 顺水条：—25×5，中距 600。 6. 挂瓦条：30×4，中距按瓦材规格。 7. 灰色挂瓦	m²	247.21			
28	010903001001	墙面卷材防水	1. 4 厚 SBS 改性沥青防水卷材 2. 部位：集水坑	m²	18.14			
29	011705001001	大型机械设备进出场及安拆		台·次	1			
30	011701003001	里脚手架	砌筑用脚手架	m²	225.69			
31	011701006001	满堂脚手架	主体用脚手架	m²	167			
32	011703001001	垂直运输	具体施工机械自行考虑	m²	167			
		本页小计						
		合　计						

附表 4 总价措施项目清单与计价表

工程名称：××公寓建筑工程　　　　　　标段：　　　　　　　　　第 1 页 共 1 页

序号	项目编码	项目名称	计算基础	费率(%)	金额(元)	调整费率(%)	调整后金额(元)	备注
1	011707001001	安全文明施工(含环境保护、文明施工、安全施工、临时设施)	分部分项直接费					
2	011707002001	夜间施工	分部分项直接费	25				
3	011707004001	二次搬运	分部分项直接费	50				
4	011707005001	冬雨季施工	分部分项直接费	25				
		合　计						

编制人(造价人员)：　　　　　　　　　　　　　　　复核人(造价工程师)：

附表5 其他项目清单与计价汇总表

工程名称：××公寓建筑工程　　　　标段：　　　　　　　　　　第 1 页 共 1 页

序号	项目名称	金额(元)	结算金额(元)	备注
1	暂列金额			明细详见暂列金额明细表
2	暂估价			
2.1	材料暂估价			明细详见材料暂估价明细表
2.2	专业工程暂估价			明细详见专业工程明细表
3	计日工			明细详见计日工明细表
4	总承包服务费			明细详见总承包服务费明细表
	合　计			—

注：材料(工程设备)暂估单价进入清单项目综合单价，此处不汇总。

附表 6　暂列金额明细表

工程名称：××公寓建筑工程　　　标段：　　　　　　　　　　第 1 页 共 1 页

序号	项目名称	计量单位	暂定金额(元)	备注
1				
	合　计			—

附表7 材料(工程设备)暂估单价及调整表

工程名称:××公寓建筑工程

序号	材料(工程设备)名称、规格、型号	计量单位	数量		暂估(元)		确认(元)		差额±(元)		备注
			暂估	确认	单价	合价	单价	合价	单价	合价	
	合计										

附表 8　专业工程暂估价及结算价表

工程名称：××公寓建筑工程　　　　　　标段：　　　　　　　　　　　第 1 页 共 1 页

序号	工程名称	工程内容	暂估金额(元)	结算金额(元)	差额±(元)	备注
合　计			0			—

附表9 计 日 工 表

工程名称：××公寓建筑工程　　　　标段：　　　　　　　　　　第 1 页 共 1 页

编号	项目名称	单位	暂定数量	实际数量	综合单价(元)	合价(元)	
						暂定	实际
1	人工						
		人工小计					
2	材料						
		材料小计					
3	施工机械						
		施工机械小计					
		4. 企业管理费和利润					
		总　　计					

附表 10　总承包服务费计价表

工程名称：××公寓建筑工程　　　　　标段：　　　　　　　　　　　　第　1　页　共　1　页

序号	项目名称	项目价值(元)	服务内容	计算基础	费率(%)	金额(元)
1						
		合　计				

附表 11 规费、税金项目计价表

工程名称：××公寓建筑工程　　　　　　标段：　　　　　　　　　第 1 页 共 1 页

序号	项目名称	计算基础	计算基数	计算费率(%)	金额(元)
1	规费	工程排污费+社会保险费+住房公积金			
1.1	工程排污费				
1.2	养老保险费	分部分项预算价直接费+技术措施预算价直接费+组织措施直接费+计日工直接费-只取税金项预算价直接费-不取费项预算价直接费			
1.3	失业保险费	分部分项预算价直接费+技术措施预算价直接费+组织措施直接费+计日工直接费-只取税金项预算价直接费-不取费项预算价直接费			
1.4	医疗保险费	分部分项预算价直接费+技术措施预算价直接费+组织措施直接费+计日工直接费-只取税金项预算价直接费-不取费项预算价直接费			
1.5	工伤保险费	分部分项预算价直接费+技术措施预算价直接费+组织措施直接费+计日工直接费-只取税金项预算价直接费-不取费项预算价直接费			
1.6	生育保险费	分部分项预算价直接费+技术措施预算价直接费+组织措施直接费+计日工直接费-只取税金项预算价直接费-不取费项预算价直接费			
1.7	住房公积金	分部分项预算价直接费+技术措施预算价直接费+组织措施直接费+计日工直接费-只取税金项预算价直接费-不取费项预算价直接费			
2	增值税	分部分项工程费+措施项目费+其他项目费+规费-不取费项市场价直接费		9	
		合　计			

编制人(造价人员)：　　　　　　　　　　　　　　复核人(造价工程师)：

附表 12　发包人提供材料和工程设备一览表

工程名称：××公寓建筑工程　　　　　　　　标段：　　　　　　　　第　1　页　共　1　页

序号	材料(工程设备)名称、规格、型号	单位	数量	单价(元)	交货方式	送达地点	备注

附表 13　承包人提供主要材料和工程设备一览表
(适用造价信息差额调整法)

工程名称：××公寓建筑工程　　　　　　标段：　　　　　　　　　第 1 页 共 1 页

序号	名称、规格、型号	单位	数量	风险系数(%)	基准单价(元)	投标单价(元)	发承包人确认单价(元)	备注

附表 14　装修工程招标工程量清单封面

××公寓装修　　　工程

招标工程量清单

招　标　人：　××职业技术学院

（单位盖章）

造价咨询人：　××造价咨询公司

（单位盖章）

年　月　日

附表 15 装修工程招标工程量清单扉页

××公寓装修　　工程

招标工程量清单

招　标　人：　　××职业技术学院　　　　造价咨询人：　　××造价咨询公司

（单位盖章）　　　　　　　　　　　　　　（单位资质专用章）

法定代表人　　　　　　　　　　　　　　　法定代表人

或其授权人：　　　　　　　　　　　　　　或其授权人：　　　　　　　　

（签字或盖章）　　　　　　　　　　　　　（签字或盖章）

附表 16-1　分部分项工程和单价措施项目清单与计价表

工程名称：××公寓装修工程　　　　　标段：　　　　　　　第 1 页 共 4 页

序号	项目编码	项目名称	项目特征描述	计量单位	工程量	综合单价	合价	其中：暂估价
1	011102003001	块料楼地面 地1	地1 做法 1. 素土夯实 2. 80 厚 C15 细石砼 3. 30 厚 C15 细石砼找平 4. 贴块料面层(自理) 5. 部位：一层客厅、餐厅、卧室、厨房	m²	102.46			
2	011102003002	块料楼地面 地2	地2 做法 1. 素土夯实 2. 80 厚 C15 细石砼 3. 50 厚 C15 细石砼找坡，最薄处不小于 30 4. 1.5 厚聚氨酯防水涂料，四周上翻250高，面上撒黄沙 5. 15 厚 1:2 水泥砂浆找平 6. 贴块料面层(自理) 7. 部位：一层卫生间、工作间	m²	28.42			
3	011101003001	细石混凝土楼地面 地3	地3 做法 1. 素土夯实 2. 120 厚 C15 砼随打随抹平 3. 2 厚特殊耐磨骨料，砼即将初凝时均匀撒布 4. 部位：车库	m²	24.48			
4	011102003003	块料楼地面 地4	地4 做法 1. 素土夯实 2. 80 厚 C15 细石砼 3. 10 厚 1:2 水泥砂浆抹面 4. 贴块料面层(自理) 5. 部位：一层室外平台、阳台	m²	9.16			
5	011102003004	块料楼地面 楼1	楼1 做法 1. 30 厚 C15 细石砼找平 2. 贴块料面层(自理) 3. 部位：二层客厅、餐厅	m²	98			
6	011102003005	块料楼地面 楼2	楼2 做法 1. 50 厚 C15 细石砼找坡，最薄处不小于 30 2. 1.5 厚聚氨酯防水涂料，四周上翻250高，面上撒黄沙 3. 15 厚 1:2 水泥砂浆找平 4. 贴块料面层(自理) 5. 部位：卫生间	m²	17.84			
7	011102003006	块料楼地面 楼3	楼3 做法 1. 50 厚 C15 细石砼找坡，最薄处不小于 30 2. 贴块料面层(自理) 3. 部位：阳台	m²	5.71			
8	011102003007	块料楼地面 楼4	楼4 做法 1. 10 厚 1:2 水泥砂浆抹面 2. 贴块料面层(自理) 3. 部位：楼梯	m²	14.63			
9	011105003001	块料踢脚线 踢脚1	踢1 做法 高度120 1. 15 厚 1:3 水泥砂浆打底 2. 贴块料面层(自理) 3. 部位：客厅、餐厅、卧室	m²	20.12			
			本页小计					

附表 16-2 分部分项工程和单价措施项目清单与计价表

工程名称：××公寓装修工程　　　　　　标段：　　　　　　　第 2 页 共 4 页

序号	项目编码	项目名称	项目特征描述	计量单位	工程量	综合单价	合价	其中：暂估价
10	011204003001	块料墙面 内墙1	内墙1 做法 1. 15 厚 1：3 水泥砂浆打底 2. 贴块料面层(自理) 3. 部位：卫生间、厨房	m²	205.26			
11	011201001001	墙面一般抹灰 内墙2	内墙2 做法 1. 15 厚 1：3 水泥砂浆 2. 5 厚 1：2 水泥砂浆 3. 部位：客厅、餐厅、卧室、楼梯间	m²	761.46			
12	011406001004	抹灰面油漆 内墙2	内墙2 做法 1. 局部刮腻子，刷底漆一遍，内墙乳胶漆 2 遍 2. 部位：客厅、餐厅、卧室、楼梯间	m²	761.46			
13	011406001001	抹灰面油漆 顶棚1	顶棚1 做法 1. 局部刮腻子，刷底漆一遍，内墙乳胶漆 2 遍 2. 部位：客厅、餐厅、卧室、厨房	m²	253.11			
14	011406001002	抹灰面油漆 顶棚2	顶棚2 做法 1. 局部刮腻子，刷底漆一遍，外墙乳胶漆 2 遍 2. 部位：阳台、雨棚、空调板底	m²	51.89			
15	011201001002	墙面一般抹灰 外墙1	外墙1 做法 1. 基层清理，15 厚 1：3 水泥砂浆找平，加5%防水剂 2. 10 厚 1：1 水泥腻子 3. 70 厚机械固定单面钢丝网架岩棉板 4. 界面处理剂 5. 8 厚聚合物抗裂砂浆 6. 5 厚 1：1 水泥砂浆 7. 部位：维护空间外墙	m²	324.79			
16	011201001003	墙面一般抹灰 外墙2	外墙2 做法 1. 基层清理，15 厚 1：3 水泥砂浆找平，加5%防水剂 2. 5 厚 1：2 水泥砂浆 3. 部位：造型外墙	m²	516.62			
17	011406001003	抹灰面油漆 外墙1、2	外墙1、2 做法 1. 弹性底涂柔性腻子，丙烯酸外墙涂料 2. 部位：造型外墙	m²	841.41			
18	011204003002	块料墙面 外墙3	外墙3 做法 1. 基层清理，15 厚 1：3 水泥砂浆找平，加5%防水剂 2. 70 厚机械固定单面钢丝网架岩棉板 3. 15 厚聚合物抗裂砂浆罩面 4. 10 面砖，专用砂浆粘贴 5. 部位：维护空间外墙	m²	101.18			
19	011204003003	块料墙面 外墙4	外墙4 做法 1. 基层清理，15 厚 1：3 水泥砂浆找平，加5%防水剂 2. 15 厚聚合物抗裂砂浆罩面 3. 10 面砖，专用砂浆粘贴	m²	32.08			
			本页小计					

附表 16-3　分部分项工程和单价措施项目清单与计价表

工程名称：××公寓装修工程　　　　　　　　　　标段：　　　　　　　　　　第 3 页 共 4 页

序号	项目编码	项目名称	项目特征描述	计量单位	工程量	金额(元)		
						综合单价	合价	其中：暂估价
20	011107001001	石材台阶面	石材台阶做法 1. 素土夯实 2. 300 厚 3∶7 灰土 3. 素水泥浆一道 4. 30 厚 1∶4 干硬砂浆 5. 20~25 厚石质板材踏步及踢脚板	m²	7.98			
21	010801001001	木质门	成品木装饰门 1. 尺寸见图上设计 M0721 2. 五金安装	m²	4.73			
22	010801001002	木质门	成品木装饰门 1. 尺寸见图上设计 M1221 2. 五金安装	m²	2.52			
23	010801001003	木质门	成品木装饰门 1. 尺寸见图上设计 M0921 2. 五金安装	m²	3.78			
24	010801001004	木质门	成品木装饰门 1. 尺寸见图上设计 M0821 2. 五金安装	m²	1.68			
25	010801004001	木质防火门	成品木防火门 1. 尺寸见图上设计 FMA0921 2. 五金安装	m²	1.89			
26	010802001001	断桥铝合金门	成品铝合金门 1. 尺寸见图上设计 SM0821 2. 五金安装	m²	1.68			
27	010802001002	断桥铝合金门	成品铝合金门 1. 尺寸见图上设计 SM0921 2. 五金安装	m²	5.67			
28	010802001003	断桥铝合金门	成品铝合金门 1. 尺寸见图上设计 SM2626 2. 五金安装	m²	6.76			
29	010802001004	断桥铝合金门	成品铝合金门 1. 尺寸见图上设计 SM2424a 2. 五金安装	m²	5.76			
30	010802001005	断桥铝合金门	成品铝合金门 1. 尺寸见图上设计 SM2424 2. 五金安装	m²	5.53			
31	010802001006	断桥铝合金门	成品铝合金门 1. 尺寸见图上设计 TLM0821 2. 五金安装	m²	1.68			
32	010802004001	防盗门	成品钢防盗门 1. 尺寸见图上设计 GM1521 2. 五金安装	m²	3.15			
33	010807001001	LOW-e 断桥铝合金窗	成品铝合金窗 1. 尺寸见图上设计 2. 五金安装	m²	50.79			
34	010803001001	金属卷帘(闸)门	成品车库卷闸门	m²	5.72			
			本页小计					

附表 16-4　分部分项工程和单价措施项目清单与计价表

工程名称：××公寓装修工程　　　　　　标段：　　　　　　　　　第 4 页 共 4 页

序号	项目编码	项目名称	项目特征描述	计量单位	工程量	综合单价	合价	其中：暂估价
35	011503001001	金属扶手、栏杆、栏板	不锈钢栏杆 部位：楼梯、护窗等	m	23.65			
36	011503001002	铁艺栏杆	铁艺栏杆 部位：见立面图	m	7.76			
37	010902004001	屋面排水管	ϕ75UPVC 排水管	m	48			
38	01B001	排水沟篦子	排水沟篦子(做法见设计)	m	6			
39	011701002001	外脚手架	装修用外墙双排脚手架 具体搭设要求根据施工规范和图纸	m²	546.98			
40	011701006001	满堂脚手架	装修用	m²	305			
41	011701003001	里脚手架	装修用	m²	532.48			
42	011704001001	超高施工增加		m²	1			
			本页小计					
			合　计					

附表 17　总价措施项目清单与计价表

工程名称：××公寓装修工程　　　　　　标段：　　　　　　　　　　　　第 1 页 共 1 页

序号	项目编码	项目名称	计算基础	费率(%)	金额(元)	调整费率(%)	调整后金额(元)	备注
1	011707001001	安全文明施工(含环境保护、文明施工、安全施工、临时设施)	分部分项人工费					
2	011707002001	夜间施工	分部分项人工费	25				
3	011707004001	二次搬运	分部分项人工费	50				
4	011707005001	冬雨季施工	分部分项人工费	25				
		合　计						

编制人(造价人员)：　　　　　　　　　　　　　　　复核人(造价工程师)：

附表18 其他项目清单与计价汇总表

工程名称：××公寓装修工程　　　　标段：　　　　　　　　　　第 1 页 共 1 页

序号	项目名称	金额(元)	结算金额(元)	备注
1	暂列金额			明细详见暂列金额明细表
2	暂估价			
2.1	材料暂估价			明细详见材料暂估价明细表
2.2	专业工程暂估价			明细详见专业工程暂估价明细表
3	计日工			明细详见计日工明细表
4	总承包服务费			明细详见总承包服务费明细表
	合 计			—

附表 19 暂列金额明细表

工程名称：××公寓装修工程　　　　　标段：　　　　　　　　　　　　　　第 1 页 共 1 页

序号	项目名称	计量单位	暂定金额(元)	备注
1				
合　计				—

附表 20 材料(工程设备)暂估单价及调整表

工程名称：××公寓装修工程   第 1 页 共 1 页

序号	材料(工程设备)名称、规格、型号	计量单位	数量		暂估(元)		确认(元)		差额±(元)		备注
			暂估	确认	单价	合价	单价	合价	单价	合价	
		合计									

附表 21　专业工程暂估价及结算价表

工程名称：××公寓装修工程　　　　　标段：　　　　　　　　　　　　　　第 1 页 共 1 页

序号	工程名称	工程内容	暂估金额(元)	结算金额(元)	差额±(元)	备注
1						
合　计			0			—

附表 22　计日工表

工程名称：××公寓装修工程　　　　标段：　　　　　　　　　　

编号	项目名称	单位	暂定数量	实际数量	综合单价(元)	合价(元) 暂定	实际
1	人工						
		人工小计					
2	材料						
		材料小计					
3	施工机械						
		施工机械小计					
		4. 企业管理费和利润					
		总　计					

附表 23 总承包服务费计价表

序号	项目名称	项目价值 (元)	服务内容	计算基础	费率(%)	金额(元)
1						
		合　计				

附表24 规费、税金项目计价表

工程名称：××公寓装修工程　　　　　标段：　　　　　　　　　　第 1 页 共 1 页

序号	项目名称	计算基础	计算基数	计算费率(%)	金额(元)
1	规费	工程排污费+社会保险费+住房公积金			
1.1	工程排污费				
1.2	养老保险费	分部分项预算价直接费+技术措施预算价直接费+组织措施直接费+计日工直接费-只取税金项预算价直接费-不取费项预算价直接费			
1.3	失业保险费	分部分项预算价直接费+技术措施预算价直接费+组织措施直接费+计日工直接费-只取税金项预算价直接费-不取费项预算价直接费			
1.4	医疗保险费	分部分项预算价直接费+技术措施预算价直接费+组织措施直接费+计日工直接费-只取税金项预算价直接费-不取费项预算价直接费			
1.5	工伤保险费	分部分项预算价直接费+技术措施预算价直接费+组织措施直接费+计日工直接费-只取税金项预算价直接费-不取费项预算价直接费			
1.6	生育保险费	分部分项预算价直接费+技术措施预算价直接费+组织措施直接费+计日工直接费-只取税金项预算价直接费-不取费项预算价直接费			
1.7	住房公积金	分部分项预算价直接费+技术措施预算价直接费+组织措施直接费+计日工直接费-只取税金项预算价直接费-不取费项预算价直接费			
2	增值税	分部分项工程费+措施项目费+其他项目费+规费-不取费项市场价直接费		9	
		合　计			

编制人(造价人员)：　　　　　　　　　　　　　　复核人(造价工程师)：

附表 25　发包人提供材料和工程设备一览表

工程名称：××公寓装修工程　　　　　　　　标段：　　　　　　　　　　第 1 页 共 1 页

序号	材料(工程设备)名称、规格、型号	单位	数量	单价(元)	交货方式	送达地点	备注

附表 26 承包人提供主要材料和工程设备一览表
(适用造价信息差额调整法)

工程名称：××公寓装修工程　　　　　　标段：　　　　　　　　　　第 1 页 共 1 页

序号	名称、规格、型号	单位	数量	风险系数(%)	基准单价(元)	投标单价(元)	发承包人确认单价(元)	备注

附表 27　承包人提供主要材料和工程设备一览表
(适用于价格指数差额调整法)

工程名称：××公寓装修工程　　　　　标段：　　　　　　　第 1 页　共 1 页

序号	名称、规格、型号	变值权重 B	基本价格指数 F0	现行价格指数 F1	备注
	定值权重 A		—	—	
	合计	1	—	—	

附表 28　建筑工程招标总价封面

　　　　　　　__××公寓建筑__　　工程
　　　　　招　标　控　制　价

招　　标　　人：　__××职业技术学院__
　　　　　　　　　　　（单位盖章）

造价咨询人：　__××造价咨询公司__
　　　　　　　　　　　（单位盖章）

　　　　　年　　月　　日

附表 29 建筑工程招标总价扉页

××公寓建筑　　　　工程

招 标 控 制 价

招标控制价　（小写）：326,852.20
　　　　　　　（大写）：叁拾贰万陆仟捌佰伍拾贰元贰角

招 标 人：　××职业技术学院　　　　　造价咨询人：　××造价咨询公司
　　　　　　　　（单位盖章）　　　　　　　　　　　　　　（单位资质专用章）

法定代表人　　　　　　　　　　　　　　法定代表人

或其授权人：＿＿＿＿＿＿＿　　　　　或其授权人：＿＿＿＿＿＿＿
　　　　　　　（签字或盖章）　　　　　　　　　　　　（签字或盖章）

编 制 人：＿＿＿＿＿＿＿　　　　　复 核 人：＿＿＿＿＿＿＿
　　　　　　（造价人员签字　　　　　　　　　　　　（造价工程师签字
　　　　　　　盖专用章）　　　　　　　　　　　　　　盖专用章）

编制时间：　　年　月　日　　　　复核时间：　　年　月　日

附表30 总 说 明

工程名称：××公寓建筑工程   第 1 页 共 1 页

1. 工程概况：本工程为框架结构，采用独立基础，建筑层数为地上 2 层，坡屋顶形式，图上设计建筑面积 351.69m²，建筑基底建筑面积为：162.57m²。

2. 工程投标范围：

(1) 施工图纸范围内的建筑工程

(2) 工程量清单

3. 工程量清单报价编制依据：

(1) 施工图纸

(2)《建设工程工程量清单计价规范》(GB50500—2013)及配套的宣贯辅导教材

(3)《房屋建筑与装饰工程工程量计算规范》(GB50854—2013)

(4) 河南省《房屋建筑与装饰工程预算定额》(2016)，郑州市建设工程造价信息(2019.6)(2019 年 3—6 月份建设工程材料指导价格)

(5) 其他资料

4. 其他需要说明的问题：

(1) 土方开挖按机械挖、人工配合外运 10km 考虑，回填土方考虑现场土方人工双轮车倒运 50m。

(2) 土方报价中不含工作面土方，结算时根据施工组织设计及相关资料据实调整。

(3) 烧结砖按机红砖报价，结算时据实调整。

(4) 砼按非泵送浇筑方式考虑。

(5) ××信息价上缺项的材料价格，按近期市场调研价计入，结算时认价调整。

附表 31　单位工程招标控制价汇总表

工程名称：××公寓建筑工程　　　　　　　　标段：单项工程　　　　　　　　第 1 页 共 1 页

序号	汇 总 内 容	金额(元)	其中：暂估价(元)
1	分部分项工程	267 985.92	
2	措施项目	22 655.09	
2.1	其中：安全文明施工费	7 438.79	
2.2	其他措施费(费率类)	3 422.47	
2.3	单价措施费	11 793.83	
3	其他项目		—
3.1	其中：1)暂列金额		—
3.2	2)专业工程暂估价		—
3.3	3)计日工		—
3.4	4)总承包服务费		—
3.5	5)其他		
4	规费	9 223.39	—
4.1	定额规费	9 223.39	—
4.2	工程排污费		—
4.3	其他		
5	不含税工程造价合计	299 864.4	
6	增值税	26 987.8	—
7	含税工程造价合计	326 852.2	
	招标控制价合计=1+2+3+4+6	326 852.20	0

注：本表适用于单位工程招标控制价或投标报价的汇总，如无单位工程划分，单项工程也使用本表汇总。

附表 32-1　分部分项工程和单价措施项目清单与计价表

工程名称：××公寓建筑工程　　　　　标段：单项工程　　　　　第 1 页 共 3 页

序号	项目编码	项目名称	项目特征描述	计量单位	工程量	金额(元)		
						综合单价	合价	其中暂估价
		整个项目					267 985.92	
1	010101001001	平整场地	1. 土壤类别：综合 2. 弃土运距：自行考虑 3. 取土运距：自行考虑	m²	167	1.44	240.48	
2	010101002001	挖一般土方	1. 土壤类别：综合 2. 挖土深度：见图纸 3. 弃土运距：综合考虑	m³	55.2	17.94	990.29	
3	010103001001	回填方	1. 密实度要求：按设计及规范 夯填 2. 填方材料品种：按设计及规范 3. 填方粒径要求：按设计及规范 4. 填方来源、运距：自行考虑	m³	26.86	9.78	262.69	
4	010401003001	实心砖墙	1. 砖品种、规格、强度等级：烧结砖 240 厚 2. 砂浆强度等级、配合比：M5.0 水泥砂浆	m³	16.19	361.41	5 851.23	
5	010401012001	零星砌砖	1. 零星砌砖名称、部位：集水坑侧壁 2. 砂浆强度等级、配合比：M5.0 水泥砂浆	m³	4.46	470.82	2 099.86	
6	010401008001	填充墙	1. 砖品种、规格、强度等级：见设计 2. 墙体类型：加气砼块 3. 填充材料种类及厚度：200 厚 4. 砂浆强度等级、配合比：M5.0 混合砂浆	m³	86.53	386.51	33 444.71	
7	010401008002	填充墙	1. 砖品种、规格、强度等级：见设计 2. 墙体类型：加气砼块 3. 填充材料种类及厚度：100 厚 4. 砂浆强度等级、配合比：M5.0 混合砂浆	m³	1.94	387.02	750.82	
		本页小计					43 640.08	

注：为计取规费等的使用，可在表中增设其中："定额人工费"。

工程造价概论

附表 32-2　分部分项工程和单价措施项目清单与计价表

工程名称：××公寓建筑工程　　　　　标段：单项工程　　　　　　第 2 页 共 3 页

序号	项目编码	项目名称	项目特征描述	计量单位	工程量	金　额(元)		
						综合单价	合价	其中
								暂估价
8	010401008003	填充墙	1. 砖品种、规格、强度等级：见设计 2. 墙体类型：加气砼块 3. 填充材料种类及厚度：150 厚 4. 砂浆强度等级、配合比：M5.0 混合砂浆	m³	0.71	387	274.77	
9	010501001001	垫层	混凝土强度等级：C15 商品砼	m³	5.52	382.08	2 109.08	
10	010501002001	带形基础	1. 混凝土强度等级：C15 商品砼 2.部位：墙基础	m³	8.79	322.52	2 834.95	
11	010501003001	独立基础	混凝土强度等级：C30 商品砼	m³	17.95	421.85	7 572.21	
12	010502001001	矩形柱	混凝土强度等级：C30 商品砼	m³	24.16	938.75	22 680.2	
13	010502003001	异形柱	混凝土强度等级：C30 商品砼	m³	10.04	1 126.59	11 310.96	
14	010503002001	矩形梁	混凝土强度等级：C30 商品砼	m³	22.37	865.63	19 364.14	
15	010503005001	过梁	混凝土强度等级：C20 商品砼	m³	0.68	1320.7	898.08	
16	010505003001	平板	混凝土强度等级：C30 商品砼	m³	41.97	601.64	25 250.83	
17	010506001001	直形楼梯	混凝土强度等级：C30 商品砼	m²	10.3	256.31	2 639.99	
18	010507005001	扶手、压顶	混凝土强度等级：C20 商品砼	m³	0.88	2 146.03	1 888.51	
19	010507001001	散水、坡道	1. 50 厚 C15 商品砼随打随抹光(根据规范设置沥青砂浆伸缩缝) 2. 300 厚 3∶7 灰土 3. 素土夯实	m²	46.36	79.28	3 675.42	
20	010507004001	台阶	混凝土强度等级：60 厚 C15 商品砼	m²	7.98	101.67	811.33	
21	010515001001	现浇构件钢筋	钢筋种类、规格：HPB300 10 以内	t	1.26	5 049.2	6 361.99	
22	010515001002	现浇构件钢筋	钢筋种类、规格：HRB335 20 以内	t	0.8	4 754.07	3 803.26	
23	010515001003	现浇构件钢筋	钢筋种类、规格：HRB400 10 以内	t	6.26	4 691.09	29 366.22	
			本页小计				140 841.94	

注：为计取规费等的使用，可在表中增设其中："定额人工费"。

附表 32-3　分部分项工程和单价措施项目清单与计价表

工程名称：××公寓建筑工程　　　　　　标段：单项工程　　　　　　第 3 页 共 3 页

序号	项目编码	项目名称	项目特征描述	计量单位	工程量	金 额(元)		
						综合单价	合 价	其中 暂估价
24	010515001004	现浇构件钢筋	钢筋种类、规格：HRB400 20 以内	t	6.32	4 754.05	30 045.6	
25	010515001005	现浇构件钢筋	钢筋种类、规格：HRB400 20 以外	t	1.96	4 304.33	8 436.49	
26	010516003001	机械连接	1. 连接方式：直螺纹 2. 使用部位：柱 3. 规格：$\phi16—\phi22$	个	316	18.52	5 852.32	
27	010901001001	瓦屋面	瓦屋面(见设计屋面 3、屋面 4)做法： 1. 找平层：15 厚 1∶3 水泥砂浆，内掺聚丙烯或锦纶 6 纤维，0.75～0.90kg/m³。 2. 防水层：聚酯胎 SBS 改性沥青防水卷材。 3. 85 厚的挤塑板保温 4. 找平层：35 厚 C20 细石砼，内配直径为 6 的一级钢筋网片，500*500。 5. 顺水条：—25×5，中距 600。 6. 挂瓦条：30×4，中距按瓦材规格。 7. 灰色挂瓦	m²	247.21	155.23	38 374.41	
28	010903001001	墙面卷材防水	1. 4 厚 SBS 改性沥青防水卷材 2. 部位：集水坑	m²	18.14	43.83	795.08	
		措施项目					11 793.83	
1	011705001001	大型机械设备进出场及安拆	综合考虑	台·次	1	4 100.01	4 100.01	
2	011701003001	里脚手架	砌筑用脚手架	m²	225.69	5.75	1 297.72	
3	011701006001	满堂脚手架	主体用脚手架	m²	167	15.61	2 606.87	
4	011703001001	垂直运输	具体施工机械自行考虑	m²	167	22.69	3 789.23	
			本页小计				95 297.73	
			合 计				279 779.75	

注：为计取规费等的使用，可在表中增设其中："定额人工费"。

附表 33-1 综合单价分析表

工程名称：××公寓建筑工程　　　　　标段：单项工程　　　　　第 2 页　共 33 页

项目编码	010101002001		项目名称		挖一般土方	计量单位	m³	工程量	55.2

清单综合单价组成明细

定额编号	定额项目名称	定额单位	数量	单价(元)				合价(元)			
				人工费	材料费	机械费	管理费和利润	人工费	材料费	机械费	管理费和利润
1-52	挖掘机挖装槽坑土方一、二类土	10m³	0.1	56.89		45.15	16.07	5.69		4.52	1.61
1-65	自卸汽车运土方运距≤1km	10m³	0.1	1.78		57.01	2.44	0.18		5.7	0.24
人工单价			小计					5.87		10.22	1.85
68.78 元/工日			未计价材料费								
清单项目综合单价								17.94			

材料费明细	主要材料名称、规格、型号				单位	数量	单价(元)	合价(元)	暂估单价(元)	暂估合价(元)
	其他材料费						—	0.00	—	
	材料费小计						—		—	

注：1. 如不使用省级或行业建设主管部门发布的计价依据，可不填定额编号、名称等。
　　2. 招标文件提供了暂估单价的材料，按暂估的单价填入表内"暂估单价"栏及"暂估合价"栏。

附表 33-2 综合单价分析表

工程名称：××公寓建筑工程　　　　　　标段：单项工程　　　　　　第 4 页 共 33 页

项目编码	010401003001		项目名称		实心砖墙		计量单位	m³	工程量	16.19

清单综合单价组成明细										

定额编号	定额项目名称	定额单位	数量	单价(元)				合价(元)			
				人工费	材料费	机械费	管理费和利润	人工费	材料费	机械费	管理费和利润
4-10	混水砖墙 1砖	10m³	0.1	1152.86	1959.69	46.84	454.65	115.29	195.97	4.68	45.47
人工单价		小计						115.29	195.97	4.68	45.47
102.47 元/工日		未计价材料费									
清单项目综合单价								361.41			

材料费明细	主要材料名称、规格、型号			单位	数量	单价(元)	合价(元)	暂估单价(元)	暂估合价(元)
	烧结煤矸石普通砖 240*115*53			千块	0.5337	287.5	153.44		
	其他材料费					—	0.9	—	
	材料费小计					—	154.33	—	

注：1. 如不使用省级或行业建设主管部门发布的计价依据，可不填定额编号、名称等。

　　2. 招标文件提供了暂估单价的材料，按暂估的单价填入表内"暂估单价"栏及"暂估合价"栏。

附表 33-3　综合单价分析表

项目编码	010501003001	项目名称		独立基础	计量单位	m³	工程量	17.95

清单综合单价组成明细											
定额编号	定额项目名称	定额单位	数量	单价(元)				合价(元)			
				人工费	材料费	机械费	管理费和利润	人工费	材料费	机械费	管理费和利润
5-5 H80210557 80210561	现浇混凝土独立基础混凝土换为【预拌混凝土C30】	10m³	0.1	280.14	2 637.53		149.89	28.01	263.75		14.99
5-189	现浇混凝土模板独立基础复合模板木支撑	100m²	0.0191	1 805.72	2 782.76	1.6	966.75	34.49	53.15	0.03	18.47
5-88	泵送混凝土泵车	10m³	0.101		16.16	68.84	3.74		1.63	6.95	0.38
人工单价		小计						62.5	318.53	6.98	33.84
100.01 元/工日		未计价材料费									
清单项目综合单价								421.85			

材料费明细	主要材料名称、规格、型号	单位	数量	单价(元)	合价(元)	暂估单价(元)	暂估合价(元)
	预拌混凝土 C30	m³	1.01	260	262.6		
	复合模板	m²	0.4713	37.12	17.49		
	板方材	m³	0.0049	2100	10.29		
	木支撑	m³	0.0123	1800	22.14		
	其他材料费			—	6.08	—	
	材料费小计			—	318.6	—	

注：1. 不使用省级或行业建设主管部门发布的计价依据，可不填定额编号、名称等。

　　2. 标文件提供了暂估单价的材料，按暂估的单价填入表内"暂估单价"栏及"暂估合价"栏。

附表 33-4　综合单价分析表

工程名称：××公寓建筑工程　　　　　　　标段：单项工程　　　　　　　第 12 页　共 33 页

项目编码	010502001001		项目名称	矩形柱	计量单位	m³	工程量	24.16

清单综合单价组成明细

定额编号	定额项目名称	定额单位	数量	单价(元)				合价(元)			
				人工费	材料费	机械费	管理费和利润	人工费	材料费	机械费	管理费和利润
5-11 H80210557 80210561	现浇混凝土矩形柱换为【预拌混凝土C30】	10m³	0.1	721.14	2 631.85		385.96	72.11	263.19		38.6
5-220	现浇混凝土模板矩形柱复合模板钢支撑	100m²	0.0924	2 143.87	2 726.08	1.38	1 147.69	198.09	251.89	0.13	106.05
5-88	泵送混凝土泵车	10m³	0.098		16.16	68.84	3.74		1.58	6.74	0.37
人工单价	小计							270.2	516.66	6.87	145.02
100.01 元/工日	未计价材料费										
清单项目综合单价								938.75			

	主要材料名称、规格、型号		单位	数量	单价(元)	合价(元)	暂估单价(元)	暂估合价(元)
材料费明细	预拌混凝土 C30		m³	0.9797	260	254.72		
	复合模板		m²	2.28	37.12	84.63		
	板方材		m³	0.0344	2100	72.24		
	木支撑		m³	0.0168	1800	30.24		
	钢支撑及配件		kg	4.2027	4.6	19.33		
	硬塑料管 φ20		m	10.8816	2.3	25.03		
	其他材料费				—	23.82	—	
	材料费小计				—	510.01	—	

注：1. 如不使用省级或行业建设主管部门发布的计价依据，可不填定额编号、名称等。

　　2. 招标文件提供了暂估单价的材料，按暂估的单价填入表内"暂估单价"栏及"暂估合价"栏。

附表 34 总价措施项目清单与计价表

工程名称：××公寓建筑工程　　　　　　标段：单项工程　　　　　　第 1 页 共 1 页

序号	项目编码	项目名称	计算基础	费率(%)	金额(元)	调整费率(%)	调整后金额(元)	备注
1	011707001001	安全文明施工费	分部分项安全文明施工费+单价措施安全文明施工费		7438.79			
2	01	其他措施费(费率类)			3422.47			
2.1	011707002001	夜间施工增加费	分部分项其他措施费+单价措施其他措施费	25	855.62			
2.2	011707004001	二次搬运费	分部分项其他措施费+单价措施其他措施费	50	1711.23			
2.3	011707005001	冬雨季施工增加费	分部分项其他措施费+单价措施其他措施费	25	855.62			
3	02	其他(费率类)						
		合　计			10 861.26			

编制人(造价人员)：　　　　　　　　　　复核人(造价工程师)：

注：1. "计算基础"中安全文明施工费可为"定额基价""定额人工费"或"定额人工费+定额机械费"，其他项目可为"定额人工费"或"定额人工费+定额机械费"。

2. 按施工方案计算的措施费，若无"计算基础"和"费率"的数值，也可只填"金额"数值，但应在备注栏说明施工方案出处或计算方法。

附表 35　其他项目清单与计价汇总表

工程名称：××公寓建筑工程　　　　　　　标段：单项工程　　　　　　第 1 页 共 1 页

序号	项目名称	金额(元)	结算金额(元)	备注
1	暂列金额			明细详见表-12-1
2	暂估价			
2.1	材料(工程设备)暂估价	—		明细详见表-12-2
2.2	专业工程暂估价			明细详见表-12-3
3	计日工			明细详见表-12-4
4	总承包服务费			明细详见表-12-5
	合　计	0		—

注：材料(工程设备)暂估单价进入清单项目综合单价，此处不汇总。

附表 36　暂列金额明细表

工程名称：××公寓建筑工程　　　　　　标段：单项工程　　　　　　第 1 页 共 1 页

序号	项 目 名 称	计量单位	暂定金额(元)	备 注
1				
合　计				—

注：此表由招标人填写，如不能详列，也可只列暂定金额总额，投标人应将上述暂列金额计入投标总价中。

附表 37　材料(工程设备)暂估单价及调整表

工程名称：××公寓建筑工程　　　　　　标段：单项工程　　　　　　第 1 页 共 1 页

序号	材料(工程设备)名称、规格、型号	计量单位	数量		暂估(元)		确认(元)		差额±(元)		备注
			暂估	确认	单价	合价	单价	合价	单价	合价	
合　计											

注：此表由招标人填写“暂估单价”，并在备注栏说明暂估价的材料、工程设备拟用在那些清单项目上，投标人应将上述材料、工程设备暂估单价计入工程量清单综合单价报价中。

221

附表 38 专业工程暂估价及结算价表

工程名称：××公寓建筑工程　　　　标段：单项工程　　　　　　第 1 页 共 1 页

序号	工 程 名 称	工程内容	暂估金额(元)	结算金额(元)	差额±(元)	备 注
1						
	合　计		0.00			—

注：此表"暂估金额"由招标人填写，投标人应将"暂估金额"计入投标总价中。结算时按合同约定结算金额填写。

附表 39 计日工表

工程名称：××公寓建筑工程 　　　　　标段：单项工程 　　　　　第 1 页 共 1 页

编号	项 目 名 称	单位	暂定数量	实际数量	综合单价(元)	合价(元)	
						暂定	实际
一	人工						
1							
人工小计							
二	材料						
1							
材料小计							
三	施工机械						
1							
施工机械小计							
四、企业管理费和利润							
总　计							

注：此表项目名称、暂定数量由招标人填写，编制招标控制价时，单价由招标人按有关计价规定确定；投标时，单价由投标人自主报价，按暂定数量计算合价计入投标总价中。结算时，按发承包双方确认的实际数量计算合价。

附表 40　规费、税金项目计价表

工程名称：××公寓建筑工程　　　　　　标段：单项工程　　　　　　第 1 页　共 1 页

序号	项目名称	计算基础	计算基数	计算费率 (%)	金额(元)
1	规费	定额规费+工程排污费+其他	9 223.39		9 223.39
1.1	定额规费	分部分项规费+单价措施规费	9 223.39		9 223.39
1.2	工程排污费				
1.3	其他				
2	增值税	不含税工程造价合计	299 864.4	9	26 987.8
合　计					36 211.19

编制人(造价人员)：　　　　　　　　　　复核人(造价工程师)：

附表 41　主要材料价格表

工程名称：××公寓建筑工程

序号	材料名称	规格、型号 等特殊要求	单位	数量	单价(元)	合价(元)
1	钢筋	HPB300 φ10 以内	kg	1 509.1104	3.5	5 281.89
2	钢筋	HRB400 以内φ10 以内	kg	6 385.2	3.4	21 709.68
3	钢筋	HRB400 以内φ12～φ18	kg	6 478	3.5	22 673
4	钢筋	HRB335 20 以内	kg	820	3.5	2 870
5	钢筋	HRB400 以内φ20～φ25	kg	2 009	3.4	6 830.6
6	尼龙帽		个	638.32	2.5	1 595.8
7	烧结煤矸石普通砖	240*115*53	千块	11.099847	287.5	3 191.21
8	黏土平瓦	387mm*218mm	千块	4.462141	540	2 409.56
9	板方材		m³	5.251931	2 100	11 029.06
10	聚酯胎 SBS 改性沥青防水卷材		m²	285.861284	28.84	8 244.24
11	聚苯乙烯板		m³	21.433107	300	6 429.93
12	硬塑料管	φ20	m	410.707748	2.3	944.63
13	钢支撑及配件		kg	428.561948	4.6	1 971.38
14	复合模板		m²	219.55684	37.12	8 149.95
15	木支撑		m³	1.346494	1 800	2 423.69
16	蒸压粉煤灰加气混凝土砌块	600*190*240	m³	84.53981	235	19 866.86
17	预拌混凝土	C15	m³	17.27308	200	3 454.62
18	预拌混凝土	C30	m³	119.28222	260	31 013.38
19	预拌细石混凝土	C20	m³	8.738874	260	2 272.11
20	预拌混合砂浆 M5.0		m³	6.33178	220	1 392.99

附表 42　装修工程扫标控制价封面

××公寓装修　　　　工程

招 标 控 制 价

招　标　人：　　××职业技术学院

（单位盖章）

造价咨询人：　　××造价咨询公司

（单位盖章）

年　　月　　日

附表 43　装修工程扫标控制价扉页

××公寓装修　　　　工程

招 标 控 制 价

招标控制价　（小写）：　460,932.01
　　　　　　　（大写）：　肆拾陆万零玖佰叁拾贰元零壹分

招 标 人：　××职业技术学院
　　　　　　（单位盖章）

造价咨询人：　××造价咨询公司
　　　　　　（单位资质专用章）

法定代表人
或其授权人：　＿＿＿＿＿＿＿＿
　　　　　　（签字或盖章）

法定代表人
或其授权人：　＿＿＿＿＿＿＿＿
　　　　　　（签字或盖章）

编 制 人：　＿＿＿＿＿＿＿＿
　　　　　　（造价人员签字盖
　　　　　　专用章）

复 核 人：　＿＿＿＿＿＿＿＿
　　　　　　（造价工程师签字盖
　　　　　　专用章）

编 制 时 间：　年　月　日

复 核 时 间：　年　月　日

附表 44 总 说 明

1. 工程概况：本工程为框架结构，采用独立基础，建筑层数为地上 2 层，坡屋顶形式，图上设计建筑面积 351.69m^2，建筑基底建筑面积为：162.57m^2。

2. 工程投标范围：

(1) 施工图纸范围内的建筑工程

(2) 工程量清单

3. 工程量清单报价编制依据：

(1) 施工图纸

(2)《建设工程工程量清单计价规范》(GB50500—2013)及配套的宣贯辅导教材

(3)《房屋建筑与装饰工程工程量计算规范》(GB50854—2013)

(4) 河南省《房屋建筑与装饰工程预算定额》(2016)，郑州市建设工程造价信息(2019.6)(2019 年 3—6 月份建设工程材料指导价格)

(5) 其他资料

4. 其他需要说明的问题：

(1) 装修用砼均按现场搅拌考虑。

(2) ××信息价上缺项的材料价格，按近期市场调研价计入，结算时认价调整。

附表 45　单位工程招标控制价汇总表

工程名称：××公寓装修工程　　　　　标段：单项工程　　　　　第 1 页 共 1 页

序号	汇 总 内 容	金额(元)	其中：暂估价(元)
1	分部分项工程	368 333.75	
2	措施项目	35 667.81	
2.1	其中：安全文明施工费	12 119.56	
2.2	其他措施费(费率类)	5 575.81	
2.3	单价措施费	17 972.44	
3	其他项目		—
3.1	其中：1) 暂列金额		
3.2	2) 专业工程暂估价		—
3.3	3) 计日工		—
3.4	4) 总承包服务费		—
3.5	5) 其他		
4	规费	15 027.54	
4.1	定额规费	15 027.54	
4.2	工程排污费		—
4.3	其他		
5	不含税工程造价合计	419 029.1	
6	增值税	41 902.91	—
7	含税工程造价合计	460 932.01	
	招标控制价合计=1+2+3+4+6	460 932.01	0

注：本表适用于单位工程招标控制价或投标报价的汇总，如无单位工程划分，单项工程也使用本表汇总。

工程造价概论

附表 46-1 分部分项工程和单价措施项目清单与计价表

工程名称：××公寓装修工程　　　　　　　标段：单项工程　　　　　　　第 1 页 共 6 页

序号	项目编码	项目名称	项目特征描述	计量单位	工程量	综合单价	合价	其中 暂估价
		整个项目					368 333.75	
1	011102003001	块料楼地面 地 1	地 1 做法 1. 素土夯实 2. 80 厚 C15 细石砼 3. 30 厚 C15 细石砼找平 4. 贴块料面层(自理) 5. 部位：一层客厅、餐厅、卧室、厨房	m²	102.46	297.96	30 528.98	
2	011102003002	块料楼地面 地 2	地 2 做法 1. 素土夯实 2. 80 厚 C15 细石砼 3. 50 厚 C15 细石砼找坡，最薄处不小于 30 4. 1.5 厚聚氨酯防水涂料，四周上翻 250 高，面上撒黄沙 5. 15 厚 1：2 水泥砂浆找平 6. 贴块料面层(自理) 7. 部位：一层卫生间、工作间	m²	28.42	191.64	5 446.41	
3	011101003001	细石混凝土楼地面 地 3	地 3 做法 1. 素土夯实 2. 120 厚 C15 砼随打随抹平 3. 2 厚特殊耐磨骨料，砼即将初凝时均匀撒布 4. 部位：车库	m²	24.48	46.46	1 137.34	
4	011102003003	块料楼地面 地 4	地 4 做法 1. 素土夯实 2. 80 厚 C15 细石砼 3. 10 厚 1：2 水泥砂浆抹面 4. 贴块料面层(自理) 5. 部位：一层室外平台、阳台	m²	9.16	273.56	2 505.81	
		本页小计					39 618.54	

注：为计取规费等的使用，可在表中增设其中："定额人工费"。

附表 46-2 分部分项工程和单价措施项目清单与计价表

工程名称：××公寓装修工程 　　　　　标段：单项工程 　　　　　第 2 页 共 6 页

序号	项目编码	项目名称	项目特征描述	计量单位	工程量	综合单价	合价	其中 暂估价
5	011102003004	块料楼地面 楼 1	楼 1 做法 1. 30 厚 C15 细石砼找平 2. 贴块料面层(自理) 3. 部位：二层客厅、餐厅	m²	98	271.39	26 596.22	
6	011102003005	块料楼地面 楼 2	楼 2 做法 1. 50 厚 C15 细石砼找坡，最薄处不小于 30 2. 1.5 厚聚氨酯防水涂料，四周上翻 250 高，面上撒黄沙 3. 15 厚 1:2 水泥砂浆找平 4. 贴块料面层(自理) 5. 部位：卫生间	m²	17.84	170.42	3 040.29	
7	011102003006	块料楼地面 楼 3	楼 3 做法 1. 50 厚 C15 细石砼找坡，最薄处不小于 30 2. 贴块料面层(自理) 3. 部位：阳台	m²	5.71	281.66	1 608.28	
8	011102003007	块料楼地面 楼 4	楼 4 做法 1. 10 厚 1:2 水泥砂浆抹面 2. 贴块料面层(自理) 3. 部位：楼梯	m²	14.63	129.04	1 887.86	
9	011105003001	块料踢脚线 踢脚 1	踢 1 做法 高度 120 1. 15 厚 1:3 水泥砂浆打底 2. 贴块料面层(自理) 3. 部位：客厅、餐厅、卧室	m²	20.12	85.55	1 721.27	
10	011204003001	块料墙面 内墙 1	内墙 1 做法 1. 15 厚 1:3 水泥砂浆打底 2. 贴块料面层(自理) 3. 部位：卫生间、厨房	m²	205.26	143.15	29 382.97	
			本页小计				64 236.89	

注：为计取规费等的使用，可在表中增设其中："定额人工费"。

工程造价概论

附表 46-3　分部分项工程和单价措施项目清单与计价表

工程名称：××公寓装修工程　　　　　　　标段：单项工程　　　　　　　第 3 页 共 6 页

序号	项目编码	项目名称	项目特征描述	计量单位	工程量	金额(元)		
						综合单价	合价	其中
								暂估价
11	011201001001	墙面一般抹灰　内墙2	内墙2 做法 1. 15 厚 1:3 水泥砂浆 2. 5 厚 1:2 水泥砂浆 3. 部位：客厅、餐厅、卧室、楼梯间	m²	761.46	24.04	18 305.5	
12	011406001004	抹灰面油漆　内墙2	内墙2 做法 1. 局部刮腻子，刷底漆一遍，内墙乳胶漆2 遍 2. 部位：客厅、餐厅、卧室、楼梯间	m²	761.46	18.49	14 079.4	
13	011406001001	抹灰面油漆　顶棚1	顶棚1 做法 1. 局部刮腻子，刷底漆一遍，内墙乳胶漆2 遍 2. 部位：客厅、餐厅、卧室、厨房	m²	253.11	21.81	5 520.33	
14	011406001002	抹灰面油漆　顶棚2	顶棚2 做法 1. 局部刮腻子，刷底漆一遍，外墙乳胶漆2 遍 2. 部位：阳台、雨棚、空调板底	m²	51.89	21.81	1 131.72	
15	011201001002	墙面一般抹灰　外墙1	外墙1 做法 1. 基层清理，15 厚 1:3 水泥砂浆找平，加 5%防水剂 2. 10 厚 1:1 水泥腻子 3. 70 厚机械固定单面钢丝网架岩棉板 4. 界面处理剂 5. 8 厚聚合物抗裂砂浆 6. 5 厚 1:1 水泥砂浆 7. 部位：维护空间外墙	m²	324.79	177.75	57 731.42	
			本页小计				96 768.37	

注：为计取规费等的使用，可在表中增设其中："定额人工费"。

附表 46-4　分部分项工程和单价措施项目清单与计价表

工程名称：××公寓装修工程　　　　　　标段：单项工程　　　　　　第 4 页　共 6 页

序号	项目编码	项目名称	项目特征描述	计量单位	工程量	综合单价	合价	其中暂估价
16	011201001003	墙面一般抹灰 外墙2	外墙2 做法 1. 基层清理，15 厚 1∶3 水泥砂浆找平，加 5% 防水剂 2. 5 厚 1∶2 水泥砂浆 3. 部位：造型外墙	m²	516.62	38.41	19 843.37	
17	011406001003	抹灰面油漆 外墙1、2	外墙1、2 做法 1. 弹性底涂柔性腻子，丙烯酸外墙涂料 2. 部位：造型外墙	m²	841.41	32.97	27 741.29	
18	011204003002	块料墙面 外墙3	外墙3 做法 1. 基层清理，15 厚 1∶3 水泥砂浆找平，加 5% 防水剂 2. 70 厚机械固定单面钢丝网架岩棉板 3. 15 厚聚合物抗裂砂浆罩面 4. 10 面砖，专用砂浆黏贴 5. 部位：维护空间外墙	m²	101.18	307.35	31 097.67	
19	011204003003	块料墙面 外墙4	外墙4 做法 1. 基层清理，15 厚 1∶3 水泥砂浆找平，加 5% 防水剂 2. 15 厚聚合物抗裂砂浆罩面 3. 10 面砖，专用砂浆粘贴	m²	32.08	217.23	6 968.74	
20	011107001001	石材台阶面	石材台阶做法 1. 素土夯实 2. 300 厚 3∶7 灰土 3. 素水泥浆一道 4. 30 厚 1∶4 干硬砂浆 5. 20～25 厚石质板材踏步及踢脚板	m²	7.98	354.62	2 829.87	
21	010801001001	木质门	成品木装饰门 1. 尺寸见图上设计 M0721 2. 五金安装	m²	4.73	874.77	4 137.66	
			本页小计				92 618.6	

注：为计取规费等的使用，可在表中增设其中："定额人工费"。

附表 46-5　分部分项工程和单价措施项目清单与计价表

工程名称：××公寓装修工程　　　　　　标段：单项工程　　　　　　

序号	项目编码	项目名称	项目特征描述	计量单位	工程量	综合单价	合价	其中 暂估价
							金额(元)	
22	010801001002	木质门	成品木装饰门 1. 尺寸见图上设计 M1221 2. 五金安装	m²	2.52	547.31	1 379.22	
23	010801001003	木质门	成品木装饰门 1. 尺寸见图上设计 M0921 2. 五金安装	m²	3.78	729.74	2 758.42	
24	010801001004	木质门	成品木装饰门 1. 尺寸见图上设计 M0821 2. 五金安装	m²	1.68	820.97	1 379.23	
25	010801004001	木质防火门	成品木防火门 1. 尺寸见图上设计 FMA0921 2. 五金安装	m²	1.89	545.41	1 030.82	
26	010802001001	断桥铝合金门	成品铝合金门 1. 尺寸见图上设计 SM0821 2. 五金安装	m²	1.68	638.98	1 073.49	
27	010802001002	断桥铝合金门	成品铝合金门 1. 尺寸见图上设计 SM0921 2. 五金安装	m²	5.67	635.4	3 602.72	
28	010802001003	断桥铝合金门	成品铝合金门 1. 尺寸见图上设计 SM2626 2. 五金安装	m²	6.76	614.8	4 156.05	
29	010802001004	断桥铝合金门	成品铝合金门 1. 尺寸见图上设计 SM2424a 2. 五金安装	m²	5.76	616.19	3 549.25	
30	010802001005	断桥铝合金门	成品铝合金门 1. 尺寸见图上设计 SM2424 2. 五金安装	m²	5.53	616.57	3 409.63	
31	010802001006	断桥铝合金门	成品铝合金门 1. 尺寸见图上设计 TLM0821 2. 五金安装	m²	1.68	638.98	1 073.49	
32	010802004001	防盗门	成品钢防盗门 1. 尺寸见图上设计 GM1521 2. 五金安装	m²	3.15	325.81	1 026.3	
			本页小计				24 438.62	

注：为计取规费等的使用，可在表中增设其中："定额人工费"。

附表 46-6 分部分项工程和单价措施项目清单与计价表

工程名称：××公寓装修工程 　　　　　　　　　　标段：单项工程 　　　　　　　　　第 6 页 共 6 页

序号	项目编码	项目名称	项目特征描述	计量单位	工程量	金额(元)		
						综合单价	合价	其中 暂估价
33	010807001001	LOW-e 断桥铝合金窗	成品铝合窗 1. 尺寸见图上设计 2. 五金安装	m²	50.79	662.08	33 627.04	
34	010803001001	金属卷帘(闸)门	成品车库卷闸门	m²	5.72	777.37	4 446.56	
35	011503001001	金属扶手、栏杆、栏板	不锈钢栏杆 部位：楼梯、护窗等	m	23.65	235.93	5 579.74	
36	011503001002	铁艺栏杆	铁艺栏杆 部位：见立面图	m	7.76	178.14	1 382.37	
37	010902004001	屋面排水管	φ75UPVC 排水管	m	48	42.01	2 016.48	
38	01B001	排水沟篦子	排水沟篦子(做法见设计)	m	6	600.09	3 600.54	
		措施项目					17 972.44	
1	011701002001	外脚手架	装修用外墙双排脚手架 具体搭设要求根据施工规范和图纸	m²	546.98	18.4	10 064.43	
2	011701006001	满堂脚手架	装修用	m²	305	15.61	4 761.05	
3	011701003001	里脚手架	装修用	m²	532.48	5.91	3 146.96	
			本页小计				68 625.17	
			合 计				386 306.19	

注：为计取规费等的使用，可在表中增设其中："定额人工费"。

附表 47-1 综合单价分析表

工程名称：××公寓装修工程　　　　　　标段：单项工程　　　　　　第 1 页　共 43 页

项目编码		011102003001		项目名称		块料楼地面　地 1		计量单位	m²	工程量	102.46

清单综合单价组成明细

定额编号	定额项目名称	定额单位	数量	单价(元)				合价(元)			
				人工费	材料费	机械费	管理费和利润	人工费	材料费	机械费	管理费和利润
1-129	原土夯实二遍机械	100m²	0.01	43.89		18.23	11.18	0.44		0.18	0.11
5-1 换	现浇混凝土垫层换为【预拌细石混凝土 C15】	10m³	0.008	370.21	2660.3		198.07	2.96	21.28		1.58
11-4	细石混凝土地面找平层 30mm	100m²	0.01	1231.63	789.85		344.63	12.32	7.9		3.45
11-33	块料面层陶瓷地面砖 0.64m² 以外	100m²	0.01	2 669.93	21 274.55	69.85	758.33	26.7	212.75	0.7	7.58
人工单价			小计					42.42	241.93	0.88	12.72
119.42 元/工日			未计价材料费								
清单项目综合单价								297.96			

材料费明细	主要材料名称、规格、型号		单位	数量	单价(元)	合价(元)	暂估单价(元)	暂估合价(元)
	预拌细石混凝土 C15		m³	0.1111	260	28.89		
	地砖 1000mm*1000mm		m²	1.04	200	208		
	其他材料费				—	0.86	—	
	材料费小计				—	237.75	—	

注：1. 如不使用省级或行业建设主管部门发布的计价依据，可不填定额编号、名称等。

　　2. 招标文件提供了暂估单价的材料，按暂估的单价填入表内"暂估单价"栏及"暂估合价"栏。

附表 47-2　综合单价分析表

工程名称：××公寓装修工程　　　　　标段：单项工程　　　　　第 18 页　共 43 页

| 项目编码 | 011406001003 | 项目名称 | 抹灰面油漆　外墙1、2 | 计量单位 | m² | 工程量 | 841.41 |

清单综合单价组成明细

定额编号	定额项目名称	定额单位	数量	单价				合价			
				人工费	材料费	机械费	管理费和利润	人工费	材料费	机械费	管理费和利润
14-222	外墙丙烯酸酯涂料 墙面 二遍	100m²	0.01	998.19	1976.5		322.02	9.98	19.77		3.22
人工单价		小计						9.98	19.77		3.22
122.24 元/工日		未计价材料费									
清单项目综合单价								32.97			

材料费明细	主要材料名称、规格、型号	单位	数量	单价(元)	合价(元)	暂估单价(元)	暂估合价(元)
	成品腻子粉	kg	2.0412	0.7	1.43		
	高级丙烯酸外墙涂料 无光	kg	0.936	19.35	18.11		
	其他材料费			—	0.22	—	
	材料费小计			—	19.77	—	

注：1. 如不使用省级或行业建设主管部门发布的计价依据，可不填定额编号、名称等。

2. 招标文件提供了暂估单价的材料，按暂估的单价填入表内"暂估单价"栏及"暂估合价"栏。

附表 47-3　综合单价分析表

项目编码	010902004001		项目名称		屋面排水管		计量单位		m	工程量	48

清单综合单价组成明细

定额 编号	定额项目 名称	定额 单位	数量	单价				合价			
				人工费	材料费	机械费	管理费 和利润	人工费	材料费	机械费	管理费 和利润
9-114	屋面排水塑料 管排水水落管 $\phi \leq 110mm$	100m	0.01	391.04	2556.42		132.84	3.91	25.56		1.33
9-117	屋面排水塑料 管排水落水斗	10 个	0.0146	50.29	180.52		16.98	0.73	2.63		0.25
9-118	屋面排水塑料 管排水弯头落 水口	10 个	0.0146	50.83	199.08		17.32	0.74	2.9		0.25
9-119	屋面排水塑料 管排水落水口	10 个	0.0146	40.83	199.08		13.93	0.6	2.9		0.2
人工单价			小计					5.98	33.99		2.03
100.02 元/工日			未计价材料费								
清单项目综合单价								42.01			

材 料 费 明 细	主要材料名称、规格、型号		单位	数量	单价(元)	合价 (元)	暂估 单价 (元)	暂估 合价 (元)
	其他材料费				—	34.05	—	
	材料费小计				—	34.05	—	

注：1. 如不使用省级或行业建设主管部门发布的计价依据，可不填定额编号、名称等。

　　2. 招标文件提供了暂估单价的材料，按暂估的单价填入表内"暂估单价"栏及"暂估合价"栏。

附表 47-4 综合单价分析表

工程名称：××公寓装修工程　　　　　　标段：单项工程　　　　　　第 41 页　共 43 页

项目编码	011701002001		项目名称		外脚手架		计量单位	m²	工程量	546.98

清单综合单价组成明细

定额编号	定额项目名称	定额单位	数量	单价				合价			
				人工费	材料费	机械费	管理费和利润	人工费	材料费	机械费	管理费和利润
17-49	单项脚手架 外脚手架 15m 以内双排	100m²	0.01	696.61	723.39	85.32	335.49	6.97	7.23	0.85	3.35
人工单价		小计						6.97	7.23	0.85	3.35
100.02 元/工日		未计价材料费									
清单项目综合单价								18.4			

材料费明细	主要材料名称、规格、型号		单位	数量	单价(元)	合价(元)	暂估单价(元)	暂估合价(元)
	其他材料费				—	7.29	—	
	材料费小计				—	7.29	—	

附表 48　总价措施项目清单与计价表

工程名称：××公寓装修工程　　　　　　　标段：单项工程　　　　　　　第 1 页　共 1 页

序号	项目编码	项目名称	计算基础	费率(%)	金额(元)	调整费率(%)	调整后金额(元)	备注
1	011707001001	安全文明施工费	分部分项安全文明施工费+单价措施安全文明施工费		12 119.56			
2	01	其他措施费(费率类)			5 575.81			
2.1	011707002001	夜间施工增加费	分部分项其他措施费+单价措施其他措施费	25	1 393.95			
2.2	011707004001	二次搬运费	分部分项其他措施费+单价措施其他措施费	50	2 787.91			
2.3	011707005001	冬雨季施工增加费	分部分项其他措施费+单价措施其他措施费	25	1 393.95			
3	02	其他(费率类)						
		合　计			17 695.37			

编制人(造价人员)：　　　　　　　　　　复核人(造价工程师)：

注：1. "计算基础"中安全文明施工费可为"定额基价""定额人工费"或"定额人工费+定额机械费"，其他项目可为"定额人工费"或"定额人工费+定额机械费"。

　　2. 按施工方案计算的措施费，若无"计算基础"和"费率"的数值，也可只填"金额"数值，但应在备注栏说明施工方案出处或计算方法。

附表 49　其他项目清单与计价汇总表

工程名称：××公寓装修工程　　　　　　　　标段：单项工程　　　　　　　第 1 页 共 1 页

序号	项 目 名 称	金 额(元)	结算金额(元)	备 注
1	暂列金额			明细详见表-12-1
2	暂估价			
2.1	材料(工程设备)暂估价	—		明细详见表-12-2
2.2	专业工程暂估价			明细详见表-12-3
3	计日工			明细详见表-12-4
4	总承包服务费			明细详见表-12-5
	合　　计	0		—

注：材料(工程设备)暂估单价进入清单项目综合单价，此处不汇总。

附表 50　暂列金额明细表

工程名称：××公寓装修工程　　　　　　标段：单项工程　　　　　　第 1 页 共 1 页

序号	项 目 名 称	计量单位	暂定金额(元)	备 注
1				
	合　计			—

注：此表由招标人填写，如不能详列，也可只列暂定金额总额，投标人应将上述暂列金额计入投标总价中。

附表 51 材料(工程设备)暂估单价及调整表

工程名称：××公寓装修工程　　　　　　　标段：单项工程　　　　　　　第 1 页 共 1 页

序号	材料(工程设备)名称、规格、型号	计量单位	数 量		暂 估(元)		确 认(元)		差额±(元)		备 注
			暂估	确认	单价	合价	单价	合价	单价	合价	
合 计											

注：此表由招标人填写"暂估单价"，并在备注栏说明暂估价的材料、工程设备拟用在那些清单项目上，投标人应将上述材料、工程设备暂估单价计入工程量清单综合单价报价中。

附表 52 专业工程暂估价及结算价表

工程名称：××公寓装修工程　　　　　　　标段：单项工程　　　　　　　第 1 页 共 1 页

序号	工 程 名 称	工程内容	暂估金额 (元)	结算金额 (元)	差额±(元)	备 注
1						
合　计			0.00			—

注：此表"暂估金额"由招标人填写，投标人应将"暂估金额"计入投标总价中。结算时按合同约定结算金额填写。

附表 53　计日工表

工程名称：××公寓装修工程　　　　　　标段：单项工程　　　　　　第 1 页 共 1 页

编号	项目名称	单位	暂定数量	实际数量	综合单价 (元)	合价(元)	
						暂定	实际
一	人工						
1							
	人工小计						
二	材料						
1							
	材料小计						
三	施工机械						
1							
	施工机械小计						
	四、企业管理费和利润						
	总　计						

注：此表项目名称、暂定数量由招标人填写，编制招标控制价时，单价由招标人按有关计价规定确定；投标时，单价由投标人自主报价，按暂定数量计算合价计入投标总价中。结算时，按发承包双方确认的实际数量计算合价。

附表54　规费、税金项目计价表

工程名称：××公寓装修工程　　　　　　标段：单项工程　　　　　　

序号	项目名称	计算基础	计算基数	计算费率(%)	金额(元)
1	规费	定额规费+工程排污费+其他	15 027.54		15 027.54
1.1	定额规费	分部分项规费+单价措施规费	15 027.54		15 027.54
1.2	工程排污费				
1.3	其他				
2	增值税	不含税工程造价合计	419 029.1	9	41 902.91
	合　计				56 930.45

编制人(造价人员)：　　　　　　　　　　复核人(造价工程师)：

附表 55　主要材料价格表

工程名称：××公寓装修工程

序号	材料名称	规格、型号等特殊要求	单位	数量	单价(元)	合价(元)
1	锡纸		m²	664.5132	9	5 980.62
2	膨胀螺栓	M12*120	套	3407.76	2.26	7 701.54
3	地砖	1000mm*1000mm	m²	223.9432	200	44 788.64
4	陶瓷锦砖		m²	345.2904	24	8 286.97
5	玻璃纤维网格布(耐碱)		m²	2 169.09928	2.05	4 446.65
6	单扇套装平开实木门	M0721	樘	3	1250	3 750
7	铝合金隔热断桥平开门(含中空玻璃)	SM0921	m²	5.445468	508	2 766.3
8	铝合金隔热断桥平开门(含中空玻璃)	SM2626	m²	6.492304	508	3 298.09
9	铝合金隔热断桥平开门(含中空玻璃)	SM2424a	m²	5.531904	508	2 810.21
10	铝合金隔热断桥平开窗(含中空玻璃)		m²	48.042261	473	22 723.99
11	铝合金平开纱窗扇		m²	50.79	85	4 317.15
12	成品腻子粉		kg	4557.305592	0.7	3 190.11
13	高级丙烯酸外墙涂料	无光	kg	787.55976	19.35	15 239.28
14	粉状型建筑胶粘剂		kg	862.092	4.8	4 138.04
15	硅酮耐候密封胶		kg	75.225364	41.53	3 124.11
16	岩棉板	δ 50	m³	30.414258	297.25	9 040.64
17	聚合物抗裂砂浆		kg	6504.41	1.75	11 382.72
18	预拌细石混凝土	C15	m³	18.963861	260	4 930.6
19	干混抹灰砂浆	DP M10	m³	20.664086	180	3 719.54
20	干混抹灰砂浆	DP M15	m³	17.665872	180	3 179.86

参 考 文 献

[1] 沈杰. 工程估价[M]. 南京：东南大学出版社，2005.

[2] 全国造价工程师执业资格考试培训教材编审委员会. 建设工程计价[M]. 北京：中国计划出版社，2013.

[3] 全国造价工程师执业资格考试培训教材编审委员会. 建设工程造价管理基础知识[M]. 中国计划出版社，2019.

[4] 中华人民共和国住房和城乡建设部，中华人民共和国质量监督检验检疫总局. 建设工程工程量清单计价规(GB 50500—2013)[S]. 北京：中国计划出版社，2013.

[5] 中华人民共和国住房和城乡建设部. 房屋建筑与装饰工程工程量计算规范(GB 50854—2013)[S]. 北京：中国计划出版社，2013.

[6] 规范编制组. 2013 建设工程计价计量规范辅导[S]. 北京：中国计划出版社，2013.

[7] 全国注册咨询工程师(投资)资格考试参考教材编写委员会. 工程咨询概论[M]. 北京：中国计划出版社，2012.

[8] 马楠等. 工程造价管理[M]. 北京：机械工业出版社，2014.

[9] 柴琦，冯松山. 建筑工程造价管理[M]. 北京：北京大学出版社，2012.

[10] 二级造价工程师职业资格考试培训教材编审委员会. 建设工程造价管理基础知识[M]. 北京：中国建材工业出版社，2019.

[11] 俞国凤. 建筑工程造价的基本原理与计价[M]. 上海：同济大学出版社，2010.

[12] 建设工程劳动定额编制组. 建设工程劳动定额(建筑工程)[S]. 北京：中国计划出版社，2009.

[13] 住房和城乡建设部标准定额研究所. 房屋建筑与装饰工程消耗量定额[S]. 北京：中国计划出版社，2015.

[14] 潘金祥. 定额员[M]. 北京：中国建筑工业出版社，2008.

[15] 袁建新. 建筑造价概论[M]. 北京：中国建筑工业出版社，2011.

北京大学出版社高职高专土建系列教材书目

序号	书 名	书 号	编著者	定价	出版时间	配套情况
		"互联网+"创新规划教材				
1	建筑工程概论	978-7-301-25934-4	申淑荣等	40.00	2015.8	PPT/二维码
2	建筑构造(第二版)	978-7-301-26480-5	肖 芳	42.00	2016.1	APP/PPT/二维码
3	建筑三维平法结构图集(第二版)	978-7-301-29049-1	傅华夏	68.00	2018.1	APP
4	建筑三维平法结构识图教程(第二版)	978-7-301-29121-4	傅华夏	69.00	2018.1	APP/PPT
5	建筑构造与识图	978-7-301-27838-3	孙 伟	40.00	2017.1	APP/二维码
6	建筑识图与构造	978-7-301-28876-4	林秋怡等	46.00	2017.11	PPT/二维码
7	建筑结构基础与识图	978-7-301-27215-2	周 晖	58.00	2016.9	APP/二维码
8	建筑工程制图与识图(第2版)	978-7-301-24408-1	白丽红等	34.00	2016.8	APP/二维码
9	建筑制图习题集(第二版)	978-7-301-30425-9	白丽红等	28.00	2019.5	APP/答案
10	建筑制图(第三版)	978-7-301-28411-7	高丽荣	39.00	2017.7	APP/PPT/二维码
11	建筑制图习题集(第三版)	978-7-301-27897-0	高丽荣	36.00	2017.7	APP
12	AutoCAD建筑制图教程(第三版)	978-7-301-29036-1	郭 慧	49.00	2018.4	PPT/素材/二维码
13	建筑装饰构造(第二版)	978-7-301-26572-7	赵志文等	42.00	2016.1	PPT/二维码
14	建筑工程施工技术(第三版)	978-7-301-27675-4	钟汉华等	66.00	2016.11	APP/二维码
15	建筑施工技术(第三版)	978-7-301-28575-6	陈雄辉	54.00	2018.1	PPT/二维码
16	建筑施工技术	978-7-301-28756-9	陆艳侠	58.00	2018.1	PPT/二维码
17	建筑施工技术	978-7-301-29854-1	徐 淳	59.50	2018.9	APP/PPT/二维码
18	高层建筑施工	978-7-301-28232-8	吴俊臣	65.00	2017.4	PPT/答案
19	建筑力学(第三版)	978-7-301-28600-5	刘明晖	55.00	2017.8	PPT/二维码
20	建筑力学与结构(少学时版)(第二版)	978-7-301-29022-4	吴承霞等	46.00	2017.12	PPT/答案
21	建筑力学与结构(第三版)	978-7-301-29209-9	吴承霞等	59.50	2018.5	APP/PPT/二维码
22	工程地质与土力学（第三版）	978-7-301-30230-9	杨仲元	50.00	2019.3	PPT/二维码
23	建筑施工机械(第二版)	978-7-301-28247-2	吴志强等	35.00	2017.5	PPT/答案
24	建筑设备基础知识与识图(第二版)	978-7-301-24586-6	靳慧征等	47.00	2016.8	二维码
25	建筑供配电与照明工程	978-7-301-29227-3	羊 梅	38.00	2018.2	PPT/答案/二维码
26	建筑工程测量(第二版)	978-7-301-28296-0	石 东等	51.00	2017.5	PPT/二维码
27	建筑工程测量(第三版)	978-7-301-29113-9	张敬伟等	49.00	2018.1	PPT/答案/二维码
28	建筑工程测量实验与实训指导(第三版)	978-7-301-29112-2	张敬伟等	29.00	2018.1	答案/二维码
29	建筑工程资料管理(第二版)	978-7-301-29210-5	孙 刚等	47.00	2018.3	PPT/二维码
30	建筑工程质量与安全管理(第二版)	978-7-301-27219-0	郑 伟	55.00	2016.8	PPT/二维码
31	建筑工程质量事故分析(第三版)	978-7-301-29305-8	郑文新等	39.00	2018.8	PPT/二维码
32	建设工程监理概论（第三版）	978-7-301-28832-0	徐锡权等	45.00	2018.2	PPT/答案/二维码
33	工程建设监理案例分析教程(第二版)	978-7-301-27864-2	刘志麟等	50.00	2017.1	PPT/二维码
34	工程项目招投标与合同管理(第三版)	978-7-301-28439-1	周艳冬	44.00	2017.7	PPT/二维码
35	工程项目招投标与合同管理(第三版)	978-7-301-29692-9	李洪军等	47.00	2018.8	PPT/二维码
36	建设工程项目管理（第三版）	978-7-301-30314-6	王 辉	40.00	2019.6	PPT/二维码
37	建设工程法规(第三版)	978-7-301-29221-1	皇甫婧琪	45.00	2018.4	PPT/二维码
38	建筑工程经济(第三版)	978-7-301-28723-1	张宁宁等	38.00	2017.9	PPT/答案/二维码
39	建筑施工企业会计（第三版）	978-7-301-30273-6	辛艳红	44.00	2019.3	PPT/二维码
40	建筑工程施工组织设计(第二版)	978-7-301-29103-0	鄢维峰等	37.00	2018.1	PPT/答案/二维码
41	建筑工程施工组织实训(第二版)	978-7-301-30176-0	鄢维峰等	41.00	2019.1	PPT/二维码
42	建筑施工组织设计	978-7-301-30236-1	徐运明等	43.00	2019.1	PPT/二维码
43	建筑工程计量与计价——透过案例学造价(第二版)	978-7-301-23852-3	张 强	59.00	2017.1	PPT/二维码
44	建筑工程计量与计价(第四版)	978-7-301-27866-6	吴育萍等	49.00	2017.1	PPT/二维码
45	安装工程计量与计价(第四版)	978-7-301-16737-3	冯 钢	59.00	2018.1	PPT/答案/二维码
46	建筑工程材料	978-7-301-28982-2	向积波等	42.00	2018.1	PPT/二维码
47	建筑材料与检测(第二版)	978-7-301-25347-2	梅 杨等	35.00	2015.2	PPT/答案/二维码
48	建筑材料与检测	978-7-301-28809-2	陈玉萍	44.00	2017.11	PPT/二维码
49	建筑材料与检测实验指导（第二版）	978-7-301-30269-9	王美芬等	24.00	2019.3	二维码
50	市政工程概论	978-7-301-28260-1	郭 福等	46.00	2017.5	PPT/二维码
51	市政工程计量与计价(第三版)	978-7-301-27983-0	郭良娟等	59.00	2017.2	PPT/二维码
52	市政管道工程施工	978-7-301-26629-8	雷彩虹	46.00	2016.5	PPT/二维码
53	市政道路工程施工	978-7-301-26632-8	张雪丽	49.00	2016.5	PPT/二维码

序号	书 名	书 号	编著者	定价	出版时间	配套情况
54	市政工程材料检测	978-7-301-29572-2	李继伟等	44.00	2018.9	PPT/二维码
55	中外建筑史(第三版)	978-7-301-28689-0	袁新华等	42.00	2017.9	PPT/二维码
56	房地产投资分析	978-7-301-27529-0	刘永胜	47.00	2016.9	PPT/二维码
57	城乡规划原理与设计(原城市规划原理与设计)	978-7-301-27771-3	谭婧婧等	43.00	2017.1	PPT/素材/二维码
58	BIM 应用：Revit 建筑案例教程	978-7-301-29693-6	林标锋等	58.00	2018.9	APP/PPT/二维码/试题/教案
59	居住区规划设计（第二版）	978-7-301-30133-3	张 燕	59.00	2019.5	PPT/二维码
60	建筑水电安装工程计量与计价(第二版)（修订版）	978-7-301-26329-7	陈连姝	62.00	2019.7	PPT/二维码
	"十二五"职业教育国家规划教材					
1	★建设工程招投标与合同管理(第四版)	978-7-301-29827-5	宋春岩	44.00	2019.1	PPT/答案/试题/教案
2	★工程造价概论（修订版）	978-7-301-24696-2	周艳冬	45.00	2019.8	PPT/答案
3	★建筑装饰施工技术(第二版)	978-7-301-24482-1	王 军	39.00	2014.7	PPT
4	★建筑工程应用文写作(第二版)	978-7-301-24480-7	赵 立等	50.00	2014.8	PPT
5	★建筑工程经济(第二版)	978-7-301-24492-0	胡六星等	41.00	2014.9	PPT/答案
6	★建设工程监理(第二版)	978-7-301-24490-6	斯 庆	35.00	2015.1	PPT/答案
7	★建筑节能工程与施工	978-7-301-24274-2	吴明军等	35.00	2015.5	PPT
8	★土木工程实用力学(第二版)	978-7-301-24681-8	马景善	47.00	2015.7	PPT
9	★建筑工程计量与计价(第三版)	978-7-301-25344-1	肖明和等	65.00	2017.1	APP/二维码
10	★建筑工程计量与计价实训(第三版)	978-7-301-25345-8	肖明和等	29.00	2015.7	
	基 础 课 程					
1	建设法规及相关知识	978-7-301-22748-0	唐茂华等	34.00	2013.9	PPT
2	建筑工程法规实务(第二版)	978-7-301-26188-0	杨陈慧等	49.50	2017.6	PPT
3	建筑法规	978-7301-19371-6	董 伟等	39.00	2011.9	PPT
4	建设工程法规	978-7-301-20912-7	王先恕	32.00	2012.7	PPT
5	AutoCAD 建筑绘图教程(第二版)	978-7-301-24540-8	唐英敏等	44.00	2014.7	PPT
6	建筑 CAD 项目教程(2010 版)	978-7-301-20979-0	郭 慧	38.00	2012.9	素材
7	建筑工程专业英语(第二版)	978-7-301-26597-0	吴承霞	24.00	2016.2	
8	建筑工程专业英语	978-7-301-20003-2	韩 薇等	24.00	2012.2	PPT
9	建筑识图与构造(第二版)	978-7-301-23774-8	郑贵超	40.00	2014.2	PPT/答案
10	房屋建筑构造	978-7-301-19883-4	李少红	26.00	2012.1	PPT
11	建筑识图	978-7-301-21893-8	邓志勇等	35.00	2013.1	PPT
12	建筑识图与房屋构造	978-7-301-22860-9	贠 禄等	54.00	2013.9	PPT/答案
13	建筑构造与设计	978-7-301-23506-5	陈玉萍	38.00	2014.1	PPT/答案
14	房屋建筑构造	978-7-301-23588-1	李元玲等	45.00	2014.1	PPT
15	房屋建筑构造习题集	978-7-301-26005-0	李元玲	26.00	2015.8	PPT/答案
16	建筑构造与施工图识读	978-7-301-24470-8	南学平	52.00	2014.8	PPT
17	建筑工程识图实训教程	978-7-301-26057-9	孙 伟	32.00	2015.12	PPT
18	◎建筑工程制图(第二版)(附习题册)	978-7-301-21120-5	肖明和	48.00	2012.8	PPT
19	建筑制图与识图(第二版)	978-7-301-24386-2	曹雪梅	38.00	2015.8	PPT
20	建筑制图与识图习题册	978-7-301-18652-7	曹雪梅等	30.00	2011.4	
21	建筑制图与识图(第二版)	978-7-301-25834-7	李元玲	32.00	2016.9	PPT
22	建筑制图与识图习题集	978-7-301-20425-2	李元玲	24.00	2012.3	PPT
23	新编建筑工程制图	978-7-301-21140-3	方筱松	30.00	2012.8	PPT
24	新编建筑工程制图习题集	978-7-301-16834-9	方筱松	22.00	2012.8	
	建 筑 施 工 类					
1	建筑工程测量	978-7-301-16727-4	赵景利	30.00	2010.2	PPT/答案
2	建筑工程测量实训(第二版)	978-7-301-24833-1	杨凤华	34.00	2015.3	答案
3	建筑工程测量	978-7-301-19992-3	潘益民	38.00	2012.2	PPT
4	建筑工程测量	978-7-301-28757-6	赵 昕	50.00	2018.1	PPT/二维码
5	建筑工程测量	978-7-301-22485-4	景 锋等	34.00	2013.6	PPT
6	建筑施工技术	978-7-301-16726-7	叶 雯等	44.00	2010.8	PPT/素材
7	建筑施工技术	978-7-301-19997-8	苏小梅	38.00	2012.1	PPT
8	基础工程施工	978-7-301-20917-2	董 伟等	35.00	2012.7	PPT
9	建筑施工技术实训(第二版)	978-7-301-24368-8	周晓龙	30.00	2014.7	
10	PKPM 软件的应用(第二版)	978-7-301-22625-4	王 娜等	34.00	2013.6	
11	◎建筑结构(第二版)(上册)	978-7-301-21106-9	徐锡权	41.00	2013.4	PPT/答案

序号	书 名	书 号	编著者	定价	出版时间	配套情况
12	◎建筑结构(第二版)(下册)	978-7-301-22584-4	徐锡权	42.00	2013.6	PPT/答案
13	建筑结构学习指导与技能训练(上册)	978-7-301-25929-0	徐锡权	28.00	2015.8	PPT
14	建筑结构学习指导与技能训练(下册)	978-7-301-25933-7	徐锡权	28.00	2015.8	PPT
15	建筑结构(第二版)	978-7-301-25832-3	唐春平等	48.00	2018.6	PPT
16	建筑结构基础	978-7-301-21125-0	王中发	36.00	2012.8	PPT
17	建筑结构原理及应用	978-7-301-18732-6	史美东	45.00	2012.8	PPT
18	建筑结构与识图	978-7-301-26935-0	相秉志	37.00	2016.2	
19	建筑力学与结构	978-7-301-20988-2	陈水广	32.00	2012.8	PPT
20	建筑力学与结构	978-7-301-23348-1	杨丽君等	44.00	2014.1	PPT
21	建筑结构与施工图	978-7-301-22188-4	朱希文等	35.00	2013.3	PPT
22	建筑材料(第二版)	978-7-301-24633-7	林祖宏	35.00	2014.8	PPT
23	建筑材料与检测(第二版)	978-7-301-26550-5	王 辉	40.00	2016.1	PPT
24	建筑材料与检测试验指导(第二版)	978-7-301-28471-1	王 辉	23.00	2017.7	PPT
25	建筑材料选择与应用	978-7-301-21948-5	申淑荣等	39.00	2013.3	PPT
26	建筑材料检测实训	978-7-301-22317-8	申淑荣等	24.00	2013.4	
27	建筑材料	978-7-301-24208-7	任晓菲	40.00	2014.7	PPT/答案
28	建筑材料检测试验指导	978-7-301-24782-2	陈东佐等	20.00	2014.9	PPT
29	◎地基与基础(第二版)	978-7-301-23304-7	肖明和等	42.00	2013.11	PPT/答案
30	地基与基础实训	978-7-301-23174-6	肖明和等	25.00	2013.10	PPT
31	土力学与地基基础	978-7-301-23675-8	叶火炎等	35.00	2014.1	PPT
32	土力学与基础工程	978-7-301-23590-4	宁培淋等	32.00	2014.1	PPT
33	土力学与地基基础	978-7-301-25525-4	陈东佐	45.00	2015.2	PPT/答案
34	建筑施工组织与进度控制	978-7-301-21223-3	张廷瑞	36.00	2012.9	PPT
35	建筑施工组织项目式教程	978-7-301-19901-5	杨红玉	44.00	2012.1	PPT/答案
36	钢筋混凝土工程施工与组织	978-7-301-19587-1	高 雁	32.00	2012.5	PPT
37	建筑施工工艺	978-7-301-24687-0	李源清等	49.50	2015.1	PPT/答案
	工 程 管 理 类					
1	建筑工程经济	978-7-301-24346-6	刘晓丽等	38.00	2014.7	PPT/答案
2	建筑工程项目管理(第二版)	978-7-301-26944-2	范红岩等	42.00	2016.3	PPT
3	建设工程项目管理(第二版)	978-7-301-28235-9	冯松山等	45.00	2017.6	PPT
4	建筑施工组织与管理(第二版)	978-7-301-22149-5	翟丽旻等	43.00	2013.4	PPT/答案
5	建设工程合同管理	978-7-301-22612-4	刘庭江	46.00	2013.6	PPT/答案
6	建筑工程招投标与合同管理	978-7-301-16802-8	程超胜	30.00	2012.9	PPT
7	工程招投标与合同管理实务	978-7-301-19035-7	杨甲奇等	48.00	2011.8	ppt
8	工程招投标与合同管理实务	978-7-301-19290-0	郑文新等	43.00	2011.8	ppt
9	建设工程招投标与合同管理实务	978-7-301-20404-7	杨云会等	42.00	2012.4	PPT/答案/习题
10	工程招投标与合同管理	978-7-301-17455-5	文新平	37.00	2012.9	PPT
11	建筑工程安全管理(第2版)	978-7-301-25480-6	宋 健等	43.00	2015.8	PPT/答案
12	施工项目质量与安全管理	978-7-301-21275-2	钟汉华	45.00	2012.10	PPT/答案
13	工程造价控制(第2版)	978-7-301-24594-1	斯 庆	32.00	2014.8	PPT/答案
14	工程造价管理(第二版)	978-7-301-27050-9	徐锡权等	44.00	2016.5	PPT
15	建筑工程造价管理	978-7-301-20360-6	柴 琦等	27.00	2012.3	PPT
16	工程造价管理(第2版)	978-7-301-28269-4	曾 浩等	38.00	2017.5	PPT/答案
17	工程造价案例分析	978-7-301-22985-9	甄 凤	30.00	2013.8	PPT
18	建设工程造价控制与管理	978-7-301-24273-5	胡芳珍等	38.00	2014.6	PPT/答案
19	◎建筑工程造价	978-7-301-21892-1	孙咏梅	40.00	2013.2	PPT
20	建筑工程计量与计价	978-7-301-26570-3	杨建林	46.00	2016.1	PPT
21	建筑工程计量与计价综合实训	978-7-301-23568-3	龚小兰	28.00	2014.1	
22	建筑工程估价	978-7-301-22802-9	张 英	43.00	2013.8	PPT
23	安装工程计量与计价综合实训	978-7-301-23294-1	成春燕	49.00	2013.10	素材
24	建筑安装工程计量与计价	978-7-301-26004-3	景巧玲等	56.00	2016.1	PPT
25	建筑安装工程计量与计价实训(第二版)	978-7-301-25683-1	景巧玲等	36.00	2015.7	
26	建筑与装饰装修工程工程量清单(第二版)	978-7-301-25753-1	翟丽旻等	36.00	2015.5	PPT
27	建筑工程清单编制	978-7-301-19387-7	叶晓容	24.00	2011.8	PPT
28	建设项目评估(第二版)	978-7-301-28708-8	高志云等	38.00	2017.9	PPT
29	钢筋工程清单编制	978-7-301-20114-5	贾莲英	36.00	2012.2	PPT
30	建筑装饰工程预算(第二版)	978-7-301-25801-9	范菊雨	44.00	2015.7	PPT
31	建筑装饰工程计量与计价	978-7-301-20055-1	李茂英	42.00	2012.2	PPT

序号	书 名	书 号	编著者	定价	出版时间	配套情况
32	建筑工程安全技术与管理实务	978-7-301-21187-8	沈万岳	48.00	2012.9	PPT
		建 筑 设 计 类				
1	建筑装饰CAD项目教程	978-7-301-20950-9	郭 慧	35.00	2013.1	PPT/素材
2	建筑设计基础	978-7-301-25961-0	周圆圆	42.00	2015.7	
3	室内设计基础	978-7-301-15613-1	李书青	32.00	2009.8	PPT
4	建筑装饰材料(第二版)	978-7-301-22356-7	焦 涛等	34.00	2013.5	PPT
5	设计构成	978-7-301-15504-2	戴碧锋	30.00	2009.8	PPT
6	设计色彩	978-7-301-21211-0	龙黎黎	46.00	2012.9	PPT
7	设计素描	978-7-301-22391-8	司马金桃	29.00	2013.4	PPT
8	建筑素描表现与创意	978-7-301-15541-7	于修国	25.00	2009.8	
9	3ds Max 效果图制作	978-7-301-22870-8	刘 晗等	45.00	2013.7	PPT
10	Photoshop 效果图后期制作	978-7-301-16073-2	脱忠伟等	52.00	2011.1	素材
11	3ds Max & V-Ray 建筑设计表现案例教程	978-7-301-25093-8	郑恩峰	40.00	2014.12	PPT
12	建筑表现技法	978-7-301-19216-0	张 峰	32.00	2011.8	PPT
13	装饰施工读图与识图	978-7-301-19991-6	杨丽君	33.00	2012.5	PPT
14	构成设计	978-7-301-24130-1	耿雪莉	49.00	2014.6	PPT
15	装饰材料与施工(第2版)	978-7-301-25049-5	宋志春	41.00	2015.6	PPT
		规 划 园 林 类				
1	居住区景观设计	978-7-301-20587-7	张群成	47.00	2012.5	PPT
2	园林植物识别与应用	978-7-301-17485-2	潘 利等	34.00	2012.9	PPT
3	园林工程施工组织管理	978-7-301-22364-2	潘 利等	35.00	2013.4	PPT
4	园林景观计算机辅助设计	978-7-301-24500-2	于化强等	48.00	2014.8	PPT
5	建筑·园林·装饰设计初步	978-7-301-24575-0	王金贵	38.00	2014.10	PPT
		房 地 产 类				
1	房地产开发与经营(第2版)	978-7-301-23084-8	张建中等	33.00	2013.9	PPT/答案
2	房地产估价(第2版)	978-7-301-22945-3	张 勇等	35.00	2013.9	PPT/答案
3	房地产估价理论与实务	978-7-301-19327-3	褚菁晶	35.00	2011.8	PPT/答案
4	物业管理理论与实务	978-7-301-19354-9	裴艳慧	52.00	2011.9	PPT
5	房地产营销与策划	978-7-301-18731-9	应佐萍	42.00	2012.8	PPT
6	房地产投资分析与实务	978-7-301-24832-4	高志云	35.00	2014.9	PPT
7	物业管理实务	978-7-301-27163-6	胡大见	44.00	2016.6	
		市 政 与 路 桥				
1	市政工程施工图案例图集	978-7-301-24824-9	陈亿琳	43.00	2015.3	PDF
2	市政工程计价	978-7-301-22117-4	彭以舟等	39.00	2013.3	PPT
3	市政桥梁工程	978-7-301-16688-8	刘 江等	42.00	2010.8	PPT/素材
4	市政工程材料	978-7-301-22452-6	郑晓国	37.00	2013.5	PPT
5	路基路面工程	978-7-301-19299-3	偶昌宝等	34.00	2011.8	PPT/素材
6	道路工程技术	978-7-301-19363-1	刘 雨等	33.00	2011.12	PPT
7	城市道路设计与施工	978-7-301-21947-8	吴颖峰	39.00	2013.1	PPT
8	建筑给排水工程技术	978-7-301-25224-6	刘 芳等	46.00	2014.12	PPT
9	建筑给水排水工程	978-7-301-20047-6	叶巧云	38.00	2012.2	PPT
10	数字测图技术	978-7-301-22656-8	赵 红	36.00	2013.6	PPT
11	数字测图技术实训指导	978-7-301-22679-7	赵 红	27.00	2013.6	PPT
12	道路工程测量(含技能训练手册)	978-7-301-21967-6	田树涛等	45.00	2013.2	PPT
13	道路工程识图与AutoCAD	978-7-301-26210-8	王容玲等	35.00	2016.1	PPT
		交 通 运 输 类				
1	桥梁施工与维护	978-7-301-23834-9	梁 斌	50.00	2014.2	PPT
2	铁路轨道施工与维护	978-7-301-23524-9	梁 斌	36.00	2014.1	PPT
3	铁路轨道构造	978-7-301-23153-1	梁 斌	32.00	2013.10	PPT
4	城市公共交通运营管理	978-7-301-24108-0	张洪满	40.00	2014.5	PPT
5	城市轨道交通车站行车工作	978-7-301-24210-0	操 杰	31.00	2014.7	PPT
6	公路运输计划与调度实训教程	978-7-301-24503-3	高福军	31.00	2014.7	PPT/答案
		建 筑 设 备 类				
1	建筑设备识图与施工工艺(第2版)	978-7-301-25254-3	周业梅	46.00	2015.12	PPT
2	水泵与水泵站技术	978-7-301-22510-3	刘振华	40.00	2013.5	PPT
3	智能建筑环境设备自动化	978-7-301-21090-1	余志强	40.00	2012.8	PPT
4	流体力学及泵与风机	978-7-301-25279-6	王 宁等	35.00	2015.1	PPT/答案

注：✍为"互联网+"创新规划教材；★为"十二五"职业教育国家规划教材；◎为国家级、省级精品课程配套教材，省重点教材。如需相关教学资源如电子课件、习题答案、样书等可联系我们获取。联系方式：010-62756290，010-62750667，pup_6@163.com，欢迎来电咨询。